普通高等院校"十二五"规划教材

大学计算机软件应用基础

——多媒体技术与应用

刘强　张阿敏　言天舒　主编
李欣　王亚　刘泽文　彭国星　编

国防工業出版社
·北京·

内容简介

本书是根据教育部高等学校计算机基础课程教学指导委员会编制的“高等学校计算机基础教学发展战略研究报告暨计算机基础课程教学基本要求”和“高等学校计算机基础核心课程教学实施方案”编写而成,反映了高等学校计算机基础课程教学改革的最新成果。

本书以计算机软件应用能力为本,着重于学生应用能力的培养。全书共分8章,主要内容有多媒体技术概论、数字图像处理、音频处理技术、视频处理技术、动画制作技术、超文本和超媒体、多媒体网络技术以及多媒体技术应用等。本书配套有《大学计算机软件应用实践教程》,包括课程实验和多媒体应用,为方便学生学习,书中列举了日常生活中的多媒体应用案例。

本书可作为高等学校本专科各专业的“多媒体技术”课程教材,也可作为高等学校文科艺术类专业的计算机公共课程教材、计算机培训和计算机入门的自学教材。

图书在版编目(CIP)数据

大学计算机软件应用基础:多媒体技术与应用/刘强,张阿敏,言天舒主编.—北京:国防工业出版社,2015.1重印
ISBN 978-7-118-07955-5

Ⅰ.①大... Ⅱ.①刘...②张...③言... Ⅲ.①软件-高等学校-教材 Ⅳ.①TP31

中国版本图书馆CIP数据核字(2012)第000806号

※

国防工業出版社出版发行
(北京市海淀区紫竹院南路23号 邮政编码100048)
北京奥鑫印刷厂印刷
新华书店经售

*

开本787×1092 1/16 印张15¼ 字数347千字
2015年1月第1版第4次印刷 印数6101—7600册 定价29.00元

国防书店:(010)88540777 发行邮购:(010)88540776
发行传真:(010)88540755 发行业务:(010)88540717

前言

本书是根据教育部高等学校计算机基础课程教学指导委员会编制的“高等学校计算机基础教学发展战略研究报告暨计算机基础课程教学基本要求”和“高等学校计算机基础核心课程教学实施方案”编写而成，反映了高等学校计算机基础课程教学改革的最新成果。

本书由高校长期从事计算机基础教学的教师集体编写，是各位编者多年教学经验和智慧的结晶。全书力求内容新颖、概念清楚、技术实用、通俗易懂，通过对本书的学习，读者可掌握多媒体的基本知识和基本技能，可以为进一步学习本专业知识打下坚实的基础。

为方便教学，本书免费提供作者精心制作的配套的电子教案（PPT 版本）等教学资料，提供教材所有电子版素材与参考答案，设配套课程学习网站及配套试题库。读者可以在网站 http://jsjjc.hut.edu.cn 下载相关资源，也可直接联系作者：liuq1016@126.com。

本书由湖南工业大学刘强、张阿敏、言天舒主编，彭国星、李欣、王亚、刘泽文参与编写，全书的框架结构和统稿工作由刘强和张阿敏完成。

本书在编写过程中，参考了许多文献和网站资料，得到了不少专家和任课教师的大力支持，湖南工业大学计算机与通信学院李长云院长对本书的编写提供了大力的支持，审定了全书的框架结构，唐黎黎、易华容、许赛华、袁义也对本书的编写做了大量工作，在此表示衷心的感谢。

本书同时配套出版《大学计算机软件应用实践教程》，提供与教材配套的多媒体软件应用知识，以及课内与课外实验指导。全书共分为两部分，第一部分为实验篇，通过示例引导学生快速掌握各种软件的基本功能和操作技术；第二部分为多媒体应用篇，讲解多媒体的应用案例和操作指导，供读者在课外练习，以巩固所学知识。

由于编者水平有限，加之时间仓促，书中难免存在错误和不妥之处，敬请读者批评指正。

编者

2012 年 1 月

目　录

第 1 章　多媒体技术概论

多媒体技术兴起于 20 世纪 80 年代，是计算机、广播电视和通信这三大原来各自独立的领域相互渗透、相互融合，进而迅速发展起来的一门新兴技术。多媒体引起了诸多信息技术的集成与融合，给传统的微型计算机、音频、视频设备带来了革命性的变革，对大众传播媒产生了巨大影响。多媒体技术以极强的渗透力进入人类生活的各个领域，如科技界、产业界、教育界、娱乐界及军事指挥等领域，甚至数字声、像数据的使用与高速传输已成为一个国家技术水平和经济实力的象征。

本章将对媒体、多媒体、多媒体技术、多媒体系统结构、多媒体技术的发展与应用等相关概念及技术进行介绍。

【学习目标】

(1) 了解与多媒体有关的概念：媒体、多媒体、多媒体技术。

(2) 了解媒体的不同分类。

(3) 掌握多媒体系统的层次结构，软、硬件组成。

(4) 了解多媒体技术的发展历史和应用领域。

(5) 了解多媒体新技术。

1.1　媒体及媒体的分类

1.1.1　媒体的含义

媒体(Medium)通常包括两重含义。一层含义是指存储和传递信息的实体，如书本、挂图、磁盘、光盘、磁带以及相关的播放设备等，中文常译为媒质；另一层含义是指传递信息的载体(或者说传播形式)，如文字、声音、图像、动画等，中文常译为媒介。如图 1-1 所示是一些常见的媒体。

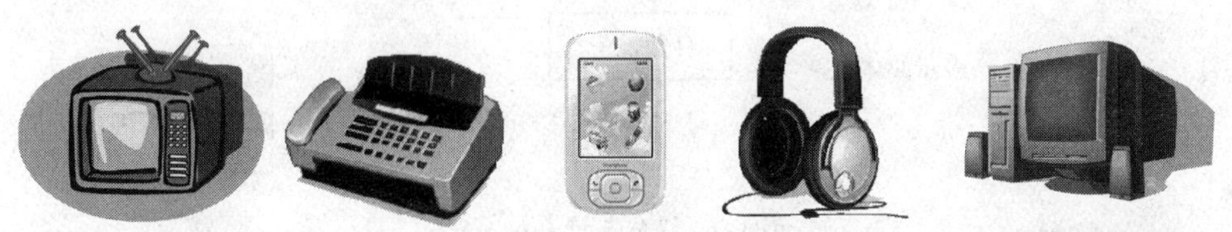

图 1-1　常见媒体

多媒体计算机中，媒体主要是指后者媒介，即计算机不仅能处理文字、数值之类的信息，而且还能处理声音、图形、电视图像等各种不同形式的信息。

1.1.2 媒体的分类

按照不同的分类标准，媒体有不同分类结果。国际电话电报咨询委员会(Consultative Committee on International Telephone and Telegraph，CCITT 国际电信联盟 ITU 的一个分会)制定了媒体分类的国际通用标准，将媒体按照承载方式的不同划分为以下 5 类：

(1) 感觉媒体(Perception Medium)。指能直接作用于人的感觉器官、使人产生直接感觉的媒体。如图像、文字、动画、音乐等均属于感觉媒体。人的感觉器官包括视觉、听觉、触觉、嗅觉、味觉等。感觉媒体帮助人类来感知环境。目前，计算机中人类主要是使用视觉和听觉接收信息，触觉作为一种感觉方式也慢慢引入到计算机中。

(2) 表示媒体(representation Medium)。是计算机为了加工、处理和传输感觉媒体而人为研究、构造出来的一种媒体，是感觉媒体在计算机中的表示形式。如文本常用的 ASCII 编码、GB2312 编码，图像 JPEG 压缩编码、音视频压缩编码 MPGE 等。

(3) 表现媒体(Presentation Medium)。指将感觉媒体传换成表示媒体或将表示媒体转换成感觉媒体的物理设备，前者是计算机的输入设备，如键盘、鼠标、扫描仪、话筒、摄像机等；后者是计算机的输出设备，如显示器、打印机、喇叭等。

(4) 存储媒体(Storage Medium)。指用于存储表示媒体的物理介质。如计算机的硬盘、软盘、磁盘、光盘、ROM 及 RAM 等。

(5) 传输媒体(Transmission Medium)。指传输表示媒体的物理介质。如电缆、光缆等。

在多媒体计算机处理信息的过程中，这些媒体形式是密切相关的。如图 1-2 所示，一方面，计算机输入/输出的信息是感觉媒体，而计算机中的所有信息以表示媒体的形式存在；另一方面，计算机中用于输入/输出信息的设备是表现媒体，存储信息的设备是存储媒体，传输信息的设备是传输媒体。

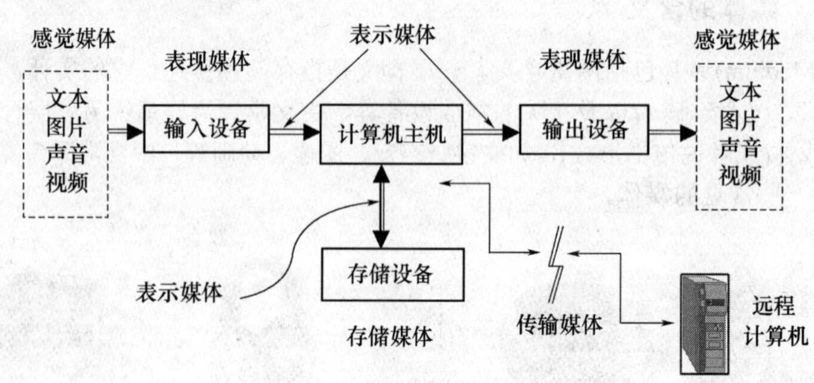

图 1-2 媒体与计算机系统

在多媒体的研究领域，因为主要处理的是各种各样的媒体表示和表现，所以如果不特别指明，媒体指的就是表示媒体。多媒体系统中也研究其他的媒体类型，但方法比较单一。

1.2 多媒体

1.2.1 多媒体的定义

在20世纪60年代初，当计算机的能力达到实时处理两个媒体即声音和图像时，“多媒体(Multimedia)”一词开始使用，单从字面上看，多媒体就是由单媒体(Monomedia)复合而成的，这个定义道出了多媒体的实质，但还太笼统。实际上，多媒体的采集或生成、处理、存储、传送、呈现等过程，是离不开计算机的。也正是由于计算机技术和数字信息处理技术的实质性进展，才使“多媒体”成为一种现实。所以可以把多媒体看做是先进的计算机技术与视频、音频和通信等技术融为一体而形成的新技术或新产品。或者说多媒体就是指把多种媒体如文字、音乐、声音、图形、图像、动画、视频等综合集成在一起，产生一种传播和表现信息的全新媒体。

另外还应注意到，现在所说的“多媒体”，常常不但指多种媒体本身，而且指处理和应用它的一整套技术。因此，“多媒体”实际上就常常被当做“多媒体技术”的同义语。

1.2.2 多媒体元素

多媒体元素(Multimedia Elements)包括文本、图形、图像、声音、动画及视频。

(1) 文本。文本是以文字和各种专用符号表达的信息形式。与其他媒体相比，文字是最容易处理、占用存储空间最少、最方便利用计算机输入和存储的媒体，所以它是一种最基本的表示媒体，也是多媒体信息系统中使用得最多的媒体。用文本表达信息给人充分的想象空间，它主要用于对知识的描述性表示，如阐述概念、定义、原理和问题以及显示标题、菜单等内容。

(2) 图形。图形是由计算机中工具软件绘制的图，也叫矢量图形。矢量图中的所有直线、圆、圆弧、矩形、曲线等的位置、维数、大小、形状都由指令记录，显示时需要专门的软件读取这些指令，并将其转变为屏幕上所显示的形状和颜色。如计算机中的工程制图、标志设计等。图形不是客观存在的，是根据客观事物而主观形成的。

(3) 图像。图像是从现实世界中通过扫描仪、数码相机、摄像等设备获取的图，也叫位图图像。位图图像由许多象小方块一样像素点组成，在保存时，计算机需要记录每个像素点的位置和颜色。由于图像是对客观事物的真实描述，所以和图形相比，图像的色彩丰富、过渡自然，但所占存储空间通常也比较大。

(4) 声音。声音是人们用来传递信息、交流感情最方便、最熟悉的方式之一，在多媒体中常见的声音表达形式如解说、音效、和背景音乐等。声音的实现需要系统配备相应音频硬件和音效设备。

(5) 动画。动画是由计算机中专门制作动画的工具软件绘制和生成，是一种非自然实景的动态画面。动画由快速播放一系列连续运动变化的图片组成，如计算机中的游戏动画、网页动画。通过动画可以把抽象的内容形象化，变得生动有趣，在多媒体中动画一般分为二维(平面)动画和三维(立体)动画。动画和图形一样，不是客观存在的，是根据客观事物而主观形成的。

(6) 视频。视频指利用摄像设备摄制的动态图像。它能真实地记录和反映现实世界。视频非常类似于我们熟知的电影和电视。视频的实现需要系统配备相应的视频设备。

1.2.3 静态媒体和动态媒体

计算机处理的多媒体信息从时效上可分为两大类：一类是静态媒体，表现事物静止状态的，包括文字、图形、图像；另一类是动态媒体，表现事物运动变化状态的媒体，包括声音、动画、视频。

1.3 多媒体技术

1.3.1 多媒体技术的定义

多媒体技术(Multimedia Technology)是利用计算机对文本、图形、图像、声音、动画、视频等多种信息综合处理、建立逻辑关系和人机交互作用的技术。多媒体技术的研究涉及到计算机硬件、软件和计算机体系结构；编码学，数值处理方法；图形图像处理；声音和信号处理；人工智能；计算机网络和高速通信技术等。

另外还应注意到，多媒体技术所涉及的对象均是计算机技术的产物，而其他的单纯事物，如电影、电视、音响等，均不属于多媒体技术研究的范畴。

1.3.2 多媒体技术的特点

多媒体技术与计算机技术是密不可分的，计算机的数字化和交互式的处理能力极大的推动多媒体技术的发展，另外多媒体技术所处理的文字、数据、声音、图像、图形等媒体数据是一个有机的整体，而不是一个个“分立”的信息类的简单堆积，多种媒体间无论在时间上还是在空间上都存在着紧密的联系，是具有同步性和协调性的群体。所以多媒体技术具有以下特点。

1. 多样性

信息载体的多样性是相对计算机而言的，指信息媒体的多样性。是多媒体技术的主要特征，体现在信息采集或生成、传输、存储、处理和显现的过程中，要涉及到多种感觉媒体、表示媒体、传输媒体、存储媒体或呈现媒体。这种多样性，当然不是指简单的数量或功能上的增加，而是质的变化。

信息载体的多样化使计算机所能处理的信息空间范围扩展和放大，而不再局限于数值、文本或特殊对待的图形和图像，这是计算机变得更加人性化所必需的条件。人类对于信息的接收和产生主要在视觉、听觉、触觉、嗅觉和味觉五个感觉空间内，其中前三种占了 95%的信息量。借助于这些多感觉形式的信息交流，人类对于信息的处理可以说是得心应手。

然而计算机以及与之相类似的设备都远远没有达到人类的水平，在信息交互方面与人的感官空间就相差更远。多媒体就是要把机器处理的信息多维化，通过信息的捕获，处理与展现，使之交互过程中具有更加广阔和更加自由的空间，满足人类感官空间全方位的多媒体信息要求。

2. 交互性

交互性就是可与使用者作交互性沟通的特性，是多媒体技术的关键特征。这也正是它和传统媒体最大的不同，使人们在获取信息和使用信息，变被动为主动。这种改变，除了提供使用者按照自己的意愿来解决问题外，更可借助这种交互式增加对信息的注意力和理解，延长信息保留的时间，因此，人们不是被动地接受文字、声音、图形、图像、活动视频和动画，而是主动地进行系统的查询或统计、检索、提问和回答。

3. 集成性

集成性是多媒体技术的另一个关键特征。集成性主要表现在两个方面，一方面是指将多媒体信息有机地组织在一起，综合地表达某个完整内容；另一方面指多媒体系统硬件和软件的系统集成，具有多种技术的系统集成性，基本上可以说是包含了当今计算机领域内最新的硬件技术和软件技术，它将不同性质的设备和信息媒体集成为一个整体，并以计算机为中心综合地处理各种信息。

多媒体系统充分体现了集成性的巨大作用。事实上，早期多媒体中的各项技术和产品基本上能单一地被使用，但信息空间的不完整，开发工具的不可协作性，还有信息交互的单调性等都严重地限制了信息的有效使用，也制约了应用的发展。但当它们在多媒体系统中的统一时，出现了系统级的飞跃。这一方面意味着技术已经发展到相当成熟的阶段，另一方面也意味着各自独立的发展已不再能满足应用的需要。

因此，多媒体的产生和发展，既体现了应用的强烈需要，也顺应了全球网络的一体化、互通互连的要求。现在多媒体技术日益成熟，多媒体应用领域迅速扩大，已经无所不在。

4. 协同性

协同性指多种媒体之间的协调以及时间、空间和内容方面的协调。在多媒体系统中，各种媒体都有其自身规律，各种媒体之间必须有机地配合才能协调一致，才能有机地组合成为一个整体，为用户提供完整的信息。如影像和配音有协调同步运行的要求，必须协调同步才能达到效果。

5. 实时性

实时性指在多媒体中对与时间密切相关的信息，很多场合要求实时处理。例如，在视频会议系统和可视电话中，声音及活动图像是实时的，多媒体系统必须提供对这些实时媒体实时处理的能力。这样，在人的感官系统允许的情况下，进行多媒体交互，就好像面对面(Face-To-Face)一样，图像和声音都是连续的。实时多媒体分布系统是把计算机的交互性、通信的分布性和电视的真实性有机地结合在一起。

1.4 多媒体系统

多媒体系统是指利用计算机技术和数字通信网技术来处理和控制多媒体信息的系统。从系统构成上说，可以把多媒体系统大致分为多媒体计算机系统和多媒体通信系统两大部分。其中，多媒体计算机系统负责多媒体信息的处理和加工，而多媒体通信系统则负责多媒体信息的传输。

多媒体系统是以多媒体计算机为核心，并在计算机的控制之下运行。所以多媒体系统也可以看做是特殊的计算机系统，它的基本结构原理和一般的计算机相同，即由低层的多媒体硬件系统和其上各层的多媒体软件系统构成，只是由于考虑多媒体的特性，计算机系统要融合相关多媒体技术，所以多媒体系统各层配置上比一般计算机系统内容更加丰富。

1.4.1 层次结构

多媒体系统的层次结构与计算机系统的结构在原则上是相同的，由底层的硬件系统和其上的各层软件系统组成。如图 1-3 所示的是各类硬件设备和软件环境在多媒体计算机中的层次结构。

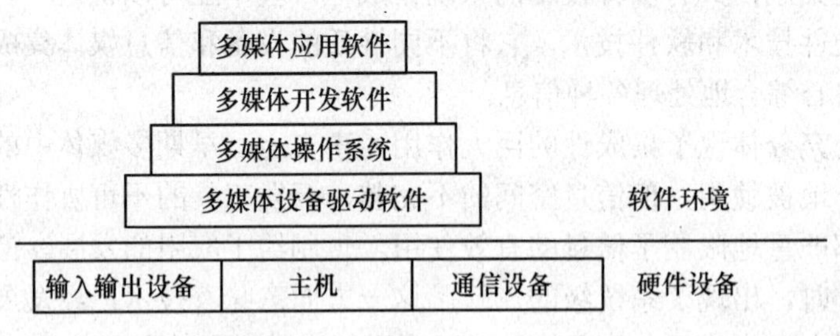

图 1-3 多媒体计算机的层次结构

(1) 多媒体计算机硬件系统。它是多媒体计算机的最底层，是系统的基础。构成多媒体硬件系统除了需要较高性能的计算机主机硬件外，通常还需要音频、视频处理设备、光盘驱动器、各种媒体输入/输出设备等、通信传输设备及接口装置等。

(2) 多媒体设备驱动软件。它是多媒体硬件和软件的桥梁，它与多媒体硬件打交道，驱动控制这些设备，提供软件接口。在开机后，在系统初始化引导程序作用下把它安装到系统 RAM 中，常驻内存。一种多媒体硬件需要相应的驱动程序，它通常随多媒体硬件产品一起提供。

(3) 多媒体操作系统。除一般的操作系统功能外，它的主要功能是对多媒体环境下的各个任务进行调度和管理，保证音频和视频同步控制以及信息处理的实时性，提供多媒体信息的各种基本操作和管理。

(4) 多媒体开发软件。它主要是用于开发多媒体应用的工具软件，其内容丰富、种类繁多，通常包括多媒体素材制作工具、多媒体创作工具和多媒体编程语言等三种。开发人员可以选用适应自己的开发工具，制作出绚丽多彩的多媒体应用软件。

(5) 多媒体应用软件。这类软件与用户有直接接口，用户只要根据多媒体应用软件所给出的操作命令，通过简单的操作便可使用这些软件。该层直接面向用户，要求有较强的交互功能和良好的人—机界面。

1.4.2 多媒体硬件

除了普通 PC 所拥有的硬件设备外，多媒体系统必需具备一些多媒体信息处理的专用硬件。多媒体硬件是多媒体系统的物质基础。

1. 多媒体计算机(简称 MPC)，也可以是工作站或其他中、大型机

MPC 是目前市场上最流行的多媒体计算机系统，MPC 由计算机传统硬件设备、光盘存储器、音频信号处理子系统、视频信号处理子系统构建而成。MPC 标准是在 1990 年 11 月，由 Microsoft 公司和 Philips 公司等 14 家厂商共同召开的多媒体开发者会议上制定的。在这次会议上，成立了多媒体微机市场协会(Multimedia PC Marketing Council，Inc)，先后发布了 4 个标准，分别为 MPC-LEVEL1、MPC-LEVEL2、MPC-LEVEL3 和 MPC-LEVEL4。标准中给出了系统的最低要求和建议配置，特别是 MPC-LEVEL4，它为将 PC 升级成 MPC 提供了一个指导原则。

多媒体工作站采用已形成的工业标准 POSIX 和 XPG3，其特点是：支持 TCP/IP 网络传输协议；整体运算速度高，存储容量大，不仅实际存储容量大，虚拟存储能力也很大，SCSI 接口易扩充；配图形子系统及高分辨率的显示器；提供标准的网络接口，联网简便以及拥有大量科学计算或工程设计软件包等。如美国 SGI 公司研制的 SGI Indigo 多媒体工作站，它能够同步进行三维图形、静止图像、动画、视频和音频等多媒体操作和应用。它与 MPC 的区别在于不是采用在主机上增加多媒体板卡的办法来获得视频和音频功能，而是从总体设计上采用先进的均衡体系结构，使系统的硬件和软件相互协调工作，各自发挥最大效能，满足较高层次的多媒体应用要求。

2. 多媒体板卡

多媒体计算机特征部件是多媒体板卡，多媒体板卡是根据多媒体系统获取或处理各种媒体信息的需要插接在计算机上，以解决输入和输出问题。多媒体板卡是建立多媒体应用程序工作环境必不可少的硬件设备。常用的多媒体板卡有显示卡、声音卡和视频卡等。

(1) 显示卡。又称显示适配器，它是计算机主机与显示器之间的接口。用于将主机中的数字信号转换成图像信号并在显示器上显示出来，它决定屏幕的分辨率和显示器可以显示的颜色。

(2) 音频卡。又称为声卡，是计算机处理声音信息的专用功能卡。在音频卡上连接的音频输入输出设备包括话筒、音频播放设备、MIDI 合成器、耳机、扬声器等。数字音频处理的支持是多媒体计算机的重要方面，音频卡具有 A/D 和 D/A 音频信号的转换功能，可以合成音乐、混合多种声源，还可以外接 MIDI 电子音乐设备。

(3) 图形加速卡。图文并茂的多媒体表现需要分辨率高，而且同屏显示色彩丰富的显示卡的支持，同时还要求具有 Windows 的显示驱动程序，并在 Windows 下的像素运算速度要快。所以现在带有图形用户接口 GUI 加速器的局部总线显示适配器使得 Windows 的显示速度大大加快。

(4) 视频卡。可细分为视频捕捉卡、视频处理卡、视频播放卡以及 TV 编码器等专用卡。其功能是连接摄像机、VCR 影碟机、TV 等设备，以便获取、处理和表现各种动画和数字化视频媒体。

(5) 扫描卡。用来连接各种图形扫描仪，是常用的静态照片、文字、工程图输入设备。

(6) 网卡。又称网络接口适配器(NIC)，是计算机与传输介质的接口。每一台服务器和网络工作站都至少配有一块网卡，把网线连到网卡的端口上，这样计算机和网络就有了实际的物理连接。

拨号上网的用户则不需要网卡，而是通过调制解调器(Modem)先拨到 ISP 的服务器上，然后再连接因特网。调制解调器是利用调制解调技术来实现数据信号与模拟信号在通信过程中的相互转换。

3. 多媒体存储设备

数字化的多媒体对存储设备提出两方面的要求：一是大容量存储技术；二是足够的数据传送带宽和支持多媒体的实时处理功能。多媒体技术中使用了多种存储介质，其中主要的有半导体、磁和光三种介质。常见的多媒体存储设备有硬盘、光盘和闪存等。除了固定硬盘外，其他的存储设备几乎都是可移动的。

1) 半导体存储设备

半导体存储设备按照是否能写入分成随机存取存储器(Random-Access Memory，RAM)和只读存储器(Read-Only Memory，ROM)，更进一步则可以细分为 Flash、ROM、SRAM、DRAM、EPROM 和 EEPROM 等。ROM 在系统停止供电的时候仍然可以保持数据，而 RAM 通常都是在掉电之后就丢失数据。

(1) 随机存取存储器 RAM。分为两大类：静态随机存储器 SRAM，它主要用于高速缓存；动态随机存储器 DRAM，是最常用的计算机内存储器，也就是我们熟悉的 DDR、DDR2、SDR、EDO 等。

(2) 只读存储器 ROM。也被称为固件(Firmware)，当它被制造时就被做成以指定数据编程的集成电路。ROM 芯片不仅用在计算机里，而且还用在大多数电子产品中。

(3) 非易失随机访问存储器 NVRAM。俗称闪存(Flash Memory)，已经成为了目前最成功、流行的一种固态内存。计算机的 BIOS(基本输入/输出系统)芯片是最通用的一种闪存，目前流行的迷你移动存储产品几乎都是以闪存作为存储介质。

而基于 NOR 和 NAND 结构的闪存是现在市场上两种主要的非易失闪存技术。Intel 公司于 1988 年首先开发出 NOR flash 技术，彻底改变了原先由 EPROM 和 EEPROM 一统天下的局面。紧接着，1989 年，东芝公司发布了 NAND flash 技术(后将该技术无偿转让给韩国 Samsung 公司)，强调降低每比特的成本，更高的性能，并且像磁盘一样可以通过接口轻松升级。

NAND 型和 NOR 型闪存的区别很大。NOR 型闪存在存储格式和读写方式上都与大家常用的内存相近，有独立的数据线和地址线，支持随机读写，具有较高的速度，这也使其非常适合存储程序及相关数据，但它容量较小，价格较贵，手机就是使用 NOR 型闪存的。所以手机内存容量通常不大。而 NAND 型闪存更像硬盘，数据线和地址线是共用的 I/O 线，所以速度慢一些，但容量比较大。通常用于存储数据，市场上的闪存卡、闪存盘都是 NAND 类型。

2) 磁存储设备

磁存储设备采用 Winchester 硬盘技术，所以也叫温盘。常见的硬盘有固定硬盘和移动硬盘。固定硬盘是计算机主要的存储设备，为计算机提供了大容量的存储介质，但是其盘片无法更换，存储的信息也不便于携带和交换。移动硬盘具有固定硬盘的基本技术特征，速度快，容量大。移动硬盘接口方式现有内置 SCSI、内置 EIDE、外置 SCSI 和外置并口等四种方式。用户可以根据自己的需求和计算机的配置情况选择不同的接口方式。

硬盘和闪存比较，硬盘每兆字节的成本十分低廉，而且容量大得多，速度较快。但闪存产品体积小，易于携带。

3) 光存储系统

光存储采用光学方式的记忆装置，因其容量大、可靠性好、寿命长、介质可换、便于携带、价格低廉等优点，已成为多媒体信息存储普遍使用的载体。近年来，光存储技术发展很快，是多媒体存储技术的主要研究领域。光存储系统由光盘驱动器(光驱)和光盘盘片(光盘)组成。光驱是计算机用来读写光碟内容的设备，而光盘以光信息做为存储物的载体，用来存储数据的一种物品。

目前，光驱可分为只读光驱和可写光驱，只读光驱只能读取光盘，可写光驱可以刻录光盘和读取光盘。衡量光驱好坏的指标主要是转速、防震和纠错能力。

常见的只读光驱有 CD-ROM 光驱、DVD-ROM 光驱和蓝光光驱。

(1) CD-ROM 光驱。又称为致密盘只读存储器，是一种只读的光存储介质。它是利用原本用于音频 CD 的 CD-DA(Digital audio)格式发展起来的。这种光驱一般除了可以读取 CD 格式的碟片外，还可读取 VCD、MP3 等格式的碟片内文件，当然也可以读取计算机内的各种文件。

(2) DVD 光驱。是一种可以读取 DVD 碟片的光驱，除了兼容-ROM、DVD-VIDEO、DVD-R、CD-ROM 等常见的格式外，对于 CD-R/RW、CD-I、VIDEO-CD、CD-G 等都能很好地支持。也就是说 DVD 光驱不但能读取 CD-ROM 所能读取的所有格式文件，还能读取 DVD 格式的文件。

(3) 蓝光光驱。即能读取蓝光光盘的光驱，向下兼容 DVD、VCD、CD 等格式。

常见的可写光驱有康宝(COMBO)和刻录机等。

① COMBO 光驱。“康宝”光驱是人们对 COMBO 光驱的俗称。而 COMBO 光驱是一种集合了 CD 刻录、CD-ROM 和 DVD-ROM 为一体的多功能光存储产品。

② 刻录光驱。包括了 CD-R、CD-RW 和 DVD 刻录机等，其中 DVD 刻录机又分 DVD+R、DVD-R、DVD+RW、DVD-RW(代表可反复擦写)和 DVD-RAM。刻录机的外观和普通光驱差不多，只是其前置面板上通常都清楚地标识着写入、复写和读取三种速度。蓝光刻录机蓝光技术是下一代的光盘存储格式，能够支持高速刻录、数据重写和高清晰电视(HDTV)的快速回放。蓝光技术还有可能会成为一种计算机数据存储标准。在技术上，蓝光刻录机系统可以兼容此前出现的各种光盘产品。

光盘的种类按照功能的不同，可以分为三类：只读式光盘(Compact Disk-Read Only Memory，CD-ROM)、写读式光盘(Write Once Read Memory，WORM)和可擦写式光盘(Optical Random Access Memory，ORAM)。只读式光盘一旦写入数据，用户无法改变光盘上的内容，也无法再写入数据。这种光盘的技术最成熟，价格最便宜，应用也最广泛。写读式光盘不仅可以读出已写入的信息，而且可以在空白的光盘空间上追加写入新的信息，但与只读光盘一样，信息一旦写入就不能修改。可擦写式光盘同磁盘一样可以写入、删除、修改，也可以在光盘的空白空间追加新的信息。它的主要技术指标是尺寸和容量。

常用的光盘有 CD-DA(光盘)、CD-ROM(光盘只读存储器)、CD-R(可刻录光盘)、CD-RW(可重写光盘)、DVD(数字光盘)、DVD-R(可刻录 DVD)、DVD-RW(可重写 DVD)、

BD-ROM(蓝光只读光盘)。

4. 多媒体输入/输出设备

多媒体设备的输入/输出设备种类十分丰富。常见的多媒体输入设备，如摄像机、电视机、麦克风、录像机、视盘、扫描仪、CD-ROM 等。操纵控制计算机的输入设备，如鼠标器、操纵杆、键盘、触摸屏等。常见的多媒体输出设备，如打印机、绘图仪、音响、电视机、喇叭、录音机、录像机、高分辨率屏幕等。

5. 视频和图像信息采集常用设备

视频信息的采集设备主要有视频采集卡、摄像头。

视频采集卡(Video Capture Card)的功能是将视频信号采集到计算机中，以数据文件的形式保存在硬盘上。按照其用途可以分为广播级视频采集卡、专业级视频采集卡、民用级视频采集卡。

摄像头分为数字摄像头和模拟摄像头两大类。数字摄像头可以将视频采集设备产生的模拟视频信号转换成数字信号，进而将其储存在计算机中。模拟摄像头捕捉到的视频信号必须经过特定的视频捕捉卡将模拟信号转换成数字模式，并加以压缩后才可以转换到计算机上运用。

图形图像的输入设备主要有扫描仪、数码相机。

扫描仪是一种静态图像采集设备。它内部有一套光电转换系统，可以把各种图片信息转换成数字图像数据，并传送给计算机。如果再配上文字识别 OCR 软件，则扫描仪可以快速地把各种文稿录入到计算机中。

数码相机利用电荷耦合器件(Charge Coupled Device，CCD)进行图像传感，将光信号转变为电信号记录在存储器或存储卡上，然后借助于计算机对图像进行加工处理，以达到对图像制作的需要。

1.4.3 多媒体软件

多媒体软件是多媒体系统的灵魂，多媒体硬件的各种功能必须通过多媒体软件才能得到实现。由于多媒体涉及种类繁多的各种硬件，要处理差异巨大的各种多媒体数据，如何将这些硬件有机的组织在一起，方便地使用和处理各种媒体数据，是多媒体软件的主要任务。多媒体软件种类繁多，按其功能可以大致划分为 4 个层次的媒体应用软件。这种划分是在多媒体技术发展中形成的，并没有绝对的标准。有许多专门的软件系统如多媒体数据库都单独分出。

1. 多媒体驱动软件

驱动程序(Device Driver)全称为“设备驱动程序”，是一种可以使计算机和设备通信的特殊程序。可以说相当于硬件的接口，操作系统只能通过这个接口，才能控制硬件设备的工作，驱动程序未能正确安装，硬件设备便不能正常工作。

当操作系统安装完毕后，首要的便是安装硬件设备的驱动程序。不过，不是每种硬件都需要安装驱动程序。大多数情况下，并不需要安装所有硬件设备的驱动程序，这主要是由于硬盘、显示器、光驱、键盘、鼠标等对于一台计算机来说是基本配置，所以早期的设计人员就将这些硬件列为 BIOS 能直接支持的硬件(即插即用)。换句话说，上述硬件安装后就可以被 BIOS 和操作系统直接支持，不再需要安装驱动程序。从这个角度来说，

BIOS 也是一种特殊意义的驱动程序。但是对于其他的硬件，如声卡、显卡、Modem、打印机、摄像头等，则没有被列为 BIOS 能直接支持的硬件。因此必须安装驱动程序，否则这些硬件就无法正常工作。

另外，不同版本的操作系统会自带常用硬件设备的驱动程序。一般情况下，版本越高所支持的硬件设备也越多，如 Windows VISTA，除了特殊情况外，装好系统后 VISTA 会根据计算机硬件配置自动寻找和安装驱动程序。驱动程序一般由厂商随硬件设备一起提供,也可以在因特网上下载驱动程序。

2. 多媒体操作系统

多媒体操作系统大致可分为两类：一类是为特定的交互式多媒体系统使用的多媒体操作系统，如 Commodore 公司为其推出的多媒体计算机 Amiga 系统开发的多媒体操作系统 Amiga DOS；另一类是通用的多媒体操作系统，如目前流行的 Windows 9x、Windows NT 系列。

3. 多媒体开发软件

多媒体开发工具多媒体开发人员用于获取、编辑和处理多媒体信息，编制多媒体应用程序的一系列工具软件的统称，大致可分为多媒体素材制作工具、多媒体著作工具和多媒体编程语言等三类。

常用的多媒体素材制作工具有：文字特效制作软件 Word、COOL 3D，图形图像编辑与制作软件 CorelDRAW、Photoshop，二维和三维动画制作软件 Animator Studio、3D Studio MAX，音频编辑与制作软件 Wave Studio、Cakewalk，以及视频编辑软件 Adobe Premiere 等。

常用的多媒体创作工具有 PowerPoint、Authorware、ToolBook 等。

常用的多媒体编程语言有 Visual Basic、Visual C++、Delphi 等。

4. 多媒体应用软件

它是由各种应用领域的专家或开发人员利用多媒体编程语言或多媒体创作工具编制的最终多媒体产品，是直接面向用户的。常用的有以下几类：

(1) 文本扫描软件。常见的有汉王 OCR 、清华文通 TH-OCR、清华紫光文字识别软件 OCR 等。

(2) 录音软件。常见的有 Windows 自带的录音机、Windows Media Player 等。

(3) 抓图和录制屏幕软件。常见的有抓图软件 HyperSnap、红蜻蜓抓图精灵 2008、超级捕快、SnagIt 等。录制屏幕软件有 CamStudio、BB FlashBack Pro、HyperCam、Techsmith Camtasia Studio。

1.5 多媒体技术的发展与应用

1.5.1 多媒体技术的发展历史

自 20 世纪 80 年代之后，多媒体技术发展之速可谓是让人惊叹不已。但无论在技术上多么复杂，在发展上多么混乱，都有两条主线可循：一条是视频技术的发展，另一条是音频技术的发展。

1. 启蒙发展阶段

多媒体技术最早出现于20世纪80年代中期。1984年，美国App1e公司推出被认为是代表多媒体技术兴起的Macintosh机。在世界上首次使用位图(Bitmap)概念对图像进行了描述，从而实现了对图像进行简单的处理、存储以及传送等。1985年，美国Commodore公司研制出世界上第一台多媒体系统Amiga。

1988年MPEG(Moving Picture Expert Group，运动图像专家小组)的建立又对多媒体技术的发展起到了推波助澜的作用。进入20世纪90年代，随着硬件技术的提高，自80486以后，多媒体时代终于到来。

2. 标准化阶段

1990年10月，在微软公司会同多家厂商召开的多媒体开发工作者会议上提出了MPC1.0标准。到1993年和1995年，多媒体计算机市场协会先后发布了多媒体个人计算机标准MPC2.0和MPC3.0，该标准将对计算机增加多媒体功能所需的软硬件规定了最低标准的规范、量化指标以及多媒体的升级规范等。从此，全球计算机业界共同遵守该标准所规定的各项内容，使多媒体个人计算机成为一种新的流行趋势。

3. 蓬勃发展

随着多媒体各种标准的制定和应用，极大地推动了多媒体产业的发展。很多多媒体标准和实现方法(如JPEG、MPEG等)已被做到芯片级，并作为成熟的商品投入市场。与此同时，涉及到多媒体领域的各种软件系统及工具，也如雨后春笋，层出不穷。这些既解决了多媒体发展过程必须解决的难题，又对多媒体的普及和应用提供了可靠的技术保障，并促使多媒体成为一个产业而迅猛发展。

代表之一是进一步发展多媒体芯片和处理器。1997年1月，美国Intel公司推出了具有MMX技术的奔腾处理器(Pentium processor with MMX)，使它成为多媒体计算机的一个标准。

代表之二是从AVI出现开始，视频技术进入蓬勃发展时期。这个时期内的三次高潮主导者分别是AVI、Stream(流格式)以及MPEG。AVI的出现无异于为计算机视频存储奠定了一个标准，而Stream使得网络传播视频成为了非常轻松的事情，那么MPEG则是将计算机视频应用进行了最大化的普及。

另一代表是AC97杜比数字环绕音响的推出。在视觉进入3D立体视觉空间的境界后，对听觉也提出环绕及立体音效的要求。电影制片商在讲究大场景前，更会要求有逼真及临场感十足的声音效果。加上个人计算机游戏(PC Game)的刺激，将音效的需求带到颠峰。

1.5.2 多媒体技术的应用领域

多媒体涉及声音、图像、视频等与人类社会息息相关的信息处理，因此它的应用领域极其广泛，渗透到了计算机应用的各个领域。不仅如此，多媒体技术应用是当今信息技术领域发展最快、最活跃的技术，是新一代电子技术发展和竞争的焦点。随着多媒体技术的发展，一些新的应用领域正在开拓，前景十分广阔。

1. 教育领域

多媒体技术最有前途的应用之一是教育领域。多媒体丰富的表现形式以及传播信息的巨大能力赋予现代教育技术以崭新的面目。目前比较常见的多媒体应用有多媒体教学课件、远程教育和校园网等。

多媒体教学课件，如多媒体教材和教辅类电子读物，能创造出图文并茂、绘声绘色、生动逼真的教学环境和交互操作方式，采用这种交互，学习者可按自己的学习基础、兴趣选择自己所要学习的内容。从而可以大大激发学生学习的积极性和主动性，改善学习环境，提高学习质量。

远程教育是利用广播电视和计算机网络等进行教学活动的，计算机网络具有形象生动和交互功能强的优点，是当今信息社会中进行远程教育最有前景的一种形式。使得远隔千山万水的学生、教师和科研人员突破时空的限制，及时地交流信息、共享资源。目前网络大学在国内外都迅速地发展起来了。

校园网是在校园内专门用于学校教育活动的局域网。在校园网络中，多媒体教学软件开发平台、多媒体演示教室、教师备课系统、电子阅览室以及教学、考试资料库等都可以在网络上运行。校园网除了为教学、科研提供先进的信息化教学环境以外，它还具有教务、行政和后勤管理功能。校园网不仅能够更加合理有效地利用学校现有的各种资源，而且为学校未来的不断发展奠定了基础，使之能够适合信息时代的要求。

2. 电子图书领域

电子出版是多媒体传播应用的一个重要方面。随着多媒体技术和光盘技术的迅速发展，出版业已经进入多媒体光盘出版时代。电子出版物具有容量大、体积小、成本低、检索快、易于保存和复制、能存储图文声像信息等特点。如用一张光盘就可以装下一套百科全书的全部内容。

另外，“数字图书馆”应运而生，并被视为 21 世纪信息产业主要的发展方向之一。数字图书馆是用数字技术处理和存储各种图文并茂文献的图书馆，实质上它是一种多媒体制作的分布式信息系统，把各种不同载体、不同地理位置的信息资源用数字技术存储，以跨越区域面向对象的网络查询和传播的一个大型信息系统。

3. 电子商务领域

通过网络，顾客能够浏览商家在网上展示的各种产品，并获得价格表、产品说明书等其他信息，据此可以定购自己喜爱的商品。由于电子商务能够大大缩短销售周期，提高销售人员的工作效率，改善客户服务，降低上市、销售、管理和发货的费用，形成新的优势条件，因此必将成为未来社会一种重要的销售手段。

4. 咨询服务领域

利用多媒体技术可为各类咨询提供服务，如旅游、邮电、交通、商业、气象等公共信息以及宾馆、百货大楼等服务指南都可以存放在多媒体系统中，向公众提供多媒体咨询服务。用户可通过触摸屏进行操作，查询所需的多媒体信息资料。

5. 通信领域

多媒体技术应用到通信上，将把电话、电视、传真、音响、卡拉 OK 机以及摄像机等电子产品与计算机融为一体，由计算机完成音频和视频信号采集、压缩和解压缩、多媒体信息的网络传输、音频播放和视频显示，形成新一代的家电类消费产品。

随着多媒体网络技术的发展，视频会议、可视电话、家庭间的网上聚会交谈等日渐普及。多媒体通信和分布式系统相结合成为分布式多媒体系统，使远程多媒体信息的编辑、获取、同步传输成为可能。

6. 军事领域

多媒体技术在军事上的应用，对未来战争的作战和指挥产生了重要的影响。在军事通信中使用多媒体技术可以使现场信息及时、准确地传给指挥部。同时指挥部也能根据现场情况正确地判断形势，将信息反馈回去实施实时控制与指挥。

7. 娱乐领域

计算机和网络游戏由于具有多媒体感官刺激并使游戏者通过与计算机的交互或互动身临其境、进入角色，真正达到娱乐的效果，故大受欢迎。此外，数字照相机、数字摄像机、数字摄影机和 DVD 光碟的投放市场，直至数字电视的到来，将为人类的娱乐生活开创一个新的局面。

多媒体的未来是激动人心的，我们生活中数字信息的数量在今后几十年中将急剧增加,质量上也将大大地改善。多媒体正在迅速地以人们意想不到的方式进入生活的多个方面，大的趋势是各个方面都将朝着当今新技术综合的方向发展，其中包括大容量光碟存储器、国际互联网和交互电视。这个综合正是一场广泛革命的核心，它不仅影响信息的包装方式和如何运用这些信息，而且将改变互相通信的方式。现在，多媒体正如新技术所展示的那样，正在成为便携个人多媒体。

1.6 多媒体新技术

多媒体技术的最新发展趋势有两个方向：一是多媒体在朝着智能化方向发展；二是多媒体在三维领域的发展异常迅速和卓有成效。下面介绍这两个方向中最热门的新技术：智能交互技术和虚拟现实技术。

1.6.1 智能交互技术

20 世纪 90 年代后期以来，随着高速处理芯片，多媒体技术和因特网 Web 技术的迅速发展和普及，人机交互(Human-Computer Interaction，HCI)的研究重点之一放在了智能化交互。

智能交互技术，指让计算机则能根据人的动作来主动适应人的要求，像人一样能听、能看、能说、能感觉的技术。例如通过分析语音来识别人发出的命令，并通过语音合成来表达信息。智能交互的本质是人与计算机之间的交互，人与媒体的关系是平等的，它反映的不是交流双方的主客体关系，而是一种“等同关系”：机器不仅仅是工具，也是社会的积极参与者。

智能人机交互技术融合了人工智能、语音处理、计算机视觉、图形学、自然语言处理、多媒体技术等众多研究领域，同时它也是心理学、语言学、社会学等方向的研究分支，具有很强的交叉性和综合性。智能人机交互的应用，不但使数字产品更加易用、高效，还将使数字产品发挥出更庞大的潜力，越来越多地产生符合人性化的功能和应用。智能交互技术关键技术包括以下几个方面。

(1) 支持语音交互(Speech-Based HCI)的言语计算(Speech Computing)。语音是人类一种重要而灵活的通信模态，言语交互的核心是语音识别，其任务就是利用语音学和语言学知识，先对语音信号进行基于信号特征的模式分类(这是语音信号处理的范畴)得到拼音串，再利用语言学知识对拼音串进一步处理，得到一个符合语法和语义的句子。简单地说，语音识别就是让计算机能听懂人说话，将人说的话转换成计算机文本。

(2) 支持笔迹交互(Pen-Based/Calligraphic HCI)的笔迹计算(Calligraphic Computing)。笔迹交互是通过计算机软硬件技术和相关领域的研究，模拟人类“笔录纸现”这一日常技能的一种人机交互方式。在这种用户界面中，用户借助鼠标、笔迹交互器及触摸屏等设备用手自由地书写或绘制各种文字和图形，计算机通过对这些输入对象的识别和理解获得执行某种任务所需要的信息。它充分利用书写的自然性和墨水丰富的表达能力，从而拓宽了人机交互的频带，使人们通过笔迹交互自然地使用计算机的高性能计算能力。

(3) 支持视觉交互(Vision-based HCI)的视觉计算(Vision Computing)。在人类日常面对面交互中，除使用语音和文字外，还可利用身体各部位的姿态和动作(即所谓身体语言)来表达自己的意思。让计算机“看”，属于计算机视觉研究的范畴，已开始应用于实际的身份认证技术，如虹膜识别、人脸识别等技术，通过采集的图像来获得信息并得出结果。现有的技术可以通过摄像机拍摄人的面部表情，然后利用图像分析和识别技术进行表情识别。

随着传感器技术的发展，越来越精确的交互方式成为可能，如用于识别手势的数据手套。它能对较为复杂的手的动作进行检测，包括手的位置和方向、手指弯曲度，并根据这些信息对手势进行分类。类似地，SimGraphics 于 1994 年开发的虚拟演员系统，通过用户戴上的安装有触及脸不同部位的传感器的头盔，控制计算机生成表情图像。

(4) 支持情感交互(Affective-based HCI)的情感计算(Affective Computing)。人类相互之间的沟通与交流是自然而富有感情的，计算机没有情感能力，很难指望它具有类似人一样的智能，也很难期望人机交互真正实现和谐与自然。新一代的人机交互过程能够处理复杂的情感信息，这就是所谓的情感计算。人们的动作或思想往往并不很精确，计算机应该理解人的要求，甚至纠正人的错误，智能化的交互界面就是为了实现这样的目标。

人的情绪与心境状态的变化总是伴随着某些生理特征或行为特征的起伏，人们表达情感通过一系列的面部表情、肢体动作和语音来进行，又通过视觉、听觉、触觉来感知情感的变化。视觉察觉则主要通过面部表情、姿态来进行。语音、音乐则是主要的听觉途径。触觉模型则包括对爱抚、冲击、汗液分泌、心跳等的处理。

情感计算研究的重点就在于通过各种传感器获取由人的情感所引起的生理及行为特征信号，建立“情感模型”，从而创建一个能感知、识别和理解人类情感的能力，并能针对用户的情感做出智能、灵敏、友好反应的个人计算系统，缩短人机之间的距离，营造真正和谐的人机环境。目前为止，有关研究已经在人脸表情、姿态分析、语音的情感识别和表达方面获得了一定的进展。

上述技术都是利用人与人及人与世界间口头或非口头的交互方式，使用各种模态来实现多通道通信，本质上都属于支持感知交互的感知计算(Sentient Computing)。

(5) 支持虚拟交互(VR HCI)的虚拟现实(Virtual Reality)。虚拟现实的基本原理是采用摄像或扫描的手段(而不是传统的建模手段)来创建虚拟环境中的事件和对象，生成一个逼真的三维视觉、听觉、触觉或嗅觉等感觉世界，让用户可以从自己的视点出发，利用自然的技能和某些设备对生成的虚拟世界客体进行浏览和交互考察。

(6) 支持人脑交互(Brain-Computer Interaction)的脑计算(Brain Computing)。最理想的

人机交互形式是直接将计算机与用户思想和目的进行连接，无需再包括任何类型的物理动作或解释，实现“Your wish is my command”的交互模式。虽然在可预见的未来这种思想不太可能实现，但对“人脑计算机界面(Brain-Computer Interface，BCI)”的初步研究可能是迈向这个方向的一步，它试图通过测量头皮或者大脑皮层的电信号来感知用户相关的大脑活动，从而获取命令或控制参数。人脑交互不是简单的“思想读取”或“偷听”大脑，而是通过监听大脑行为决定一个人的想法和目的，是一种新的大脑输出通道，一个可能需要训练和掌握技巧的通道。

(7) 支持信息内容的智能处理。人和计算机的交互一方面是为了获得服务，另一方面则需要通过计算机处理大量的信息。因此，智能人机交互的另一个重要范畴就是实现信息内容的智能处理。

信息技术产品逐步进入后 PC 时代,各式各样的信息家电、网络接入终端以及集成计算与通信功能的产品繁多。易用性、善解人意已逐渐变成信息设备参与市场竞争的关键。甚至一个具有重大创新的知识产权将带动一个新产业。如中文和汉语信息处理，面向信息内容的智能化处理技术，包括文字与语音的识别、翻译、查询、分类、摘要等。这方面的技术突破将极大地推动信息服务业和计算机产业。

将信息转变为知识、将信息基础设施发展为知识基础设施是 21 世纪的重要技术发展方向。其中，软件技术将在数据发掘、知识发现、因特网海量信息的智能化检索和网上软件机器人等方面进行重点突破。

随着虚拟现实、科学计算可视化及多媒体技术的飞速发展，新的人机交互技术不断出现，更加自然的交互方式将逐渐为人们所重视。目前，国际上正在进行研究的有关人机交互技术的项目主要有 MIT 媒体实验室的多通道自然对话项目、CMU 交互系统实验室(ISL)的 INTERACT 项目、欧洲信息技术研究战略规划(ESPRITII)的 Amodeus 项目等。这些项目中，语音、自然语言、手势、视线跟踪及头部跟踪等各种形式的输入技术正在研究中，沉浸式的头盔显示器已经开始使用，新的立体显示设备也正在研制。在 GUI 基础上，新的人机交互技术已逐渐开始应用。

中国科学研究院自动化研究所模式识别国家重点室正在投入巨资从美国引进了运动捕获系统、三维扫描仪等设备，并添置了相关的软件，正在积极地进行智能人机交互的研究，并通过各种平台向嵌入式终端、游戏平台、个性化网页服务等应用领域转化。

1.6.2 虚拟现实技术

虚拟现实(Virtual Reality，VR)技术是 20 世纪 80 年代末 90 年代初崛起的一种实用技术，是一种可创建和体验三维虚拟世界(Virtual World)的计算机系统。此种虚拟世界由计算机生成，可以是现实世界的再现，亦可以是构想中的世界，用户可借助视觉、听觉、触觉、嗅觉和味觉等行为与它进行实时交互。它使计算机从一种需要人用键盘、鼠标对其进行操作的设备，变成了人处于计算机创造的环境中，通过感官、语言、手势等比较“自然”的方式进行“交互、对话”的系统和环境。

虚拟现实被认为是多媒体最高级别的应用。它是计算机技术、计算机图形学、计算机视觉、视觉生理学、视觉心理学、仿真技术、微电子技术、多媒体技术、信息技术、立体显示技术、传感与测量技术、软件工程、语音识别与合成技术、人机接口技术、网络技术及人工智能技术等多种高新技术集成之结晶。其逼真性和实时交互性为系统仿真技术提供有力的支撑。

(1) 沉浸性(immersion)。指用户对虚拟世界中的真实感。理想的模拟环境应该使用户难以分辨真假，使用户全身心地投入到计算机创建的三维虚拟环境中，该环境中的一切看上去是真的，听上去是真的，动起来是真的，甚至闻起来、尝起来等一切感觉都是真的，如同在现实世界中的感觉一样。

(2) 交互性(interaction)。指用户对虚拟世界中的物体的可操作性。例如，用户可以用手去直接抓取模拟环境中虚拟的物体，这时手有握着东西的感觉，并可以感觉物体的质量，视野中被抓的物体也能立刻随着手的移动而移动。

(3) 构想性(imagination)。指用户在虚拟世界的多维信息空间中，依靠自身的感知和认知能力可全方位地获取知识，发挥主观能动性，寻求对问题的完美解决。

目前常见的应用虚拟现实技术的产品包括光阀眼镜、三维投影仪和头盔显示器等。其中高档的头盔显示器在屏蔽现实世界的同时，提供高分辨率、大视场角的虚拟场景，并带有立体声耳机，可以使人产生强烈的浸没感。其他外设主要用于实现与虚拟现实的交互功能，包括数据手套、三维鼠标、运动跟踪器、力反馈装置、语音识别与合成系统等。

虚拟现实技术的应用前景十分广阔。早在 20 世纪 70 年代便开始将虚拟现实用于培训宇航员。目前，虚拟现实已被推广到不同领域中，得到广泛应用。虚拟现实技术的应用范围很广，如国防、建筑设计、工业设计、培训、医学领域。例如，建筑设计师可以运用虚拟现实技术向客户提供三维虚拟模型，而外科医生还可以在三维虚拟的病人身上试行一种新的外科手术。

虚拟现实系统可由如下几部分构成：

(1) 高性能计算机系统。具有高处理速度、大存储容量、强联网特性的计算机系统。

(2) 虚拟环境生成器。军事训练模拟中的视景生成技术是当前研究的一个重要内容。智能虚拟环境(IVE)是虚拟现实、人工智能及人工生命技术的有机结合，目前，有关智能虚拟环境的研究工作在国外亦刚刚起步，有众多关键技术仍需进行进一步的研究。现从事智能虚拟环境研究的人员大多来自人工智能和知识工程领域，随着对智能虚拟环境技术研究的深入，该领域必将会得到重大的突破，具有高度行为真实感的、支持多个参与者的、具有生命特征的智能虚拟世界将会日趋涌现。当前虚拟现实研究中的一个热门课题是分布式虚拟环境(DVE)。

(3) 计算机网络。

(4) 三维视景图像生成及立体显示系统。基于图像的视景生成技术需解决的问题是显示的模型及如何在模型上产生出图像，主要包括柱面模型和球面模型两种。战场环境仿真是作战仿真的重要内容，逼真的战场环境实时仿真是作战仿真之基础，因此充分利用虚拟现实及计算机图形学最新研究成果的战场可视化系统便应运而生。

(5) 立体音响生成与扬声系统。它是虚拟环境多维信息中的一个重要组成部分。听觉是仅次于视觉的感知途径，它向用户提供的辅助信息，可增强视觉的感知，弥补视觉效果之不足，增强环境的逼真性。利用不同声源到达某一特定位置的时间差、相位差及声压差等进行虚拟环境的声音跟踪是实物虚化的重要组成部分；声波传播时间测定法和相位相干测定法属于实现声音定位跟踪的两种基本方法。若给综合战场环境中加入虚拟声音，将会增强综合战场环境的逼真性与完整性，可给作战指挥员提供强烈的沉浸感和临场感，减弱大脑对视觉的依赖性，并能获得更多的信息。

(6) 力反馈触觉系统。参与者在虚拟环境中产生沉浸感的重要因素之一是用户在用手或身体操纵虚拟物体时，能感受到虚拟物体与虚拟物体之间的作用力与反作用力，从而产生出触觉和力觉的感知。

(7) 人体的姿势、头、眼、手位置的跟踪测量系统。运动跟踪作为人与虚拟环境之间信息交互的一个重要因素，是近年来虚拟现实技术发展的一个重要领域。人体行为交互是人际之间除语音外的一种重要交互方法，行为表现模型的建立是一个技术关键。信息社会的显著特点与基础是数字化技术，人类自身的数字化便显得颇为重要，需进行深入的研究，这便是虚拟人合成的研究目的及其意义所在，最终使得计算机与人之间可实现自然化的交互。

(8) 人—机接口界面及多维的通信方式。这些技术目前主要集中反映在头盔显示器和数据手套这两类交互设备中。

(9) 各种数据库(地形地貌、地理信息、图像纹理、气动数据、武器性能参数、导航数据、气象数据、背景干扰及通用模型等)。

(10) 软件支撑环境。需建立并开发出虚拟世界数据库；在底层支撑软件及三维造型软件的支撑下，建立起虚拟现实系统的开发工具软件；在输入/输出传感器等硬件支撑下，建立起人—机交互图形的界面。

1.7 本章小结

当前，多媒体技术应用是当今信息技术领域发展最快、最活跃的技术。多媒体技术的应用领域极其广泛。掌握媒体、媒体的分类、多媒体的定义，是掌握多媒体技术的基础。多媒体技术的特点使它与传统媒体完全不同。多媒体系统具有层次结构，多媒体技术的发展主线是音频技术和视频技术。多媒体技术的最新发展趋势有两个方向，即智能化和三维领域，两个方向中最热门的新技术是智能交互技术和虚拟现实技术。

【思考题与习题】

一、简答题

1. 媒体有哪 5 类？多媒体技术中的媒体指的是哪 1 类？
2. 什么是多媒体技术？
3. 多媒体技术的特点是什么？
4. 请从多媒体自身特征出发解释传统电视为何不属于多媒体？
5. 多媒体系统由哪几部分组成？
6. 多媒体系统能做什么？
7. 智能交互技术的关键技术有哪些？

二、选择题

1. 媒体中的(　　)指的是能直接作用于人们的感觉器官，从而能使人产生直接感觉的媒体。

A. 感觉媒体　　B. 表示媒体　　C. 显示媒体　　D 存储媒体

2. 多媒体技术中的媒体指的是(　　)。

A. 感觉媒体　　B. 表示媒体　　C. 表现媒体　　D. 存储媒体

3. 下列哪些媒体属于感觉媒体？

(1)语音　(2)图像　(3)语音编码　(4)文本

A. (1)、(2)　　B. (1)、(3)

C. (1)、(2)、(4)　　D. (2)、(3)、(4)

4. 媒体中的(　　)指的是为了传送感觉媒体而人为研究出来的媒体。借助于此种媒体，便能更有效地存储感觉媒体或将感觉媒体从一个地方传送到遥远的另一个地方。

A. 感觉媒体　　B. 表示媒体　　C. 显示媒体　　D. 存储媒体

5. 媒体中的(　　)指的是用于通信中使电信号和感觉媒体之间产生转换用的媒体。

A. 感觉媒体　　B. 表示媒体　　C. 显示媒体　　D. 存储媒体

6. 多媒体技术的主要特性有：

(1)多样性　(2)集成性　(3)交互性　(4)实时性

A. 仅(1)　　B. (1)、(2)

C. (1)、(2)、(3)　　D. 全部

7. 下面哪项属于多媒体范畴(　　)。

A. 交互式视频游戏　　B. 立体声音乐

C. 彩色电视　　D. 彩色画报

8. 下列不属于多媒体技术特点的是(　　)。

A. 多样性　　B. 实时性　　C. 交互性　　D. 群体性

9. 一般认为，多媒体技术研究的兴起，从(　　)开始。

A. 1972 年，Philips 公司展示播放电视节目的激光视盘。

B. 1984 年，美国 Apple 公司推出 Macintosh 系列机。

C. 1986 年，Philips 公司和 Sony 公司宣布发明了交互式光盘系统 CD-I。

D. 1987 年，美国 RCA 公司展示了交互式数字影像系统 DVI。

10. 1985 年，美国 Commodore 公司的(　　)是多媒体技术的先驱产品之一。

A. Macintosh　　B. CD-I　　C. Amiga　　D. DVI

11. 下列哪些特征不是多媒体技术的主要特性：

(1)实时性　(2)多样性　(3)集成性　(4)交互性

A. 仅(1)　　B. (1)、(2)

C. (1)、(2)、(3)　　D. 全部

12. 显示器、音响设备可以作为计算机中多媒体的(　　)。

A. 感觉媒体　　B. 存储媒体　　C. 表示媒体　　D. 表现媒体

13. 多媒体软件环境最高层是(　　)。

A. 多媒体硬件　　B. 多媒体编辑与写作工具

C. 多媒体应用软件　　　　　　　　　D. 多媒体设备 I/O 控制

14. 多媒体软件环境最底层是(　　)。

A. 多媒体应用软件　　　　　　　　　B. 多媒体编辑与写作工具

C. 多媒体设备 I/O 控制　　　　　　 D. 多媒体硬件

15. 常用的多媒体板卡中，用于将主机中的数字信号转换成图像信号并在显示器上显示出来，决定屏幕的分辨率和显示器可以显示的颜色是(　　)。

A. 图形加速卡　　B. 视频卡　　C. 显示卡　　D. 扫描卡

16. 图形图像的输入设备主要有(　　)、数码相机。

A. 扫描仪　　B. 录像机　　C. U 盘　　D. 扫描卡

17. (　　)被认为是多媒体最高级别的应用。

A. 智能交互　　B. 虚拟现实　　C. 视频会议　　D. 数字图书馆

18. 多媒体技术发展主线是音频技术和(　　)技术。

A. 智能交互　　B. 虚拟现实　　C. 立体显示　　D. 视频

三、填空题

1. 在计算机领域，媒体有两重含义：一是指 ________，如磁盘；二是指 ________，而多媒体技术中的媒体指 ________。

2. 计算机中的文字能直接作用于人的感官，称为 ________，而计算机中的 ASCⅡ 码是为了加工、处理和传输字符而人为研究、构造出来的一种媒体，称为 ________。

3. 多媒体一词源于英文 ________，从字面上看，是由 ________而成。在计算机领域中，多媒体就是指把多种媒体如 ________、________、________、________、________、________、________等综合集成在一起，产生一种传播和表现信息的全新媒体。

4. 多媒体技术具有 ________、________、________、________、________五大特性，这是多媒体与其他大众传媒最本质的区别。

5. 常见的多媒体存储设备有 ________、________和闪存等。

第 2 章　数字图像处理

随着计算机技术的成熟与发展，数字图像处理技术已经深入到计算机图像设计领域中。在计算机中，图像是以数字方式存储的。数字图像处理又称为计算机图像处理，它是指将图像信号转换成数字信号并利用计算机对其进行处理的过程。

【学习目标】

(1) 掌握数字图像的基本原理及基本属性。

(2) 了解数字图像的压缩方法和压缩工具的使用。

(3) 了解数字图像的获取和输出的方式。

(4) 了解数字图像的处理软件，并掌握一种常用的图像处理软件。

2.1　数字图像的基本原理

2.1.1　图形与图像的概念

在计算机中，图形与图像是两个不同的概念，它们从各自不同的角度来表现物体的特性。

1. 图形

图形即矢量图，是对物体形象的几何抽象，反映了物体的几何特性。它是由一个个图元组成的，而图元是最简单、最基本的图形，如点、直线、圆、圆弧和任意曲线等，可以用这些图元建立复杂的图形。

图形是面向几何学的，它是一组描述点、线、面等几何图形的大小、形状及其位置、维数的指令集合，通过读取这些指令可以将其转换为屏幕上所显示的形状和颜色。图形文件不是记录每个点阵的颜色，而是一组描述图元特征的指令。如一个圆，记录的是圆心的位置、圆的半径、线的精细、颜色形态以及圆内填充的颜色和图案等属性。

由于构成图形的线条和色彩相对较少，图形描述的对象相对真实感较差。但图形描述的对象与屏幕分辨率无关，任意放大不会产生锯齿效应，即可以任意缩放而不失真，它使用专门软件将描述图形的指令转换成屏幕上的形状和颜色。图形适用于描述轮廓不很复杂，色彩不是很丰富的对象，如几何图形、工程制图和 CAD、标志设计等。

2. 图像

图像也称位图，是指由数码相机、扫描仪等输入设备捕捉的实际场景画面或以数字化形式存储的任意画面。简单来说，图像是对物体形象的影像描绘，是客观物体的视觉再现。

位图是一个矩阵，其每个元素代表空间的一个点，称为像素点，也就是说位图是由许许多多的像素组合而成的平面点阵图。而像素是计算机图像中能被单独处理的最小基本单位，位图中每个像素的颜色、亮度和属性是用一组二进制像素值来表示的。在处理位图时，编辑的对象是图像中的像素点。位图的清晰度与像素的多少有关，单位面积内像素点数目越多则图像越清晰，反之则图像越模糊。位图的像素越多，色彩越丰富，图像文件的容量也越大。

一般来说，相对于图形，图像的色彩丰富，画面复杂，真实感强，它适合表现丰富的色彩层次。

3. 图形与图像的区别与联系

图形即矢量图可以分别控制和处理图中的各个部分，任意对其缩小、放大、旋转而不失真，不同的物体还可在屏幕上重叠并保持各自的特性，必要时仍可分开。但它处理起来比较复杂，用图形格式表示复杂图形需花费程序员和计算机的大量时间，效率较低；图像即位图的清晰度与像素多少有关，并且放大而失真。从图 2-1 可以看出图像放大失真的效果。

(a)

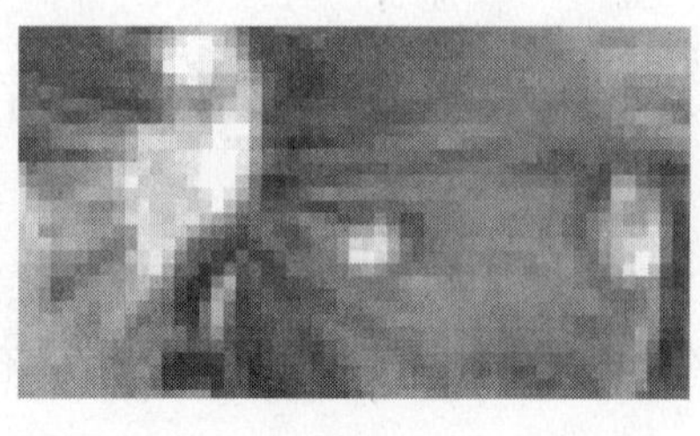

(b)

图 2-1　位图放大失真

(a) 图像原图；(b) 局部放大图。

图形与图像之间可以通过软件进行相互转化。图形转换成图像采用光栅化技术，比较容易，但是图像转化为图形实现起来却比较困难，往往需要比较复杂的运算和手工调节。图形和图像在应用上可以相互结合。

2.1.2　图像的颜色模型

颜色模型是用来精确标定和生成各种颜色的一套规则和定义，也可以说颜色模型是通过某几种基本颜色体现其他所有色彩的方法。某种颜色模型所标定的所有颜色就构成了一个颜色空间，而颜色空间通常用三维模型来表示，即空间中的颜色通常使用代表的三个参数的三维坐标来指定。所以也可以说颜色模型就是指某个三维颜色空间中的一个可见光子集，它包含某个颜色域的所有颜色。

颜色模型的种类很多，而主要常见的模型有 RGB 颜色模型、CMYK 颜色模型、LAB 颜色模型和 HSB 颜色模型等。

1. RGB 颜色模型

RGB 颜色模型是应用最为广泛的一种颜色模型，RGB 代表了三种颜色，R 代表红色 RED，G 代表绿色(GREEN)，B 代表蓝色(BLUE)。自然界的常见的各种颜色光，都可以由红、绿、蓝三种颜色光按照不同比例和强度混合来表示，同样绝大多数可见光谱也可以分解成红、绿、蓝三种色光。因此 RGB 颜色模式的图像只使用 RGB 三种颜色，每种颜色可以分配 0~255 的强度值，三种色彩叠加就形成 1670 万种颜色了，通过它们足以再现绚丽的世界。例如：

R:255　G:0　B:0　代表红色

R:0　G:255　B:0　代表绿色

R:0　G:0　B:255　代表蓝色

R:0　G:0　B:0　代表黑色

R:255　G:255　B:255　代表白色

RGB 模型又称为三原色、三基色、相加色，主要用于光照、视频和显示器的色彩成像原理。就编辑图像而言，RGB 色彩模式也是最佳的色彩模式，它可以提供全屏幕的 24bit 的色彩范围，即真彩色显示。但 RGB 模式用于打印不是最佳的，因为 RGB 模式所提供的有些色彩已经超出了打印的范围，因此在打印一幅真彩色的图像时，就会损失一部分亮度，并且比较鲜艳的色彩会失真。

2. CMYK 颜色模型

CMYK 颜色模型主要应用于印刷领域，纸上的颜色是油墨产生的，油墨本身不会发光，它是通过吸收一些色光，而把其他光反射到人的眼睛来产生颜色效果的，它是一种减色色彩模式。在 CMYK 颜色模型中，C 代表青色(Cyan)，M 代表品红色(Magenta)，Y 代表黄色(Yellow)，K 代表黑色(Black)。在实际引用中，C、M 和 Y 很难叠加形成真正的黑色，最多不过是褐色而已。因此引入了 K。黑色的作用是强化暗调，加深暗部色彩。CMYK 颜色模型图像中的每一种颜色都是由 C、M、Y、K，根据不同比例混合而成。

打印所用的是 CMYK 模式，而不是用 RGB 模式。因为 CMYK 模式所定义的色彩要比 RGB 模式定义的色彩少很多，因此打印时，系统自动将 RGB 模式转换为 CMYK 模式，这样就难免损失一部分颜色，出现打印后失真的现象。

3. LAB 颜色模型

LAB 颜色模型是国际发光照明委员会(CIE)于 1976 年制定的一种色彩模式。它包括了人眼可以看见的所有色彩的色彩模式，也就是说自然界中任何一种颜色都可以在 LAB 颜色空间中表达出来。这种模式是以数字化方式来描述人的视觉感应，与设备无关，所以说 LAB 的色彩空间要比 RGB 模式和 CMYK 模式的色彩空间大，它弥补了 RGB 和 CMYK 模式必须依赖于设备色彩特性的不足。

LAB 模式由三个通道组成，但不是 R、G、B 通道。它的一个通道是亮度，即 L；另外两个是色彩通道，用 A 和 B 来表示。A 通道包括的颜色是从深绿色(底亮度值)到灰色(中亮度值)再到亮粉红色(高亮度值)；B 通道则是从亮蓝色(底亮度值)到灰色(中亮度值)再到黄色(高亮度值)。因此，这种色彩混合后将产生明亮的色彩。

LAB 模式所定义的色彩最多，且与光线及设备无关并且处理速度与 RGB 模式同样快，比 CMYK 模式快很多。因此，可以放心大胆地在图像编辑中使用 LAB 模式。而且，LAB 模式在转换成 CMYK 模式时色彩没有丢失或被替换。因此，最佳避免色彩损失的方法是应用 LAB 模式编辑图像，再转换为 CMYK 模式打印输出。在表达色彩范围上，第一位是 LAB 模式，第二位是 RGB 模式，第三位是 CMYK 模式。

4. HSB 颜色模型

HSB 颜色模型，是以人类对颜色的感觉为依据而建立的。在这个模型中，H 代表色相(Hue)，S 代表饱和度(Saturation)，B 代表亮度(Brightness)。

色相是由物体发射或反射出来的颜色。它根据色彩在一个 0~360 的标准色盘上的位置来决定的，通常以颜色的名称来辨识，如红色、绿色和橙色等。红色在 0°，绿色在 120°，蓝色在 240°。它基本上是 RGB 模式全色度的饼状图。

饱和度表示色彩的纯度，为 0 时为灰色。白、黑和其他灰色色彩都没有饱和度的。在最大饱和度时，每一色相具有最纯的色光。

亮度是色彩相对的明亮度。0%时为黑色，100%时为白色，最大亮度是色彩最鲜明的状态。

HSB 颜色模型最能符合人的眼睛所看到的色调空间，是模拟人眼感知色彩的一种方法。HSB 模型描述色彩比较自然。

2.1.3 图像数字化的基本原理

人们在自然界看到的景物、照片、图画等画面都是模拟的图像信号，也就是说它们的亮度、彩色信息的变化都是连续的，要在计算机中处理图像，就要把这些模拟图像进行数字化转变成计算机能够接受的显示和存储格式，然后再用计算机进行分析处理。图像的数字化过程主要分采样、量化与编码三个步骤。

1. 采样

采样的实质就是要用多少点来描述一幅图像，采样结果质量的高低是用图像分辨率来衡量。简单来讲，对二维空间上连续的图像在水平和垂直方向上等间距地分割成矩形网状结构，所形成的微小方格称为像素点。一副图像就被采样成有限个像素点构成的集合。例如，一副 640×480 分辨率的图像，表示这幅图像由 640×480=307200 个像素点组成。

2. 量化

量化是指要使用多大范围的数值来表示图像采样之后的每一个点。量化的结果是图像能够容纳的颜色总数，它反映了采样的质量。例如，如果以 4bit 存储一个点，就表示图像只能有 16 种颜色；若采用 16bit 存储一个点，则有 2^{16}=65536 种颜色。所以量化位数越大，表示图像可以拥有更多的颜色，自然可以产生更为细致的图像效果。但是也会占用更大的存储空间。两者的基本问题都是视觉效果和存储空间的取舍。

经过这样采样和量化得到的一幅空间上表现为离散分布的有限个像素，灰度取值上表现为有限个离散的可能值的图像称为数字图像。只要水平和垂直方向采样点数足够多，量化比特数足够大，数字图像的质量就比原始模拟图像毫不逊色。

3. 编码

数字化后得到的图像数据量十分巨大，必须采用编码技术来压缩其信息量。在一定意义上讲，编码压缩技术是实现图像传输与储存的关键。

2.1.4 图像的相关属性

计算机处理图像时，往往根据需要设定图像的分辨率、颜色深度、图像的尺寸等属性，因此，了解这些属性的内容对图像处理来说是必需的。

1. 分辨率

分辨率是影响图像质量的重要参数，主要分为屏幕分辨率、图像分辨率、扫描分辨率和打印分辨率。

(1) 屏幕分辨率，指在显示屏上能够显示出的像素数目，由水平方向的像素总数和垂直方向的像素总数构成，如 800×600、1024×768、1280×1024、1440×900 等。如图 2-2 所示，分辨率 1024×768 代表显示屏分成 1024 行，每行显示 768 个像素，整个显示屏就有 786432 个像素。

图 2-2 “屏幕分辨率”对话框

显示屏上的像素越多，分辨率就越高，显示出来的图像也越精细，显示的图像质量也就越高，但显示屏上的字就越小。显示设备的最大分辨率越高，也说明屏幕能够显示的最大像素数目越多，它是显示器和显示卡物理设备所决定的。

(2) 图像分辨率，指数字图像的实际尺寸，反映了图像的水平方向和垂直方向的大小。如一幅图像的分辨率是 800×600，说明这幅图像水平方向有 800 个像素，垂直方向有 600 个像素。图像的分辨率越高，图像越逼真，也就是说图像的分辨率决定了图像的显示质量。假设一幅图像的分辨率为 400×300，计算机的屏幕分辨率为 800×600，则该图像在屏幕上只占据了 1/4。也就是说，图像在显示时，若本身的分辨率低，即使提高屏幕的分辨率，也无法真正改善图像的质量。

(3) 扫描分辨率，用于指定扫描仪扫描图像时每英寸所包含的点(dot per inch，用 dpi 表示)。如果用 300dpi 来扫描一幅 8 英寸×6 英寸的彩色照片时，就得到一幅 2400×1800 个像素的图像。扫描分辨率反映了扫描后的图像与原始图像之间的差异程度，扫描分辨率越高，差异越小。

(4) 打印分辨率，指图像打印时每英寸可识别的点数，也用 dpi 表示。它反映了打印的图像与原数字图像之间的差异程度，是衡量输出后图像清晰度的一个重要指标，打印分辨率越高，表示图像的清晰度越高，打印质量就越高。

分辨率是针对图像而言的，对于图形因为它不是由像素点组成的，所以无意义。

2. 颜色深度

颜色深度是指图像中的每个像素的颜色(或亮度)信息所占的二进制数位数，记为位/像素(b/p，bit per pixel)，它决定了构成图像的每个像素可能出现的最大颜色数。颜色深度值越高，显示的图像色彩越丰富，反之，颜色深度值越低会影响图像的质量，图像看起来让人觉得很粗糙和很不自然，但颜色深度增加时，所占用的存储空间也越大，它也加大了图形加速卡所要处理的数据量。

(1) 1bit：表现的颜色数只有 2^1 种，一般为黑色和白色，即黑白图像。

(2) 4bit：这是 VGA 标准支持的颜色深度，共 2^4=16 种颜色。

(3) 8bit：这是多媒体应用中最低颜色深度，共 2^8=256 种颜色。

(4) 16bit：在 16bit 中，用 15bit 表示 RGB 这三种颜色，剩下 1bit 表示图像的其他属性，则 16bit 的颜色深度实际上可以表示为 2^{15}=32768，称为高彩色。

(5) 24bit：共有 2^{24}=16777216 种颜色，称为全彩或真彩色，这比人类眼睛能分辨的颜色要多得多。

(6) 32bit：同 24bit 颜色深度一样，也是用三个 8bit 分别表示 RGB，剩余的 8bit 用来表示图像的其他属性，如透明度等。由于人眼分辨率的限制，不一定要追求特别深的颜色深度，一般来说，32bit 的颜色深度就足够了。

3. 图像文件的大小

图像文件的大小(也称数据量)是指存储整幅图像所有像素的字节数，反映了图像所需数据存储空间的大小，主要取决于图像分辨率和颜色深度，它的计算公式是

$$图像文件的字节数=图像分辨率\times颜色深度\div 8$$

例如，一幅 640×480 的真彩色图像(24bit)在计算机中的原始数据量为

$$640\times480\times24\div8=921600\text{B}=900\text{KB}$$

再如，用扫描仪将一幅 11 英寸×8.5 英寸彩色照片输入计算机中，若扫描时设置的分辨率为 300dpi，每个像素采用 24bit 真彩色，那扫描仪数字化后的一张照片的存储空间为

$$(11\times300)\times(8.5\times300)\times24\div8\approx25.245\text{MB}$$

由此可见，图像文件的数据量是非常大的，占据了大量的存储空间，也使得数据传输量非常大，这对通信信道及网络都造成很大的压力。因此在实际应用中，就要对图像进行压缩。

2.2 数字图像的文件格式

2.2.1 图形文件格式

1. WMF 文件格式

WMF(Windows Metafile Format)文件格式是 Windows 自定义的一种矢量图格式。Office 剪辑库中的图形就使用这种格式。它具有文件短小、图案造型化的特点，整个图形常由各个独立的组成部分拼接而成，但其图形往往较粗糙。WMF 文件格式是 Windows

操作系统支持的一种图形格式，其他图像处理系统使用不多。

2. CDR 文件格式

CDR 是 CorelDRAW 系列软件中的一种图形文件格式，可导入位图并进行压缩。它是所有 CorelDraw 应用程序中均能够使用的一种图形图像文件格式。

3. EMF 文件格式

EMF 文件格式是微软公司开发的一种 Windows 32bit 扩展图元文件格式。其总体目标是要弥补使用 WMF 的不足，使得图元文件更加易于接受。

4. DXF 文件格式

DXF 文件格式是 AutoCAD 中的矢量文件格式，它以 ASCII 码方式存储图形文件，在表现图形的大小方面十分精确。DXF 文件可以被许多软件调用或输出，如 CorelDraw、3ds Max 等大型软件。

2.2.2 图像文件格式

1. 图像非压缩文件格式

1) BMP 文件格式

BMP(Bitmap，位图)格式是微软公司为其 Windows 环境设置的标准的静态无压缩位图格式，是一种与硬件设备无关的图像文件格式，使用非常广泛。它采用位映射存储格式，除了图像的颜色深度可选以外，不采用其他任何压缩。BMP 文件的颜色深度可选 1bit、4bit、8bit 及 24bit。由于这种格式无压缩，所以 BMP 文件所占用的空间很大。一张 640×480 的图像，若色彩丰富，可高达 1MB～2MB。由于 BMP 文件格式是 Windows 环境中图像数据的一种标准，因此在 Windows 环境中运行的图形图像软件都支持 BMP 图像格式。而 BMP 格式不会丢失任何图像细节，十分适合对图像要求严格的行业使用。

2) PSD 文件格式

PSD 文件格式是 Adobe 公司的图像处理软件 Photoshop 专用的位图储存格式，是一种非压缩的原始文件保存格式，它的保真度和 BMP 没什么两样，但因为它需要记录层，而且每一个层是一幅等大小的图像，体积比 BMP 要大很多。正因为它可以保留所有的原始信息，在图像处理中对于尚未制作完成的图像，选用 PSD 格式保存是最佳的选择。

2. 图像压缩文件格式

1) JPEG 文件格式

JPEG 文件后缀名为 jpg 或 jpeg，是最常用的图像文件格式。JPEG(Joint Photographic Experts Group)直译为联合图片专家组。从 1980 年开始，国际标准化组织(ISO)和国际电话电报咨询委员会(CCITT)联合进行了视频压缩的标准化研究，历时 10 年，于 1991 年完成了 JPEG 标准。JPEG 是一种有损压缩，能够将图像压缩在很小的储存空间，用有损压缩方式去除冗余的图像数据，在获得极高的压缩率的同时能展现十分丰富生动的图像。也就是说，用最少的磁盘空间得到较好的图像品质。数码照相机和部分网络图片一般采用 JPEG 文件格式。

2) GIF 文件格式

GIF(Graphics Interchange Format，图形交换文件格式)是世界最大的联机服务机构

CompuServe 在 1987 年开发的图像文件格式，扩展名为.gif，其目的是便于在不同的平台上进行图像交流和传输。它是一种无损压缩格式，其压缩率一般在 50%左右，它对颜色的支持不是很丰富，最多支持 256 种色彩的图像，因此，GIF 文件格式的图像容量都比较小，且最大也不会超过 64MB。

3) PNG 文件格式

PNG(Portable Network Graphic Format，可携带的网络图像格式)文件格式是 20 世纪 90 年代中期开始开发的位图图像文件存储格式，它是 GIF 格式的直接继承者，增加了一些 GIF 文件格式所不具备的特性。它与 GIF 格式相类似，支持透明格式，不支持动画效果，但最大可支持 24bit 真彩色，多少弥补了静态 GIF 的不足。它的另一大特点是显示速度快，只需要下载 1/64 的图像信息就可以显示出低分辨率的预览图像。Firework 和 Photoshop 都能处理 PNG 图像，越来越多的软件开始支持这一格式，而且在网络上流行起来。

2.3 数字图像的压缩

图像压缩是数据压缩技术在数字图像上的应用，目的是减少图像数据中的冗余信息，从而用更加高效的格式存储和传输数据。

2.3.1 图像的压缩方法

图像数据可以实现压缩，主要是根据下面两个基本原理来实现的，也可以说图像的压缩方法分两类。

1. 有损压缩

有损压缩是利用人的眼睛对图像细节和颜色的辨认有一个极限，把超过极限的部分去掉，这也就达到压缩数据的目的。有损压缩可以减少图像在内存和磁盘中占用的空间，在屏幕上观看图像时，不会发现它对图像的外观产生太大的不利影响。

有损压缩的特点是保持颜色的逐渐变化，删除图像中的突然变化。不可否认，利用有损压缩可以大大压缩文件的数据，但是会影响图像质量。如果使用了这种方法，图像仅在屏幕上显示，可能对图像质量影响不太大，至少对于人类眼睛的识别程度来说区别不大。可是，如果要把一幅经过有损压缩技术处理的图像用高分辨率打印机打印出来，那么图像质量就会有明显的受损痕迹。

2. 无损压缩

无损压缩的基本原理是相同的颜色信息只需保存一次。图像数据中有许多重复的数据，使用数学方法来表示这些重复数据就可以减少数据量。例如一幅图像中往往有许多颜色相同的图块，在这种情况下就不需要存储每一个像素的颜色值，而仅仅存储一个像素的颜色值，以及具有相同颜色的像素数目。从本质上看，无损压缩的方法可以删除一些重复数据，大大减少要在磁盘上保存的图像尺寸。但无损压缩的方法并不能减少图像的内存占用量，这是因为，当从磁盘上读取图像时，软件又会把丢失的像素用适当的颜色信息填充进来。如果要减少图像占用内存的容量，就必须使用有损压缩方法。

无损压缩方法的优点是能够比较好地保存图像的质量，但是相对来说这种方法的压缩率比较低。但是，如果需要把图像用高分辨率的打印机打印出来，最好还是使用无损压缩。几乎所有的图像文件都采用各自简化的格式名作为文件扩展名，从扩展名就可知道这幅图像是按什么格式存储的。

2.3.2 图像的压缩标准

对于静止的图像压缩，已有多个国际标准，如 ISO 制定的 JPEG 标准、JBIG(Joint Bilevel Image Group)标准和 ITU-T 的 G3、G4 标准等。特别是 JPEG 标准适用黑白及彩色照片、彩色传真和印刷图像，可以支持很高的图像分辨率和量化精度。因此本节主要介绍 JPEG 标准。

1. JPEG 压缩标准

灰度或彩色静止图像的一个典型压缩标准是 JPEG 标准，它包括无损压缩和多种类型的有损压缩，非常适用那些不太复杂或一般取自真实的图像的压缩。它使用离散余弦变换、量化、行程和霍夫曼编码等技术，是一种混合编码标准。它的性能依赖于图像的复杂性。对于非真实图像，如卡通图像，应用 JPEG 效果并不理想。如果硬件处理的速度足够快，则数字动态视频可由 JPEG 图像标准实现，但 JPEG 不能充分利用帧间冗余，所以不能挖掘最大的压缩潜力。

2. JPEG2000 压缩标准

随着多媒体应用领域的快速增长，传统 JPEG 压缩技术已无法满足人们对数字化多媒体图像的要求。如网上 JPEG 图像只能一行一行地下载，直到全部下载完毕，才可以看到整个图像，JPEG 格式属于有损压缩，当被压缩的图像上有大片近似颜色时，会出现马赛克现象。同样由于有损压缩的原因，许多对图像质量要求较高的应用，JPEG 无法胜任。针对这些问题，2000 年 12 月公布了新的 JPEG2000 标准(ISO 15444)，其目标是在高压缩率的情况下保证图像传输的质量。它支持低比率压缩和高比率压缩的通用编码方式，它具有高压缩率和无损压缩等特点，特别在要求高压缩比的场合下表现更加突出。用 JPEG 压缩的图像，在压缩比较高的情况下，有明显的马赛克现象，但用 JPEG2000 压缩的图像效果就能得到保证，即使在很高的压缩比下，图像的内容也很容易辨别。另外，它的纠错能力很强，还可以在用户定义文件尺寸大小的情况下，保证再现较高图像质量的能力，这适合目前带宽受到限制的 Web 系统和无线网络上传输图像，应用前景很广。

2.3.3 图像压缩工具软件

目前市场上专门的压缩软件很多，其中针对 JPEG 的压缩工具有 JPEG Optimizer 工具，也有跟 JPEG Optimizer 同一家公司所出版的 Image Optimizer 工具。Image Optimizer 工具可以将 JPG、GIF、PNG、BMP、TIF 等图像影像文件利用 Image Optimizer 独特的 MagiCompress 压缩技术最佳化，可以在不影响图像影像品质状况下将图像影像压缩，最高可减少 50%以上的文件大小。因此，本节主要介绍 Image Optimizer 工具。

Image Optimizer 工具的主界面如图 2-3 所示。

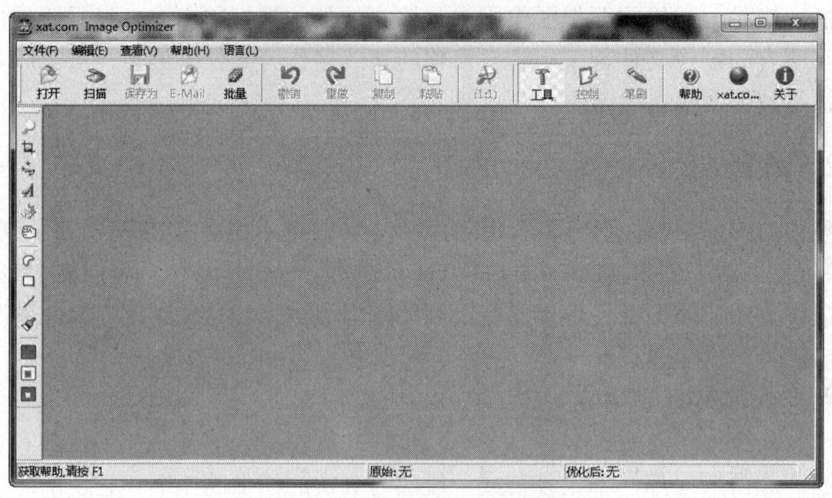

图 2-3 Image Optimizer 主界面

首先，单击工具栏中的“打开”按钮选择要压缩的图片文件，再选择工具箱中的“Compress Image”按钮，这时，编辑区会出现两张一样的图片，并自动打开“压缩图像”对话框，如图 2-4 所示。对图片的属性进行相应的设置后，选择“文件”菜单中的“保存优化后的文件为”命令进行保存。其原图和优化后的图前后效果，所图 2-5 所示。

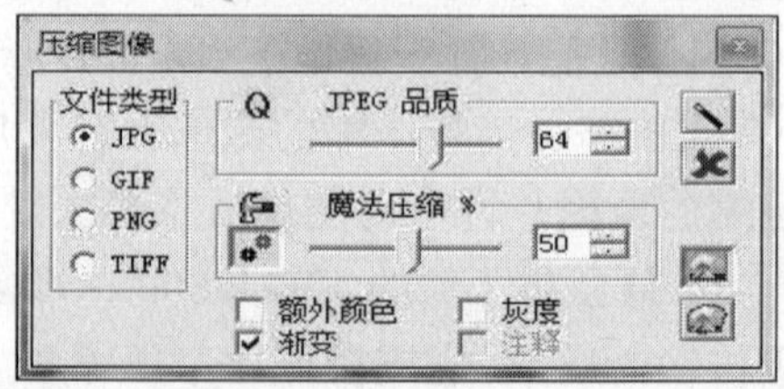

图 2-4 “压缩图像”对话框

图 2-5 Image Optimizer 压缩前后效果

2.4 数字图像的获取与输出

2.4.1 图像的获取

获取图像文件资源最常用的方式有：用扫描仪扫描，通过数码照相机拍摄，通过图形图像处理软件绘制或转换，通过屏幕抓图软件获取计算机显示屏上显示的图像，通过网上下载获得，通过图片素材光盘复制获得等。

1. 用扫描仪扫描图像

扫描仪是用于捕捉图像并将其转换为计算机可以显示、编辑、存储和输出的格式的数字化输入设备。常用扫描仪有平板式扫描仪、滚筒式扫描仪、手持式扫描仪和笔式扫描仪。

扫描仪的主要性能指标有分辨率、色彩类型和扫描幅面等。其中分辨率是扫描仪的一个重要指标，扫描分辨率越高，得到的图像越清晰。一般来说，300dpi 的分辨率已经是足够的了。目前扫描仪已被广泛应用于各类图形图像处理、出版、印刷、广告制作、办公自动化、多媒体、图文数据库、图文通信、工程图纸输入等许多领域。

2. 用数码相机拍摄图像

数码相机是一种与计算机配套使用的数字影像设备，它的出现使传统的摄影技术发生了革命性变革。随着信息技术而发展起来的数字图像技术已走向成熟并且逐渐成为主流应用技术，数码相机已不是高不可攀的奢侈品。现在的数码相机款式很多，不同的相机外观、按钮位置以及菜单功能都有很大的不同，但大多数数码相机的工作原理基本相同，基本操作过程大同小异。

3. 屏幕抓图软件获取图像

在制作一些多媒体教学课件或使用网络通信聊天工具时有可能会要获取计算机显示器屏幕上的图像。在 Windows 系统中，可以使用 PrintScreen 键可以将整个屏幕的图像保存到剪贴板，使用 Alt+PrintScreen 键可以将当前窗口的图像复制到剪贴板，但这样的抓图方式实用性不强，有些需求不能满足。因此，当需要从计算机屏幕上采集图像时，往往借用一些抓图软件来完成。

抓图软件不仅可以很轻松的完成抓取屏幕或某窗口，也可以让用户有选择地抓取屏幕中的任何一个地方，并可以对图像的大小、格式等属性进行一些设定。目前抓图软件的种类比较多，如 HyperSnap-DX、SnagIt、AgileCapture 和红蜻蜓抓图精灵等。特别是 HyperSnap-DX 是一款非常优秀的屏幕截图工具，它的主界面如图 2-6 所示。它不仅能抓取标准桌面程序，还能抓取一些游戏的过场动画或 DVD 屏幕图。

2.4.2 图像的输出

图像的输出也有多种方式，常用的有以下几种：

1. 通过打印机输出

用打印机输出数字图像具有设备价格低、方便快捷，适合于家庭和一般单位。常用于数字图像输出的打印机有喷墨打印机、激光打印机、热升华打印机等。

图 2-6 HyperSnap 主界面

1) 喷墨打印机

在多种打印方式中，彩色喷墨打印机应用最多，这主要是由于彩色喷墨打印机价格低，但它的墨水贵，照片级打印纸价格高。通常 A4、A3、A2 及更小幅面的喷墨打印机供非生产性使用，耗材贵、速度慢。喷墨打印机在打印图像时，需要进行一系列的繁杂程序。当打印机喷头快速扫过打印纸时，它上面的无数喷嘴就会喷出无数的小墨滴，从而组成图像中的像素。一般来说，喷嘴越多，打印速度越快。目前，爱普生、佳能、惠普三家公司生产的喷墨打印机代表了市场的主流。

2) 激光打印机

激光打印机是利用激光扫描成像技术、计算技术、电子照相技术，高质量打印的设备。其基本工作原理是由计算机传来的二进制数据信息，通过视频控制器转换成视频信号，再由视频接口/控制系统把视频信号转换为激光驱动信号，然后由激光扫描系统产生载有字符信息的激光束，最后由电子照相系统使激光束成像并转印到纸上。较其他打印设备，激光打印机有打印速度快、成像质量高等优点；但由于彩色激光打印机技术复杂而导致彩色激光打印机价格比较贵，尽管近年来价格有所下降，但还是比喷墨打印机高出许多，这使得它的应用受到了限制。

3) 热升华打印机

热升华打印机是质量最高的照片打印设备。它的工作原理是将四种颜色(青色、品红色、黄色和黑色，简称 CMYK)的固体颜料(称为色卷)设置在一个转鼓上，这个转鼓上面安装有数以万计的半导体加热元件，当这些加热元件的温度升高到一定程度时，就可以将固体颜料直接转化为气态，然后将气体喷射到打印介质上。每个半导体加热元件都可以调节出 256 种温度，从而能够调节色彩的比例和浓淡程度，实现连续色调的真彩照片效果。

在色彩的表现力上，热升华打印机要比喷墨打印机好得多，热升华打印机 300dpi 的精度几乎相当于喷墨打印机 4800dpi 的效果。另外，镀膜功能是热升华打印机独有的功能，将照片镀膜之后中，其整体的色彩感觉将会更加的明亮鲜艳，而且还具有了防水、抗氧化的功能，在保存方面比喷墨打印机打印出来的照片要长久得多。但它在打印文字方面逊色于激光打印机和喷墨打印机，打印速度也慢，打印一张照片约 1min 以上。

2. 通过印刷方式输出

很多专业设计的美术作品，在大量需求时可通过印刷出版。

3. 在计算机上直接显示输出

在计算机上直接显示输出主要通过显示器等设备进行显示输出，现在用得最多的显示器有阴极射线管显示器(CRT)和液晶显示器(LCD)。液晶显示器是一种数字显示技术，它通过液晶和彩色过滤器过滤光源，在平面面板上产生图像。与传统的 CTR 显示器相比，液晶显示器具有质量小、低辐射、占空间少和无闪烁等优点。随着液晶显示器的价格降低，液晶显示器已经占据了现在的主流市场。

2.5 数字图形图像的处理软件

2.5.1 图像处理软件

在众多的图像处理软件中，Photoshop 以其强大的功能、灵活的操作而成为世界顶级的专业图像处理软件之一。Photoshop 是美国 Adobe 公司开发的专业图像处理软件，主要用于图形图像的设计和处理，是集图像创作、扫描、编辑、修改、合成及高品质分色输出功能于一体的软件，为多媒体设计者提供了广泛的创作空间，广泛应用于广告设计、装帧设计、计算机美术设计等领域。本节以 Photoshop CS5 中文版为例，介绍该软件的操作和使用技能。

1. 工作区组成

为了在 Photoshop 中高效地完成图像编辑工作，必须熟悉它的操作界面。工作区是指 Photoshop 的应用程序界面，它是进行图像编辑的基础。工作区主要包括应用程序栏、菜单栏、工具箱、控制面板、图像窗口、调板组和状态栏等，如图 2-7 所示。

(1) 应用程序栏。应用程序栏位于操作界面的顶部，左侧有一批应用程序按钮，常规的操作功能都在这里，如缩放工具、排列文档和抓手工具等。右侧是工作场所切换器，可以随时切换需要的面板。

(2) 菜单栏。Photoshop CS5 共有 11 个菜单，每个菜单下都有子菜单。菜单栏列出了该软件大部分的功能和命令，这些操作命令大部分都有对应的快捷键，可以加快图像的处理过程。菜单中有带有黑色三角标记的菜单命令代表还有子菜单，菜单中某些命令显示为灰色，代表该命令在当前状态下不可用。

(3) 工具箱。工具箱提供了多种处理图像的工具，单击工具即可选中相应的工具。将鼠标指针在工具上停留一会，会显示该工具的名称和快捷键。工具箱中有些图标的右下角有一个小三角形图标，表示存在着隐藏工具，只要对着该工具按钮按住鼠标左键不动，即可打开隐藏的工具。

图 2-7 Photoshop CS5 的操作界面

(4) 控制面板。控制面板用来设置工具箱中当前所选工具的属性选项。当选择不同的工具时，会有相应的选项设定。

(5) 图像窗口。图像窗口用于显示在 Photoshop 中已打开的图像。可以打开一个图像，也可以打开多个图像。

(6) 文档标签。文档标签用来显示当前图像的名称、放大倍率和颜色模式等。可以通过单击各个图像的标题标签在多个已打开的图像中进行切换。

(7) 调板组。调板组是方便对图像进行各种编辑和操作的面板组。可以通过面板组右上角的双三角形图标按钮来展开或折叠。

(8) 状态栏。状态栏位于窗口的底部，用来显示当前图像的有关信息，如放大倍数、文件大小以及当前工具用法的简要说明。

2. 图像的编辑基础

1) 图像的创建与打开

(1) 图像的创建。执行“文件”菜单中的“新建”命令，或按组合键 Ctrl+N，弹出“新建”对话框，如图 2-8 所示。

在“新建”对话框中，可以设定图像的名称、图像的大小、分辨率、颜色模式、背景内容和预设等。其中预设是指已经预先定义好并保存的一些文件尺寸，可以在下拉菜单中选择，如图 2-9 所示。

(2) 图像的打开。图像的打开有多种方式，都可以在“文件”菜单中选择“打开”命令，或选择“最近打开文件”命令，还可以选择“在 Bridge 中浏览”命令中打开。“在 Bridge 中浏览”中打开图像，如图 2-10 所示，该窗口以资源管理器的方式组织资源，找到所需打开文件的路径，双击图像文件，或在右键菜单中选择“打开”命令，即可在图像窗口中打开图像文件。

图 2-8 “新建”对话框

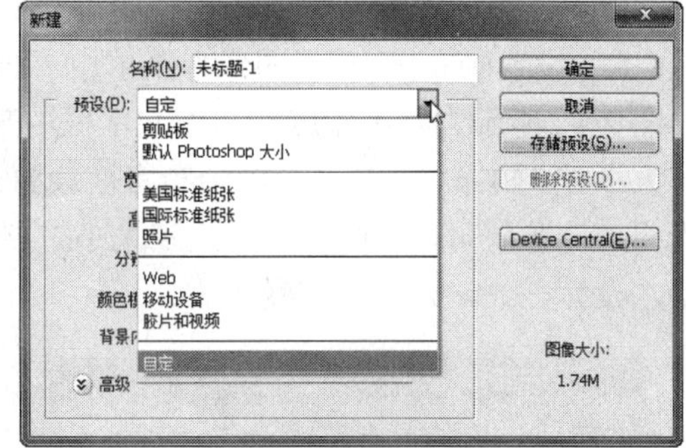

图 2-9 “预设”下拉框

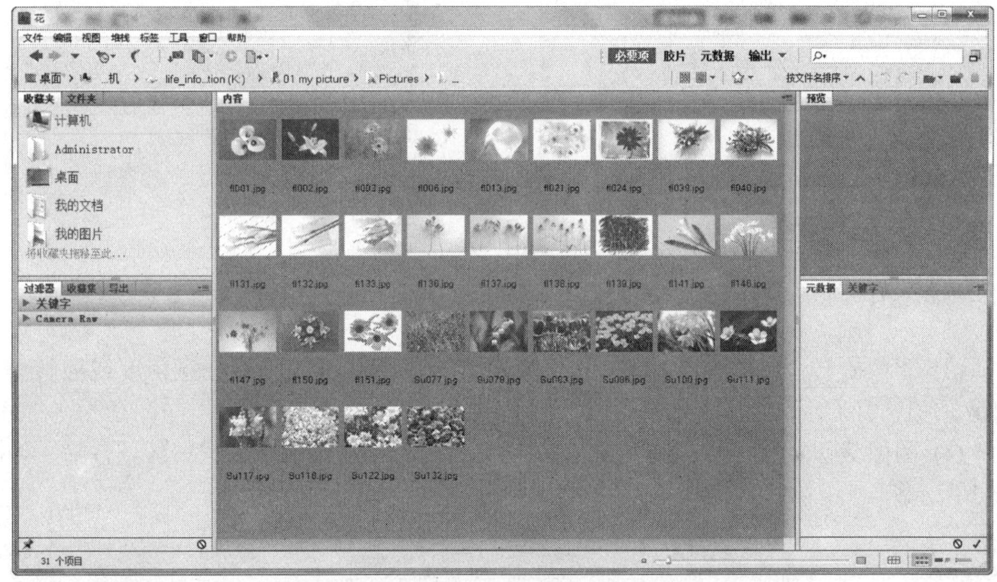

图 2-10 “在 Bridge 中浏览”对话框

2) 图像的存储

图像的存储有多种方式，都可以在“文件”菜单中选择“存储”、“存储为”和“存储为 Web 和设备所用格式”命令。“存储”命令和“存储为”命令都能保存当前图像，“存储为”命令还可以将当前图像文件以新名称和格式进行存储。“存储为 Web 和设备所用格式”命令可以把当前图像文件保存成 Web 专用文件，同时可以对图像的颜色和文件的容量进行优化。

3) 图像窗口的基本操作

(1) 设置图像大小。“图像”菜单中的“图像大小”命令，用来设置图像大小。当图像应用于计算机上时，通常用像素大小来设置，当图像需要打印时，通常用文档大小来设置。分辨率不同，其文档大小也对应不同，“图像大小”对话框如图 2-11 所示。

其中缩放样式选项是指如果图像中有图层应用了样式，则选中此项的作用是使图像在调整大小后图层样式跟着缩放，只有选中了“约束比例”，此选项才是可用的。而约束比例的作用是保持图像的高宽比不变，当选中了约束比例时，更改图像高度时，宽度会自动更新。重定图像像素的作用是如果需要更改图像的像素大小，就必须选中此选项。

(2) 设置画布大小。“图像”菜单中“画布大小”命令，可以增加或裁剪画布大小，如图 2-12 所示。其中宽度和高度文本框用来设置所需要的画面尺寸，当设置大于当前画布大小时，画布将扩展，否则画布将被裁剪。“定位”可以设置当前图像在画布上的位置。“相对”选项可以使画布按照指定大小扩展或裁剪，将宽度和高度设置为负数，则是裁剪，设为正数，则完成扩展。

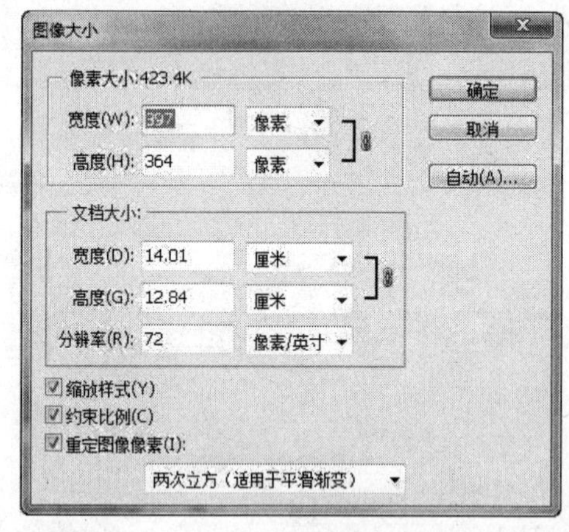

图 2-11 “图像大小”对话框

图 2-12 “画布大小”对话框

(3) 图像旋转。“图像”菜单中的“图像旋转”命令可以旋转任意角度或翻转整个图像。

(4) 图像裁切。“图像”菜单中的“裁切”命令可以将图像中的空白区域移除，如图 2-13 所示。

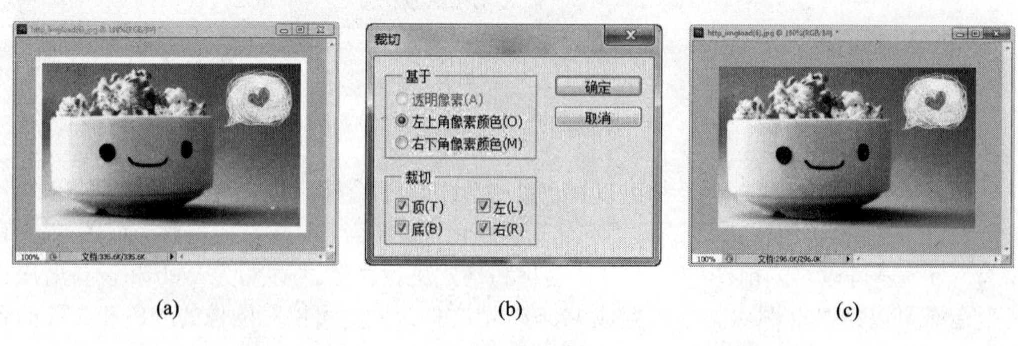

图 2-13 图像裁切

(a) 图像裁切前效果；(b) “裁切”对话框；(c) 图像裁切后的效果。

(5) 图像裁剪。默认情况下，“图像”菜单中的“裁剪”命令为灰色，不可用，该命令是要配合工具箱中的裁剪工具使用的。先选中工具箱中的“裁剪工具”，将要保留的图像区域选中，选择“图像”菜单中的“裁剪”命令，或双击图像即可完成裁剪操作，如图 2-14 所示。

图 2-14　图像裁剪前后的效果

4) 图像的移动

工具箱中的“移动工具”可以将图层中的整幅图像或选定区域中的图像移动到指定位置。需要对图像移动时，选中图像所在的图层就可以随意拖动整个图层到任意位置。

移动工具除了具有移动功能外，还可以对图层对象进行复制。方法是移动对象的同时，按住 Alt 键，鼠标会变成复制光标形状，拖动鼠标就会完成图层对象的复制。如图 2-15 所示。如果将图层中的对象拖动到另外一个图像窗口，则会复制到相应的图像文件，实现跨文件的复制。

图 2-15　图层对象的复制

注意：当选中工具箱中的“移动工具”按钮时，就会出现“移动工具”的控制面板，其中有个“自动选项”，当不勾选“自动选项”时，要完成对象的移动必须先选中相应的图层后移动对象到任意位置，而勾选“自动选项”时，会自动选择单击处的对象进行移动。

5) 还原和重做

在 Photoshop CS5 中对于做错的或不满意的图像处理操作可以撤销其步骤，而撤销的步骤也可以恢复。

(1) 菜单命令。

① 执行“编辑”菜单中的“还原”命令，只可以撤销最后一步执行的命令，执行完“还原”命令后，“还原”命令会自动更改为“重做”命令，执行该命令，可以将刚才的撤销的操作恢复。快捷键是 Ctrl+Z。

② 执行“编辑”菜单中的“后退一步”命令，可以依次撤销执行的命令，即可以连续撤销执行的命令。快捷键是 Alt+Ctrl+Z。

③ 执行“编辑”菜单中的“前退一步”命令，可以依次还原执行的命令，即可以连续还原执行的命令。快捷键是 Shift+Ctrl+Z。

(2) “历史记录”面板。“历史记录”面板可以方便地撤销多次执行的命令，可以回到任何一个历史状态。先将“窗口”菜单下的“历史记录”勾选，即可打开“历史记录”面板，拖动历史记录滑块到相应的历史状态，或单击相应的历史状态就可以完成还原与重做操作。如图 2-16 如示。

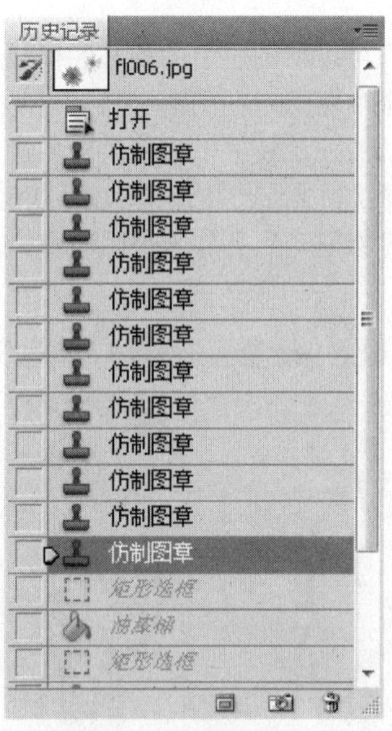

图 2-16 “历史记录”面板

6) 图像的缩放显示

在编辑图像的过程中，为了观察图像的整体效果或细节，需要对图像进行放大或缩小操作。

(1) 缩放工具。选择工具箱中的“缩放工具”按钮，操作界面上的控制面板就会自动显示出“缩放工具”按钮控制面板。如图 2-17 所示。把鼠标移动到图像窗口中会显示为放大状态，单击鼠标会放大图像；按住 Alt 键，光标会显示为缩小状态，单击鼠标会缩小图像画面。如果图像显示比例比较大而无法显示整幅画面时，可以使用工具箱中的“抓手工具”查看部分图像。在任何工具的使用状态下，按住空格键可以暂时转换成抓手工具。

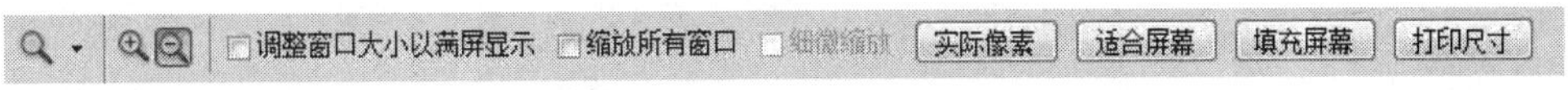

调整窗口大小以满屏显示
缩放所有窗口
细微缩放
实际像素
适合屏幕
填充屏幕
打印尺寸

图 2-17　“缩放工具”按钮控制面板

(2) 导航器。勾选“窗口”菜单下的“导航器”，即可打开“导航器”面板，使用该面板可以方便地进行图像的缩放操作，如图 2-18 所示。

导航器
直方图
信息
67.03%

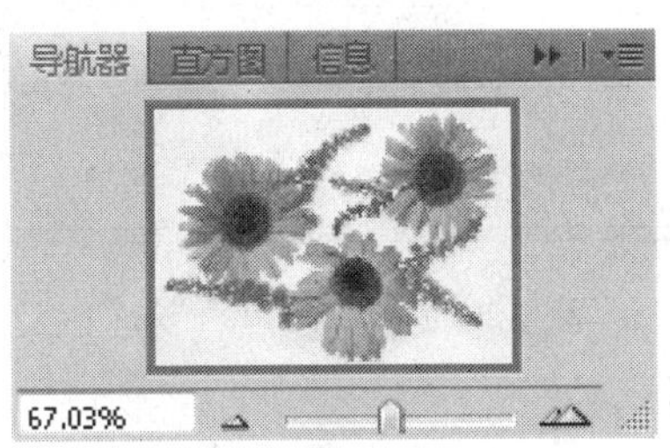

图 2-18　“导航器”面板

“导航器”面板中红色区域为图像窗口中查看区域，该图中的 67.03%是图像的百分比显示，最大比例可以放大到 3200%。

3. Photoshop CS5 的应用实例

本节介绍 Photoshop CS5 的应用实例，如何制作一寸照片。

(1) 首先要知道一寸照片的尺寸，一寸=2.5cm×3.5cm。在工具箱中选择“裁剪工具”，在照片上选取合适的位置，调整图像的宽度为 2.5cm，高度为 3.5cm，分辨率为 300 像素。如图 2-19 所示。

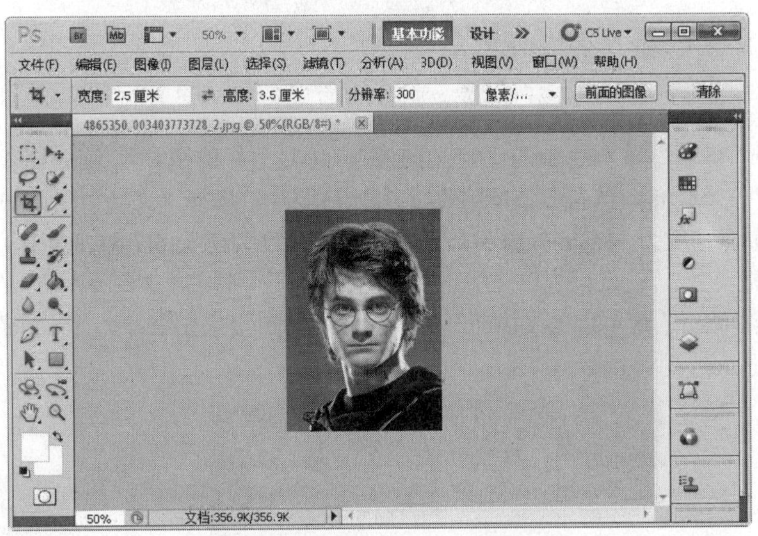

图 2-19　裁剪一寸大小的照片

(2) 设置好一寸照片的空白区域。选择“图像”菜单中的“画布大小”，勾选 “相对”选项，调整宽为 0.4cm，高为 0.4cm。如图 2-20 所示。

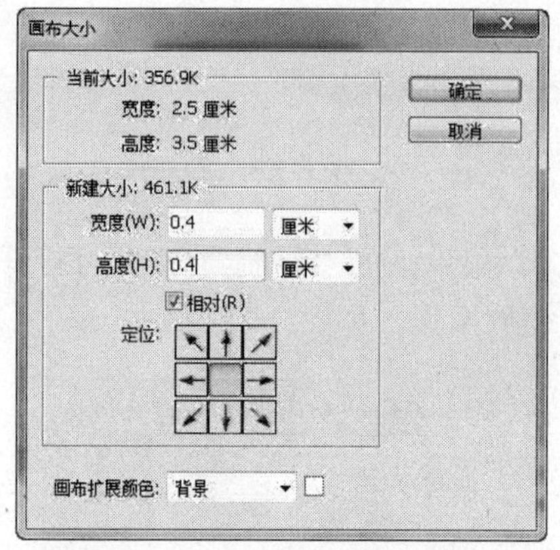

图 2-20 “画布大小”设置

其设置后的效果如图 2-21 所示。

图 2-21 设置一寸照片空白区域的效果图

(3) 选择“编辑”菜单栏中的“定义图像”，将裁剪好的照片定义为图案。

(4) 新建一个画布，画布应该能容纳 8 张一寸照片。选择“文件”菜单中的“新建”，将新建的画布调宽度为 11.6cm(11.6=(2.5+0.4)×4)，高度为 7.8cm(7.8=(3.5+0.4)×2)，分辨率为 300 像素/英寸。

(5) 选择“编辑”菜单中的“填充”命令，并使用自定义图案，选择刚保存照片图案，如图 2-22 所示。

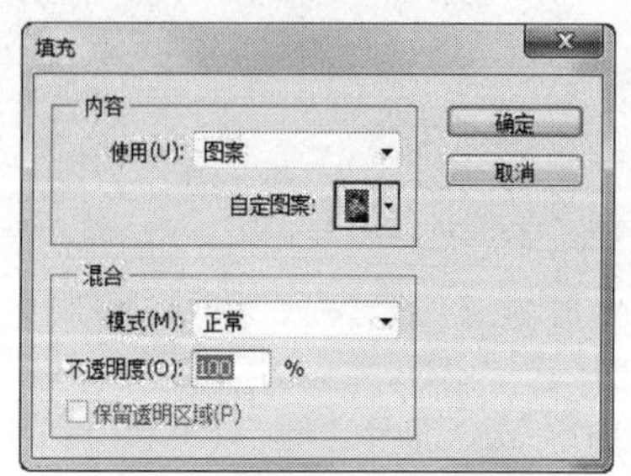

图 2-22 “填充”对话框

其最终效果图如图 2-23 所示。如果有彩色打印机，就可以打印出一寸的彩色照片了。

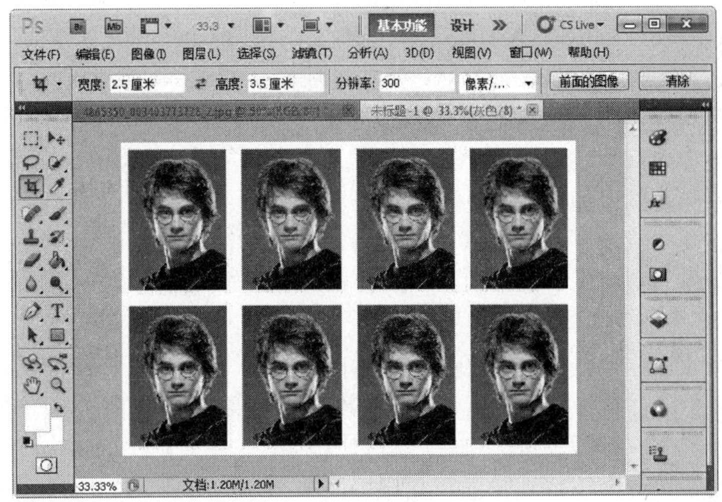

图 2-23　最终效果图

2.5.2　网页图像处理软件

网页图像处理软件比较经典且常用的软件是 Fireworks 软件。Fireworks 是 Macromedia 公司推出的用于网页制作的图形图像处理软件，它与 Dreamweaver、Flash 并称为网页制作三剑客。Fireworks 是一种功能强大而使用简便的图形处理工具，用于 Web 创建、编辑、优化和导出交互式图形。

Fireworks 可以创建和编辑位图和矢量图像，可以设计 Web 效果和优化图形以减小其文件大小、可以轻松地制作出十分动感的 GIF 动画，还可以轻易地完成大图切割、动态按钮、动态翻转图等。在完成对图形图像的编辑后，可以将其导出或另存为 JPEG 文件、GIF 文件等。

Fireworks 能与其他软件完美地结合，这是其他一般图形图像处理软件所没有的优点。它可以和 Dreamweaver、Flash 结合在一起，如在 Dreamweaver 中启动 Fireworks 来编辑选择的图像，完成编辑后，该图像在 Dreamweaver 自动更新。Fireworks 的这些特性使其成为应用最广泛的网页图形图像处理软件。

2.5.3　图形处理软件

CorelDRAW 一直是图形处理软件中的佼佼者。CorelDRAW 是加拿大 Corel 公司开发的运行于 Windows 平台的矢量绘图与图文排版软件 CorelDRAW 被广泛地应用于产品包装设计、广告海报、商标设计、印刷出版等领域，是目前国内外最流行、功能最完善的图形设计工具之一。其主要特点如下：

1. CorelDRAW 采用矢量化的方法来表示绘制的对象

由于矢量化的方法仅保存图形的各种属性，因此可以大大减少保存绘制结果所使用的存储空间。

2. 面向对象的图形管理方法

CorelDRAW中把一次性不间断绘制完成的矢量图形或一次性插入的文本等统称为一个对象。对象是构成CorelDRAW图形的基本单位。利用CorelDRAW面向对象的管理功能，可以方便地实现对象的选取、移动、复制、删除、改变大小等各种操作。

3. 丰富的绘图功能

CorelDRAW提供了一整套的绘图工具，包括图形、矩形、多边形、方格、螺旋线等，同时也提供了特殊笔刷，如压力笔、书写笔、喷洒器等，并配合塑形工具，对各种基本图形做出更多的变化，还有功能强大的特殊效果处理功能和填充功能，可以对封闭的对象进行标准填充和渐变填充、底纹填充、图样填充等特殊填充。

4. 强大的文本处理功能

CorelDRAW的文本工具，可以在绘图页面上添加“美术字”文本和“段落”文本，可以方便地对文本进行各种编辑操作。CorelDRAW提供了文本分栏、选择字体并设置其大小和属性，设置制表符和缩进、创建项目符号列表，调整字符、词、行和段落间隔，自动给文本加连字符等文本格式功能，使用国际校对器对文本进行校对的文本功能，使用特殊文本特性实现如将文本环绕其他对象、按路径塑形文本等特殊的文本处理功能。在处理少量文本时，其功能之丰富远远超过其他文字处理软件。

5. 位图处理功能

允许用户导入位图并在用户的绘图中包含它们。用户可以移动、裁剪位图，也可以缩放、旋转或倾斜一个位图。CorelDRAW 还能对位图应用多种特殊效果，并增加了与Photoshop兼容的特效滤镜。

6. 精确的操作方式

CorelDRAW提供了一整套的图形精确定位和变形控制方案，这给商标、标志等需要准备尺寸的设计带来极大的便利。

2.5.4 相片处理软件

目前市场上的相片处理软件有很多，专业相片处理软件就是前面介绍的Photoshop，还有很多针对家庭相片处理软件，如彩影、光影魔术手、美图秀秀、可牛影像和Ulead Photo Express(我形我速)等。这些软件有一个特点就是操作方式简单，无需专业的图像知识，也无需复杂的步骤和技巧，就可以做出各种图像效果。其中彩影是国内功能最强大、使用最人性化的全新一代高画质、高速度数字图像处理软件之一，无需专业的图像处理技能即可制作出绚丽的专业数码照片效果。本节主要介绍彩影2010，其界面如图2-24所示，其主要功能及特点如下。

1. 多图像窗口并发处理

有别于传统图像软件，彩影提供更方便且更专业的多图像窗口并发编辑功能，可以一次性打开多张图片，并直观地在同一编辑区域同时浏览和处理多个图像，尤其是在多张图片批处理、相互对比、反复抠图等环节更大幅缩减操作复杂度，无需频繁切换图片。

2. 功能丰富的数码暗房效果

彩影提供了功能丰富的数码暗房效果，上百种数码效果绝对可以满足各种相片的复杂处理要求。对每种数码效果，彩影还追求“可傻瓜可专业”的设计理念，提供最为完整的效果参数调节功能。

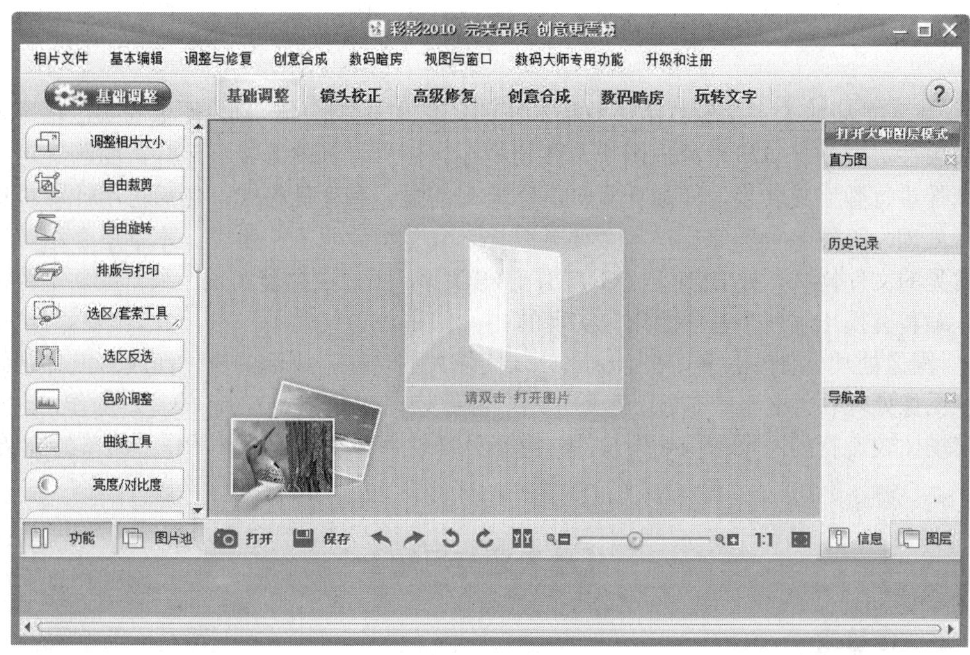

图 2-24　彩影 2010 的主界面

3. 专业级合成功能

彩影提供了创意相框，以让相片充满艺术、动感或星光闪烁等梦幻般的感觉。它还提供了艺术合成照、蒙板照、图像颜色混合等功能一应俱全。此外，软件还拥有蒙板照制作功能或图像颜色混合等高级功能、趣味装饰物叠加功能，允许其装饰图片直接拖放到数码相片上，让数码相片更加与众不同，迎合追求个性的潮流。

4. 纠正常见的相片问题

自动地调正、修剪、高亮相片，平衡相片的色彩，高质量地去斑、去红眼，自动增强相片的色彩等。

5. 多种文字

彩影提供字体任意缩放、任意拖放、任意旋转、水平和垂直扭曲或翻转、水平或垂直双方向排版、设置阴影、任意颜色不同方向渐变填充字体、任意图形填充字体、任意颜色描边、平滑字体边缘、支持多行编辑和各种字体属性等强大功能。

6. 人性化的众多专业抠图技术

彩影提供最方便、最齐全的所有强大抠图工具，无需再像传统软件为了抠图而进行各种繁琐多余的抠图、保存、再加载叠加等操作步骤，彩影多图像窗口间任意拖放鼠标即可让专业抠图效果瞬间达成。

7. 灵活专业的多功能打印设置

彩影提供非常灵活的打印机排版和打印设置，同时还具备更友好的证件照排版等拓展功能。该软件处理后的相片同样可以通过打印机合理、快捷、完美地展现在纸张上。

2.6 本章小节

本章主要讨论了图像数字化的基本原理，图像与图形的区别，图像的颜色模型及其相关属性。要在计算机中处理图像，就要把在自然界看到的景物、照片、图画等这些模拟图像进行数字化转换，变成计算机能够接受的显示和存储格式，然后再用计算机进行分析处理，而图像的数字化过程主要分采样、量化与编码三个步骤。本章还介绍数字图像常见的文件格式，如 BMP、JPG、GIF、PSD 等，图像数据能实现压缩，主要是根据无损压缩和有损压缩两个基本原理来实现的。

图像处理软件非常多，Photoshop 以其强大的功能、灵活的操作而成为世界顶级的专业图像处理软件之一。本章还着重介绍了图像处理软件 Photoshop 的基本操作，也对目前市场比较流行的网页图像处理软件、图形处理软件和相片处理软件作了简单的介绍。

【思考题与习题】

一、简答题

1. 什么是图形？什么是图像？它们之间有什么区别？
2. 简述图像数字化的过程？
3. 常用的图形图像文件格式有哪些？
4. 图像的获取和输出有哪些方式？
5. 简述图像的压缩方法和标准。
6. Photoshop CS5 中“图像”菜单下的“图像大小”和“画布大小”有什么区别？
7. Photoshop CS5 中“图像”菜单下的“裁切”和“裁剪”有什么区别？
8. 常用的图形和图像处理软件有哪些？
9. 图像分辨率和屏幕分辨率有什么区别和联系？

二、选择题

1. 数字图像处理是用计算机对 ＿＿＿＿＿进行处理的一门技术。

   A. 坐标信息　　B. 图形信息　　C. 图像信息　　D. 数字信息

2. 下列图像的文件格式中，哪个是非压缩的文件格式。

   A. JPG　　B. BMP　　C. GIF　　D. 以上都不是

3. 下列说法错误的是：

   A. 图形与图像是不同的两个概念。

   B. 图像的压缩方法有有损压缩和无损压缩。

   C. 获取图像文件资源最常用的方式有用扫描仪扫描、通过数字照相机拍摄、通过图形图像处理软件绘制或转换等。

   D. 图像的清晰度取决于屏幕分辨率的大小。

4. Photoshop 软件主要是用于以下哪方面：

   A. 网页制作　　B. 图像处理　　C. 图形处理　　D. 以上都不是

三、填空题

1. 图像常用的颜色模型包括 RGB 颜色模型、__________、__________和 HSB 颜色模型。

2. 图形又称为__________，图像又称为__________。

3. 对于__________，无论将其放大或缩小多少倍，其质量都不会改变。

4. 常用扫描仪有__________、__________、手持式扫描仪和笔式扫描仪。

5. 对于静止的图像压缩，已有多个国际标准，如 ISO 制定的__________标准、JBIG 标准和 ITU-T 的 G3、G4 标准等。

6. Photoshop CS5 中可以连续撤销执行命令的快捷键是__________，可以连续还原执行命令的快捷键是__________。

7. Photoshop CS5 中移动工具除了具有移动功能外，还可以移动对象的同时，按住__________键，可以完成对图层对象的复制。

第 3 章　音频处理技术

音频处理是多媒体技术的关键技术之一。指计算机对音频信号进行采集、数字化处理和重放，并能对重放的过程和模式进行控制。

【学习目标】

(1) 掌握音频、音频的采集与处理，音频数据量的计算、音频压缩技术的基本知识。

(2) 理解声音数字化的原理，计算机音乐系统的构成。

(3) 了解音频文件的格式，MIDI 技术，音频处理的硬件与软件，语音识别技术。

3.1　声音的数字化

3.1.1　声音的基本特征

声音是因物体的振动而产生的一种物理现象。物体振动使周围的空气振动而引起耳膜的振动，由人耳所感知，于是人们就听到了声音。从本质上说，空气的振动就产生了声波。研究表明，一般的声音是由许多不同频率的正弦信号组合成的。声波的波形如图 3-1 所示。

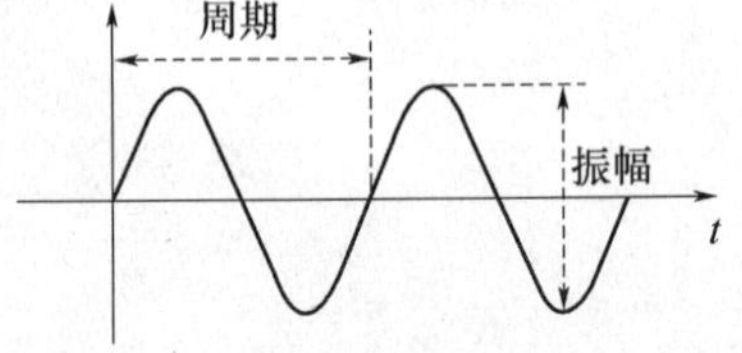

图 3-1　声波的波形

声波的重要指标：

振幅：音量的大小。

周期：重复出现的时间间隔。

频率：指信号每秒钟变化的次数。

声音的三个基本特征是音调、响度、音色。音调表示声音的高低，在音乐中称为音高。它与音源的振动频率有关。物体振动得越快或振动频率越高，音调越高；物体振动得越慢或振动频率越低，音调越低。响度表示声音的大小，它与声源的振动幅度有关。声音的振幅越大，能量越大，音量越大。音色表示声音的特色，它与声源的基本波形有关。大自然界中没有正弦波的纯音声波，物体所发出的声音皆为复杂的波形。音色使人们容易辨别各种声音。

人类能够听到的所有声音，称为音频(Audio)，频率范围是 20Hz～20kHz。如图 3-2 所示。这是 PC 主要处理的声音频率范围。音频按原始声源可划分包括了语音、音乐和其他声音。语音是人的说话声，频率范围通常为 300Hz～3400Hz；音乐是由乐器演奏形成(规范的符号化声音)，其带宽可达 20Hz～20kHz；其他声音指不是语音和音乐的声音，如风声、雨声、鸟叫声、汽车鸣笛声等，它们起着效果声或噪声的作用，其带宽范围也是 20Hz～20kHz。

图 3-2 人耳能听到的音频范围

3.1.2 声音质量的频率范围

所谓声音质量，是指经传输、处理后音频信号的保真度。声音的质量与它所占用的频带宽度有关，频带越宽，信号频率的相对变化范围就越大，音响效果也就越好。目前，按照带宽业界公认的声音质量标准分为 4 级，如图 3-3 所示。频率由高到低依次为：

数字激光唱盘 CD-DA 质量，其信号带宽为 10Hz～20kHz；

调频广播 FM 质量，其信号带宽为 20Hz～15kHz；

调幅广播 AM 质量，其信号带宽为 50Hz～7kHz；

电话的语音质量，其信号带宽为 200Hz～3400Hz。

由此可见，质量等级越高，声音所覆盖的频率范围就越宽。

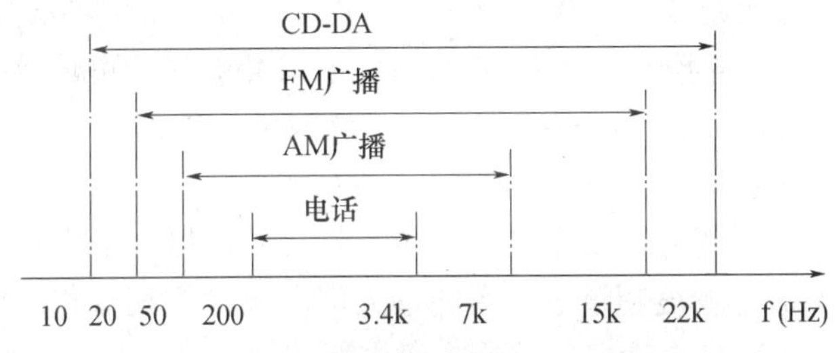

图 3-3 声音质量的频率范围

3.1.3 声音数字化的基本原理

声音信号在时间和幅度上都是连续的波形信号，为模拟信号。声音数字化指计算机在处理声音时，除了输出仍用波形形式外，记录、存储和传送都不能使用波形形式，而必须进行数字化，使时间上连续变化的波形声音变为一串 0、1 构成的数字序列，成为数字信号。

如图 3-4 所示，模拟信号通过采样、量化和编码来实现数字化，这个过程称为“模/数转换”(A/D 转换)，在输出时，计算机还要将数字信号还原成模拟信号，称为“数/模转换”(D/A 转换)。

在时间和幅度上都连续的模拟声音信号，经过采样、量化和编码后，才能得到用离散的数字表示的数字信号。

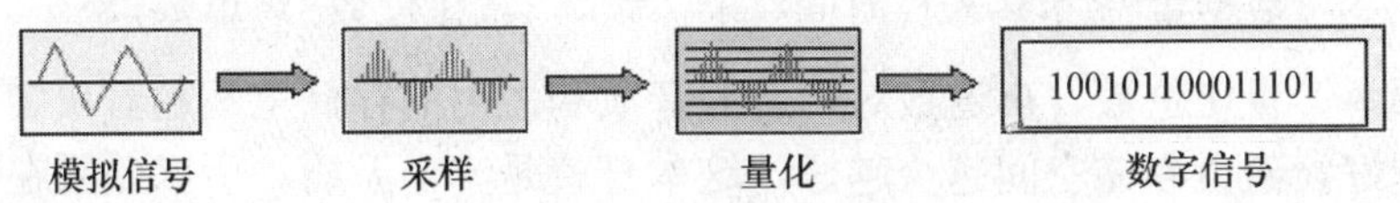

图 3-4 声音信号的采样、量化和编码

1. 采样

采样指的是以固定的时间间隔对波形的值进行抽取，采样过程中，最重要的参数是采样频率，即 1s 内采样的次数。采样频率越高，声音保真度越好，但所要求的数据存储量也越大。

根据奈奎斯特采样定理，只要采样频率大于或等于音频信号中最高频率成分的 2 倍，信息量就不会丢失，也就是说只有采样频率高于声音信号最高频率的 2 倍时，才能把数字信号表示的声音还原为原来的声音(即原始连续的模拟音频信号)，否则就会产生不同程度的失真。

当前声音的采样频率主要有三种标准，分别是 11.025kHz、22.05kHz 和 44.1kHz。一般在允许失真条件下，尽可能将采样频率选低些，以减少数据量。

2. 量化

量化即把每一个样本值从模拟量转化成数字量，该数字量用几个二进制位数 N 表示，N 越大，量化精度越高，反之量化精度越低。

每个采样点所能表示的二进制位数，称为量化位数。量化位数的多少，决定着数字化音频可表现的声音幅度层次的多少。可表现的声音幅度的最大层次数是以 2 为底的量化位数(bit)的幂，即量化位数若分别为 8bit、16bit、24bit 时，可再现的声音在幅度方向上的最大层次数位 2^8(256)、2^{16}(65 536)、2^{24}(16 777 216)。CD 唱片所记录的数字化音频量化位数 16bit，DVD 所记录的数字化音频量化位数 24bit。

量化位数越高，音质越好，数据量也越大。量化时，每个采样数据均被四舍五入到最接近的整数，如果波形幅度超过了可用的最大值，波形的底部和顶部将会被削去，量化过程中会出现噪声，削峰会造成严重的声音失真。

3. 编码

经过采样和量化处理后的声音信号已经是数字形式了，但为了便于计算机的存储、处理和传输，还必须按照一定的要求进行数据压缩和编码，即选择某一种或者几种方法对它进行数据压缩，以减少数据量，再按照某种规定的格式将数据组织成为文件。

采样频率越高，量化数越多，数字化的信号越能逼近原来的模拟信号，而编码用的二进制位数也就越多。

3.1.4 音频的数据量大小

决定音频的数据量的大小有三个因素：采样频率、量化位数和记录的声道数。

声道数指一次采样所记录的声音波形的个数。如果是单声道，则只产生一个声音波形，而双声道产生两个波形(双声道立体声)，立体声不仅音色与音质好，而且更能反映人们的听觉效果。但是随着声道数的增加，所耗用的存储容量将成倍增加。

数据量(字节)=采样时间×(采样频率×量化位数×声道数)/8

采样频率、量化位数、声道数对声音的音质和占用的存储空间起着决定性的作用。音质越高越好，磁盘存储空间越少越好，这本身就是一个矛盾，所以必须在音质和磁盘存储空间之间取得一个平衡。

例：录制一段时长 5s、采样频率为 44.1kHz、量化位数为 16bit、单声道的 WAVE 格式音频，需要的磁盘存储空间大约是多少？

存储量=5×44.1×1000×16×1/8=441000(B)

因为 1K=1024，所以 441000/1024=431.0KB

3.2 音频的采集与处理

3.2.1 音频数据的采集方法

音频数据的采集根据需要，常用的方式有以下几种：

1. 直接获取已有音频数据

如网上下载，网上有许多声音素材网站，声音文件下载方法和其他文件下载方法相同。还有从多媒体光盘中查找。

常见的声音素材网站如下。

(1) 笔秀网(http://www.penshow.cn/)。笔秀网是一个大型综合的素材下载网站，并非只有声音素材。笔秀网收集了国内外大量精美音效、声音素材等免费素材，非常方便。如图 3-5 所示，当用鼠标指向一个声音素材时，就会播放这个声音的效果。如果想下载这个素材，如图 3-6 所示，单击“点击下载素材”按钮，按提示操作即可下载选中的声音素材。

图 3-5 笔秀网“声音素材”

鼠标放在上面才可听到相应的音效:雪地音效下载

图 3-6 笔秀网“单击下载素材”按钮

(2) 音笑网(http://www.yisell.com/)。音笑网诞生于 2008 年，是国内较早提供音效、配乐和声音素材搜索服务和上传分享的专业平台。如图 3-7 所示是音效网首页的 Logo 和导航条，可以根据自己的需要查找声音素材。

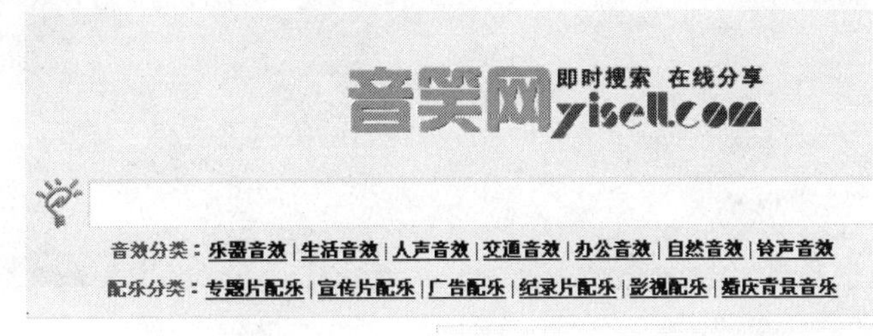

图 3-7 音笑网首页的 Logo 和导航条

(3) 声音网(http://www.shengyin.com/)。网站内的音效素材和配乐素材部分分别提供海量音效素材和配乐素材，并且免费下载。

2. 利用音频处理软件捕捉、截取音频数据

如剥离视频中的声音，或从音频中截取一段声音。

(1) CD 抓轨。利用音频处理软件捕捉、截取 CD 光盘音频数据，通常称为 CD 抓轨，“轨”指的是音轨。抓轨是多媒体术语，是抓取 CD 音轨并转换成 MP3、WAV 等音频格式的过程。

和普通对音频进行编解码转换不同的是，常见的 CD 光盘，在计算机上查看时，其包括的文件后缀为 CDA，仔细观察会发现，这些 CDA 的大小全部是 44.1KB，这些文件包含的其实不是音频信息，而是 CD 轨道信息，将这些文件也是无法直接保存到计算机上的，而 CD 抓轨正是将 CD 轨道信息转换成普通音频，保存到计算机并尽量保持 CD 的音质的多媒体技术。

(2) 剥离视频中的声音。剥离视频中的声音，可以用“千千静听”软件。这款软件可以很方便地转换音频格式，也可用于剥离视频中的声音。具体操作是打开要转换格式的视频文件，在播放列表中用鼠标右键单击需要转换为 MP3 格式的视频，单击“转换格式”，在打开的“转换格式”对话框中，选择“编码格式”及保存位置，单击“立即转换”即可。

如果需要转换功能更全面一些，可以选用“格式工厂”(Format Factory)，这是一套由我国的陈俊豪开发的，并免费使用任意传播的万能的多媒体格式转换软件。

“格式工厂”可以实现大多数视频、音频以及图像不同格式之间的相互转换。转换可以具有设置文件输出配置，增添数字水印等功能。如图 3-8 所示为“格式工厂”界面。

图 3-8 “格式工厂”界面

3. 用麦克风录制声音

先把麦克风接到计算机上，就可利用录音软件直接录制声音。常用的录音软件有：

(1) Windows 自带的“录音机”。优点就是 Windows 自带，使用界面非常简单，可以很方便地录制声音。

(2) Sound Forge 单音轨录音软件。

它的功能不只是录音，还能非常方便、直观地实现对音频文件(WAV 文件)以及视频文件(AVI 文件)中的声音部分进行各种处理，满足从最普通用户到最专业的录音师的所有用户的各种要求，所以一直是多媒体开发人员首选的音频处理软件之一。

3.2.2 音频的编辑与处理方法

1. 声音的编辑

声音的基本编辑如删除声音文件的部分信息，更改放音速度，更改声音文件的音量，在声音文件中添加其他声音效果如伴奏，合成声音文件。声音的高级编辑如美化声音、高级混音、声音的特效处理等。

用 Windows 自带的“录音机”软件，可以实现大部分的简单声音编辑，如对声音的裁剪、合并多个声音文件、两个声音的叠加等，还可以改变声音文件的音量。

2. 更改声音音质

通过“声道”数、“采样频率”、“量化级数”来改变声音的质量，一般是将较高质量的声音改为较低音质的声音以获得较小的文件。

用 Windows 自带的“录音机”，可以更改声音的音质。

3. 更改声音文件的格式

常见声音文件的格式包括 WAV、MIDI、MP3、RA、CD 音乐等，另外还包括 ASF、AU、AAC、WMA、MP4、AIFF、SND、XM、S3M 等。最常见的音频格式是 WAV 格式，所以我们的目标是要做到各种格式与 WAV 格式之间的转换。

最简单的方法是使用“千千静听”，在多种音频格式之间进行轻松转换。另外，很多音频播放软件可用于更改声音文件的格式。

3.3 音频文件的格式

音频文件首先可分为未压缩的波形文件和压缩格式。而压缩格式又分为无损压缩和有损压缩。无损压缩是指压缩后的文件重新转换为波形文件后和原来的波形文件没有任何区别，也就是说压缩算法是可逆的，不损失任何信息的。有损压缩则允许压缩过程中损失一定的信息，换来大得多的压缩比。

3.3.1 波形文件

波形文件是采集各种声音的机械振动而得到的数字文件。波形文件的特点是可以记录原始声源的效果，它常常用于音乐、歌曲等自然声的录制，但文件的存储空间比较大。

WAV 格式的声音文件是微软公司开发的波形声音文件，是最早的数字音频格式，被 Windows 平台及其应用程序广泛支持。几乎所有的音频编辑软件都“认识”WAV 格式。

WAV 格式支持许多压缩算法，支持多种音频位数、采样频率和声道。当采样频率达到 44.1kHz、量化采用 16bit 并采用双通道记录时，就可以获得 CD 品质的声音。

VOC 格式的声音文件，与 WAV 文件同属波形音频数字文件，主要用于 DOS 操作系统和游戏。它由音频卡制造公司——Creative Labs 公司设计，因此，Sound Blaster 就用它作为音频文件格式。声霸卡也提供 VOC 格式与 WAV 格式的相互转换软件。

3.3.2 音频压缩文件

1. 无损压缩格式

目前比较流行的无损压缩格式主要有 FLAC、APE、M4A 等。

(1) FLAC 格式。全称是 Free Lossless Audio Codec，中文可译为无损音频压缩编码。FLAC 是一套著名的自由音频压缩编码，现已被很多软件及硬件音频产品所支持，可以使用播放器直接播放 FLAC 压缩的文件。

(2) APE 格式。是目前流行的数字音乐文件格式之一。APE 是一种无损压缩音频技术，它的设计思路是将 PCM 编码的文件以类似 ZIP 或 RAR 这样的常见压缩算法压缩，并在播放的时候将它先解压为原来的 PCM 波形编码格式再行播放。同样的音频下，它的体积仅源文件的 50%。随着宽带的普及，APE 格式受到了许多音乐爱好者的喜爱，特别是对于希望通过网络传输音频 CD 的朋友来说，APE 可以帮助他们节约大量的资源。

以上两种无损压缩格式中，FLAC 格式体积大点，但是兼容性好，编码速度快，播放器支持更广；APE 格式体积较小，但编码速度偏慢。

(3) M4A 格式。是 MPEG4 音频标准的文件，是 Apple 公司提供的无损压缩格式，在 iTunes 上的名称为 Apple Lossless。这种格式开始只在 Apple 公司自己的 iTunes 以及 iPod 中使用，但目前几乎所有支持 MPEG4 音频的软件都支持这种格式。

2. 有损压缩格式

目前比较流行的有损压缩格式主要有 MP3、WMA、OGG、MP3pro 等。

(1) MP3 格式。全称是 Moving Picture Experts Group Audio Layer III，是现在最为流行的音频格式。MP3 是一种音频压缩技术，将音乐以 1:10 甚至 1:12 的压缩率压缩成容量较小的文件，而且还非常好地保持了原来的音质。

(2) WMA 格式。全称 Windows Media Audio，是微软的杰作。相对于 MP3 来说，WMA 最大的特点就是有极强的可保护性，从某种程度上也可以说，WMA 就是针对 MP3 没有版权保护的缺点而推出的，因此 WMA 广受唱片公司欢迎。从文件体积和音质上来看，文件比特率小于 128Kb/s 时，WMA 格式文件体积比 MP3 格式小，音质也要优于后者；文件比特率大于 128Kb/s 时，MP3 格式文件的音质则要更胜一筹。

(3) MP3pro 格式。是对 MP3 格式的改良，其编码算法要比 MP3 复杂得多。MP3pro 分两层编码，简单的说，它是在 MP3 的基础上再与 SB 频段复制技术进行混合编码。这种格式在低比特率的时候压缩率非常高，同比特率的 MP3pro 文件体积要比 MP3 和 WMA 都小得多。

(4) OGG 格式。全称 OGG Vorbis，是一种新的音频压缩格式。OGG 编码格式远比 20 世纪 90 年代开发成功的 MP3 先进，它可以在相对较低的数据速率下实现比 MP3 更好的音质。并且它是完全免费、开放和没有专利限制的。其最出众之处就是支持多声道，而不像 MP3 只能支持双声道。多声道音乐的优点是非常明显的，它可以带给玩家更强烈的现场感，欣赏电影和交响乐时尤其有优势。在而且未来人们对音质要求不断提高，OGG 的优势将更加明显。

3.3.3 MIDI 文件

MIDI 是一种电子乐器之间以及电子乐器与计算机之间的统一交流协议。MIDI 格式音乐文件实际上已经成为一种产业标准，它的扩展名通常为 MID。

MIDI 音乐使用音序器进行制作。音序器将 MIDI 演奏器(如 MIDI 键盘)的弹奏过程以 MIDI 消息的形式记录下来。MIDI 消息是乐谱的一种数字式描述，每个 MIDI 消息描述一个音乐事件，如按了哪个键、力度多大、时间多长、音色如何变化等，一首乐曲所对应的全部 MIDI 消息组成一个 MIDI 文件。

MIDI 文件记录的不是波形数字化比特流，而是指令的集合。就是因为这个原因，相同时间长度的 MIDI 音乐文件一般都比波形文件小得多。例如记录 1min 音乐，MIDI 文件只需 10KB，而波形文件(WAV 文件)则需 10MB，所以 MIDI 文件不需要压缩，很适合在网上传播。MIDI 文件便于编辑，且可以作为配音或伴音和其他的媒体一起播放。

3.4 音频的压缩

将量化后的数字声音信息直接存入计算机将会占用大量的存储空间。因此多媒体音频压缩技术是多媒体技术实用化的关键之一。

音频的压缩指的是对原始数字音频信号流运用适当的数字信号处理技术，在不损失有用信息量，或所引入损失可忽略的条件下，降低压缩其码率，也称为压缩编码。它必须具有相应的逆变换，称为解压缩或解码。音频信号在通过一个编解码系统后可能引入大量的噪声和一定的失真。音频的压缩过程如图 3-9 所示。

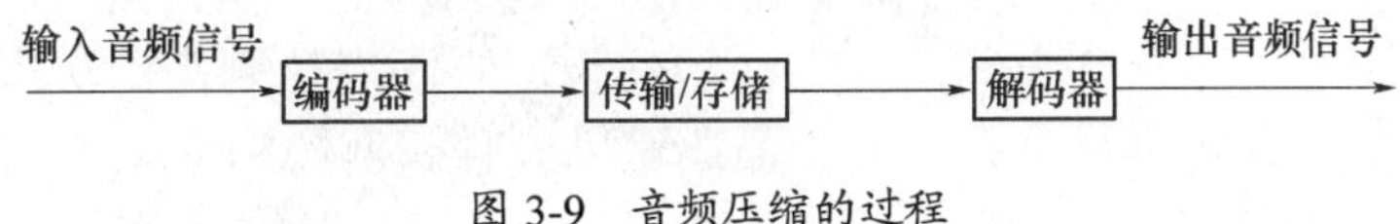

图 3-9　音频压缩的过程

3.4.1 音频压缩方法

压缩编码是用某种方法使数字化信息的编码率减低。

声音信号能进行压缩编码的基本依据主要有三点：

(1) 声音信号中存在着很大的冗余度，通过识别和去除这些冗余度，便能达到压缩的目的。

(2) 音频信息的最终接收者是人，人的视觉和听觉器官都具有某种不敏感性。舍去人的感官所不敏感的信息对声音质量的影响很小，在有些情况下，甚至可以忽略不计。例如，人耳听觉中有一个重要的特点，即听觉的“掩蔽”。它是指一个强音能抑制一个同时存在的弱音的听觉现象。利用该性质，可以抑制与信号同时存在的量化噪声。

(3) 声音波形采样后，相邻采样值之间存在着很强的相关性。

根据压缩后是否损失了数据量，压缩编码方法可以分为两大类：一类是无损压缩编码法(Lossless compression coding)；另一类是有损压缩编码法(Loss compression coding)。

无损压缩法去掉或减少了数据中的冗余，但这些冗余值是可以重新插入到数据中的，因此，这种压缩是可逆的，也称为无失真压缩。为了去除数据中的冗余度，常常要考虑信源的统计特性，或建立信源的统计模型，因此许多适用的冗余度压缩技术均可归结于统计编码方法。统计编码方法有霍夫曼编码、算术编码、游程编码等。冗余压缩法由于不会产生失真，因此在多媒体技术中一般用于文本、数据以及应用软件的压缩，它能保证完全地恢复原始数据。但这种方法压缩比较低，如 LZ 编码、游程编码、霍夫曼编码的压缩比一般为(2:1)～(5:1)。

有损压缩法会减少信息量，而损失的信息是不能再恢复的，因此这种压缩法是不可逆的。这种压缩法由于允许一定程度的失真，可用于对图像、声音、动态视频等数据的压缩。压缩比通常能做到(4:1)～(8:1)；动态视频数据的压缩比最为可观，采用混合编码的多媒体系统，压缩比通常可(100:1)～(400:1)。常见的有波形编码、参数编码、混合编码。

(1) 波形编码。这是一种直接对取样、量化后的波形进行压缩处理的方法。如脉冲编码调制(PCM)、自适应差分脉冲编码(ADPCM)、子带编码(SBC)等。波形编码的特点是通用性强，不仅适应于数字语音的压缩，而且对所有使用波形表示的数字声音都有效；可获得高质量的语音，但很难达到很高的压缩比。

(2) 参数编码(也称为模型编码)。这是一种基于声音生成模型的压缩方法(production model-based compression)，从语音波形信号中提取生成的语音参数，使用这些参数通过语音生成模型重构出语音。如线性预测编码(LPC)、声码器(Vocoder)等。它的优点是能达到很高的压缩比，缺点是信号源必须已知，受声音生成模型的限制，质量还不理想。

(3) 混合编码。波形编码虽然可提供高质量的语音，但数据率比较高，很难低于 16Kb/s；参数编码的数据率虽然可降低到 3Kb/s 甚至更低，但它的音质根本不能与波形编码相比。混合编码是上述两种方法的结合，它既能达到高的压缩比，又能保证一定的质量，但算法相对复杂一些，如码激励线性预测(CELP)、混合激励线性预测(MELP)等。

基于波形的压缩编码方法虽然数据率比较高，但能保证高质量地重建语音，且算法简单、易实现，能较好地保持原有声音的特点，便于编辑处理，在多媒体计算机和多媒体文档中有广泛的应用。

3.4.2 音频压缩标准

音频信号分为电话质量的声音、调幅广播质量的音频信号和高保真立体声信号。针对不同的质量要求，制定了相应的压缩标准。

1. 电话质量的音频压缩编码标准

电话质量语音信号的频率范围是 300Hz～3.4kHz，用标准的 PCM 编码。当采样频率为 8kHz，量化位数为 8bit 时，所对应的数据传输率为 64Kb/s。为了压缩音频数据，国际上从 ITU-TS 最初的 G.711 速率为 64Kb/s 的 PCM 编码标准开始，制定了一系列的语音压缩编码的标准。

1984 年 10 月公布的使用 ADPCM 的标准 G.721，速率为 32Kb/s。本方案针对 PCM 规定用其一半速率完成。G.721 方案最初是面向卫星通信、长距离通信以及信道价格很高的语音传输。目前的应用领域除了最初的用途外，还使用在包括电视会议的语音编码、为提高线路利用律的多媒体多路复用装置、数字录音电话的数字记录部件以及高质量的语音合成器等。

1992 年制定的基于短延时码本激励线性预测编码的 G.728 标准是一种考虑了听觉特性的编码方法，准备用在 64Kb/s 的 ISDN 线路的可视电话上，带宽分配为语音 16Kb/s、图像 48Kb/s。ITU16Kb/s 语音标准的使用领域包括可视电话、数字移动通信、无绳电话、卫星通道 DCME、ISDN 等，要求语音质量在 2Kb/s ADPCM 的同等或以上，且编码延迟时间在 5ms 以下。

2. 调幅广播质量的音频压缩编码标准

调幅广播质量音频信号的频率范围是 50Hz～7kHz，又称为“7kHz 语音信号”，当使用 16kHz 的采样频率和 14bit 的量化位数时，信号速率为 224Kb/s。

CCITT 在 1988 年制定了 G.722 标准。G.722 标准是采用 16kHz 采样，14bit 量化，信号数据速率为 224Kb/s，采用子带编码方法，将输入音频信号经滤波器分成高子带和低子带两个部分，分别进行 ADPCM 编码，再混合形成输出码流，224Kb/s 可以被压缩成 64Kb/s。因此，利用 G.722 标准可以在窄带综合服务数据网 N-ISDN 中的一个 B 信道上传送调幅广播质量的音频信号。

3. 高保真度立体声音频压缩编码技术标准

高保真立体声音频信号频率范围是 50Hz～20kHz，采用 44.1kHz 采样频率，16bit 量化进行数字化转换，其数据速率每声道达 705Kb/s。

1991 年，国际标准化组织 ISO 和 CCITT 开始联合制定 MPEG 标准，其中 ISO CDll172-3 作为“MPEG 音频”标准，成为国际上公认的高保真立体声音频压缩标准。

MPEG Audio 是一个子带编码系统，声音数据压缩算法的根据是心理声学模型。心理声学模型中一个最基本的概念是听觉系统中存在一个听觉阈值电平，低于这个电平的声音信号就听不到。听觉阈值的大小随声音频率的改变而改变，各个人的听觉阈值也不同。大多数人的听觉系统对 2kHz～5kHz 之间的声音最敏感。一个人是否能听到声音取决于声音的频率，以及声音的幅度是否高于这种频率下的听觉阈值。

在 MPEG 标准的制定过程中，MPEG Audio 委员会做了大量的主观测试实验。实验表明，采样频率为 48kHz、样本精度为 16bit 的声音数据压缩到 256Kb/s 时，即在 6:1 的压缩率下，即使是专业测试员也很难分辨出是原始声音还是编码压缩后的声音。

如表 3-1 所列，MPEG 声音标准是 MPEG 标准的一部分，但它也完全可以独立应用。MPEG 声音标准提供三个独立的压缩层次：层 1、层 2 和层 3，分别与 MP1、MP2、MP3 这三种声音文件相对应。用户对层次的选择可在复杂性和声音质量之间进行权衡，因特网上的音乐格式以 MP3 最为常见，它能以 10 倍左右的压缩比降低高保真数字声音的存储量，使一张普通 CD 光盘上可以存储大约 100 首 MP3 歌曲。

表 3-1　声音标准

名　称	码率(每个声道)	声道数目	用　途
MPEG-1 层 1	192 Kb/s(压缩 4 倍)	2	数字盒式录音带
MPEG-1 层 2	128 Kb/s(压缩 6 倍)	2	数字广播声音、CD、VCD
MPEG-1 层 3	64 Kb/s(压缩 12 倍)	2	ISDN 上的声音传输
MPEG-2 Audio	与 MPEG-1 层 1、层 2、层 3 相同	5.1、7.1	同 MPEG-1
Dolby AC-3	64 Kb/s	5.1、7.1	DVD、DTV、家庭影院

MPEG-2 音频文件能支持 5.1 声道和 7.1 声道的环绕立体声。它有两种声音数据压缩格式，一种是 MPEG-2 Audio，MPEG-1 是兼容的，所以又称为 MPEG-2BC(Backward Compatible，后向兼容)；另一种是 MPEG-2 AAC(Advanced Audio Code，先进的音频编码)，与 MPEG-1 不兼容，因此又称为 MPEG-2NBC(Non Backward Compatible，非后向兼容)。目前因特网上传播的 MP4 是采用 MPEG-2AAC 音频压缩技术，能将压缩比提高到 15:1，且不影响音乐的实际听感。MP4 的大小仅为 MP3 的 3/4，而更重要的是，它采用独特的 Solana 数字水印技术，方便追踪和发现盗版发行行为，能有效保护版权，这是 MP3 所无法比拟的。

Dolby AC-3 技术是由美国杜比实验室开发的多声道全频带声音编码系统。在 5.1 声道的条件下，可将码率压缩至 384kb/s，压缩比约为 10∶1。它提供的环绕立体声系统由 5 个(或 7 个)全频带声道加一个超低音声道组成，在数字电视、DVD 和家庭影院中广泛使用，使人们真正享受到 5.1(7.1)通道立体声效果。Dolby AC-3 最初是针对影院系统开发的，但目前已成为应用最为广泛的环绕声压缩技术之一。

3.4.3　音频压缩工具软件

3.3 节介绍了“千千静听”这款播放软件，提到了它的转换音频格式的功能。它可以将没有压缩的音频格式转换成压缩的音频格式。如把 WAV 格式的文件转换成 MP3 格式。这里介绍几款网上常见的免费音频压缩工具。

1. AVI MPEG WMV RM to MP3 Converter 汉化版

这是一款几乎把所有的音频视频文件转换为 MP3 的好工具。软件虽名为 AVI MPEG WMV RM to MP3 Converter，但实际上它可以在 MP3、WMA、WAV、OGG 等音频格式之间相互转换，还可以把视频格式如 RM、RMVB、AVI、MPEG、WMV、ASF、DAT、MOV 等转换为音频格式 MP3、WMA、WAV、OGG 等。它的界面如图 3-10 所示。

2. 全能音频转换通

全能音频转换通是一款音视频文件格式转换软件。它支持目前所有流行的媒体文件格式(MP3/MP2/OGG/APE/WAV/WMA/AVI/RM/RMVB/ASF/MPEG/DAT)，并能批量转换。更为强大的是，该软件能从视频文件中分离出音频流，转换成完整的音频文件。典型的应用如 WAV 转换为 MP3，MP3 转换为 WMA，WAV 转换为 WMA，RM(RMVB)转换为 MP3，AVI 转换为 MP3，RM(RMVB)转换为 WMA 等。可以从整个媒体中截取出部分时间段，转成一个音频文件，或者将几个不同格式的媒体转换并连接成一个音频文件。自定义的各种质量参数，操作简单方便。它的界面如图 3-11 所示。

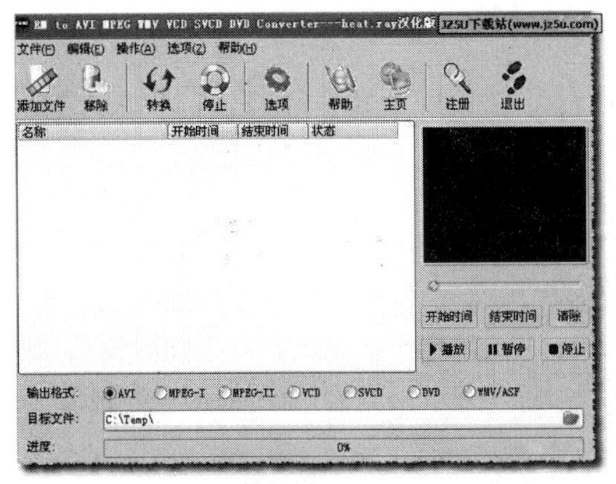

图 3-10 “AVI MPEG WMV RM to MP3 Converter 汉化版”界面

图 3-11 “全能音频转换通”界面

3. MP3 压缩大师

MP3 压缩大师除了能够完成 CD 抓轨、流行音频格式 WAV、MP3、WMA、OGG、APE、AAC、AC3 以及手机铃声格式 AMR、VOX、IMA 的互相转换外，还独具音频文件压缩减肥功能。只需单击鼠标，即可将音频文件的尺寸缩小同时并不影响收听质量，可以在音乐手机、iPod、MP3 中存放更多的歌曲；更具备全能录音机，能够录制声卡发出的一切声音。它的界面如图 3-12 所示。

图 3-12 “MP3 压缩大师 5”界面

3.5 MIDI

3.5.1 MIDI 标准

1. MIDI 标准的起源

20 世纪 80 年代初，计算机音乐迎来了第一个真正的繁荣时期，同时也迎来了一个难以解决的问题，那就是各种电子乐器之间的通信问题：各生产厂家都按照自己的规格生产电子乐器，单独使用某一厂家的产品时，还不会遇到什么问题，可是同时使用几家公司的设备构成一个计算机音乐系统的时候，麻烦就来了，例如，如何使一台美国 E-MU 的音源发出日本 ROLAND 键盘上弹奏的一个标准 A 呢？

为了解决电子乐器的通信问题，1982 年，国际乐器制造者协会的十几家厂商(其中主要是美国和日本的厂商)会聚一堂，各抒己见。会议通过了美国 Sequential Circuits 公司的大卫·史密斯提出的"通用合成器接口"的方案，并改名为"音乐设备数字接口"，即"Musical Instrument Digital Interface"，缩写为"MIDI"，公布于世。1983 年，MIDI 协议 1.0 版正式制定出来。此后，所有的商业用电子乐器的背后都出现了几个五孔的 MIDI 插座，乐器之间不再存在"语言障碍"，它们与装上 MIDI 接口的计算机一起，构成了一个更加繁荣昌盛的计算机音乐大家庭。

2. MIDI 标准的内容

(1) MIDI 电子乐器。能产生特定声音的合成器，其数据传送符合 MIDI 通信约定。

(2) MIDI 消息(message)或指令。乐谱的一种记录格式，相当于乐谱语言。

(3) MIDI 接口(interface)。MIDI 硬件通信协议。

(4) MIDI 通道(channel)。MIDI 标准提供 16 个种通道，每种通道对应一种逻辑的合成器。

(5) MIDI 文件。由控制数据和乐谱信息数据构成。

(6) 音序器(Sequencer)。用来记录、编辑和播放 MIDI 文件的软件

3. MIDI 标准的优点

(1) 生成的文件比较小。因为 MIDI 文件存储的是命令，而不是声音波形。如半小时的立体声音乐使用 CD-DA 格式波形存储时间约需 300MB 的存储量，而用 MIDI 记录时，只需用 200KB，相差 1500 倍，即使波形声音采用 ADPCM 编码压缩也要差两个数量级以上。

(2) 容易编辑。因为编辑命令比编辑声音波形要容易得多。可以随意修改曲子的速度、音调，也可以改换乐器的种类，从而产生合适的音乐。

(3) 声音的配音方便。MIDI 音乐可以做背景音乐，和其他的媒体，如数字电视、图形、动画、语音等一起播放，加强演示效果。与波形声音文件等不同的是，当多媒体系统中播放波形声音文件时(如图片的一段解说词)，此时若还需配上某种音乐作为解说的效果，不可能同时调用两个波形声音文件，而播放 MIDI 文件记录下来的音乐就很方便了。

3.5.2 计算机音乐系统构成

计算机音乐系统从硬件上讲，是计算机系统和电子乐器的结合。一个完整的计算机音乐系统，由三个部分构成，即计算机系统、音源系统、音响和录音系统。

1. 计算机系统

计算机系统包括计算机主机、相关软件、MIDI 接口和打印机。

计算机音乐系统的工作能力来源于相关应用程序软件。

MIDI 接口是计算机与电子乐器沟通的桥梁，用于外接 MIDI 设备。MIDI 接口的种类很多，基本上根据计算机音乐系统的规模而定。有一些软件专门设计用来调整和操纵 MIDI 接口。

2. 音源系统

音源系统包括 MIDI 控制器和合成音源、采样音源及鼓机。

MIDI 键盘是最常见的 MIDI 控制器(其他还有呼吸控制器、拉弦控制器、吉他控制器等)，而电子合成器的键盘又是最常用的 MIDI 键盘。

音源大体上都是采用“合成”和“采样”两种方式。合成方式能产生非常丰富的音色(从理论上说种类是无穷的)，但是在操作上很难有目的的去生成(即模仿)某种音色。还有一类能够直接采样、即直接采集传统乐器声音和自然音响的，称为采样合成器或者采样音源，可以用它们采集各种喜欢的音响(包括乐音、噪声、语言等)，经过整理、加工以后在音乐创作中使用；特别是用它们来采集民族乐器的音色，应用在民族风格浓郁的音乐作品中。这两种方式各有所长，如果在选用时能够兼收并蓄，博采众家之长，同时根据不同音乐风格的需要突出重点，就能够收到比较理想的效果。

鼓机指把打击乐音色集合在一个乐器里，加上“鼓垫”，常常还和音序器装在一起，并且提供一些预置的节奏样板。没有鼓垫就叫做鼓音源。打击乐的音色差不多都是采样得来的，本质上与其他的音色没有什么不同，一般的合成器和音源里都有不少打击乐音色。

3. 音响和录音系统

音响和录音系统主要包括调音台、效果器、均衡器、功率放大器、监听音箱和双轨、多轨录音机等。

在电子音乐中，音响和录音技术逐渐介入音乐的传播、演奏乃至创作，成为“音乐”家族中的一个不可缺少的一个成员。体现在硬件配置上，就是音响和录音系统，需要着重指出的是，在多轨录音方式中面临的主要问题，如各声部之间的平衡和相位关系，混响效果的设置和调节等，都能够在计算机的音序软件或其他与录音有关的软件中得到控制解决，而不必在调音台上手动调节，因此这方面的设备要求比建录音棚要简单得多，投资少而效果好。

计算机音乐系统是一个开放、灵活、发展的体系，可以依据不同要求、不同条件、不同水平和未来的发展进行设置和扩充。作为个人使用还是团体使用，从零开始还是扩充补充，一次建成还是逐步投资，用于录制音响制品还是兼顾舞台演出，主要用做教学研究还是音乐制作，甚至主要是做歌曲伴奏还是影视音乐或广告音乐等，都可以有不同的软、硬件配制，这也正是计算机音乐系统的优点之一。

计算机音乐系统给传统的音响行业巨大冲击，传统的高品质音响系统音价格居高不下，少则上万，多则几十万，甚至上百万，而且使用率极低，必须配套完整才能播放音乐，价格昂贵，装置复杂，仅适合小众超级影音发烧友或者由专业的调音师使用。而计算机音乐系统，可以以软件技术模拟高品质音响系统，让音乐享受更轻松、简单、方便。

3.5.3 音乐软件的分类

计算机音乐软件主要包括即音序类软件、乐谱类软件、音频编辑类软件和智能作曲软件。

(1) 音序类软件。即一般人们所说的作曲软件。

(2) 乐谱类软件。主要功能是显示和打印五线谱，也常常具有相当出色的音序功能。

(3) 音频编辑类软件。分单轨和多轨音频编辑，主要功能一是声音设计和修改，二是硬盘录音。

(4) 智能作曲软件。才是真正意义上的作曲软件，虽然还是离不开作曲家，但是能够根据作曲家输入的某些规则和命令，提供许多合乎规定的或者随机的音序(即音乐)，最后由作曲家选择、编排和确定。

3.6 音频处理的硬件与软件

3.6.1 声卡或音频卡

音频卡(Sound Card)也叫声卡。声卡是多媒体技术中最基本的组成部分，是实现声波/数字信号相互转换的一种硬件。

声卡的主要功能有录制、编辑和回放数字音频文件，控制和混合各声源的音量，记录和回放音频时进行压缩和解压缩，语音合成技术(朗读文本)，具有 MIDI 接口(乐器数字接口)。声卡发展至今，主要分为板卡式、集成式和外置式三种接口类型。三种类型的声卡中，集成式产品价格低廉，技术日趋成熟，占据了较大的市场份额。随着技术进步，这类产品在中低端市场还拥有非常大的前景；PCI 声卡将继续成为中高端声卡领域的中坚力量，毕竟独立板卡在设计布线等方面具有优势，更适于音质的发挥；而外置式声卡的优势与成本对于家用 PC 来说并不明显，仍是一个填补空缺的边缘产品。

声卡的组成原理如图 3-13 所示。

声卡的性能指标主要有以下几项。

(1) 采样频率和量化能力：衡量音响器材音质好坏。

采样频率：11.025kHz(语音效果)，22.05kHz(音乐效果)，44.1kHz(高保真效果)。

量化等级：8bit/256 级(语音质量)，16bit/65536 级(高保真质量)。

(2) 芯片类型：CODEC 芯片(依赖 CPU，价格便宜)，数字信号处理器 DSP(不依赖 CPU)。

(3) 总线类型：ISA 总线、PCI 总线、USB 接口。

(4) 输出声道数：双声道(立体声)、2.1/4.1/5.1 声道和多通道声卡(营造杜比环绕立体声)。

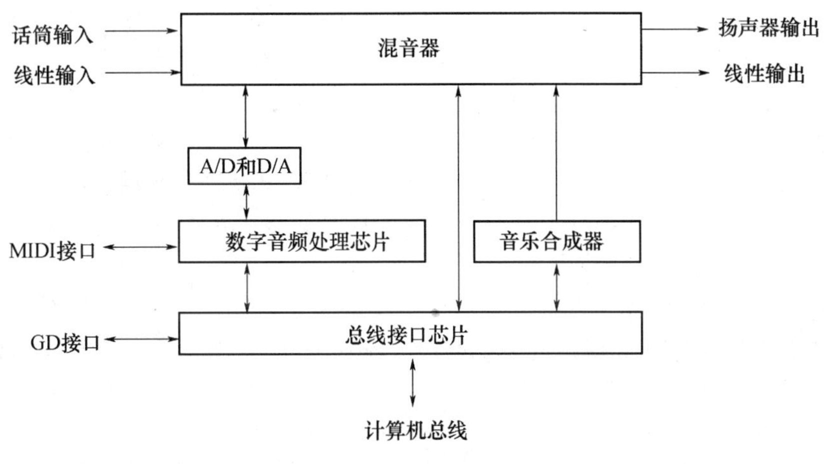

图 3-13　声卡的组成原理图

3.6.2　传声器或话筒

传声器，又叫话筒，是将声音信号转换为电信号的能量转换器件，由 Microphone 翻译而来，所以又称麦克风。按电信号的传输方式分为有线、无线。按用途分为测量话筒、人声话筒、乐器话筒、录音话筒等。20 世纪，麦克风由最初通过电阻转换声电发展为电感、电容式转换，大量新的麦克风技术逐渐发展起来，这其中包括铝带、动圈等麦克风，以及当前广泛使用的电容麦克风和驻极体麦克风。

传声器对音响系统重放音质起关键性影响，因为如果声音一开始就受到污染，则无可救药。

衡量传声器性能的指标主要有以下几项。

1. 频率响应

传声器的频率响应是传声器输出电平与频率之间的关系，通常用给定频率范围内的不均匀度或是在一定的不均匀度内的有效频率范围来表述。最直观的是用频率响应曲线来表述。传声器的频率响应是传声器一项最重要的性能指标。一般来说，频率响应越好的传声器，性能就越好。

2. 灵敏度

传声器的灵敏度是指传声器膜片上感受到 1Pa 声压时，在其额定负载阻抗上产生的输出电压值。也有不少是用灵敏度级(单位为 dB)来表示的，通常用 1V / Pa 为基准值(即 0dB)来计算。实际的传声器灵敏度都在 mV 数量级，或为－80dB～30dB。一般传声器的灵敏度与传声器输出阻抗的高低成正比。因此，电容传声器和驻极体传声器的灵敏度一般都要比动圈式传声器的灵敏度高一些。

3. 输出阻抗

传声器的输出阻抗是它的输出负载阻抗的额定值。传声器的输出阻抗有高阻和低阻两类。高阻传声器的输出阻抗一般为几千欧姆至十几千欧姆，低阻传声器的输出阻抗一般为 100Ω～600Ω。有的传声器有高阻抗和低阻抗两种输出阻抗可供选择(一般用一个开关转换)。低阻传声器适合较远距离传送，这是因为电缆较长时，传声器电缆的分布电容较大，使用高阻传声器时，高频信号的衰减大，影响高频频响。同样长度的电缆，配接低阻传声器时高频信号的衰减减少，对高频的影响小一些。

4. 固有噪声

固有噪声是指在没有声波作用于传声器(通常在消声室中测试)时，由于传声器内部电路的热噪声或周围空气压力起伏的影响，在传声器的输出端测出的噪声电压。一般传声器的性能表中都未标注这一指标，只有一些专业用高级传声器才会给出此项指标。

5. 最大输入声压级

一般传声器在输入声压过高时，会产生严重的失真。传声器的最大输入声压级是指传声器不产生严重失真(如失真超过 2%)的最大输入声压级。此项指标是衡量较高档的传声器动态范围的一项重要指标。

6. 指向特性

传声器的指向特性是表示声波不是正对传声器振膜的垂直轴线方向传入，而是从周围各方向入射时，传声器的灵敏度和频响特性。它可用指向灵敏度图和指向频响特性图来表述。通常用定性的分类法来对传声器的指向特性进行划分。一般分为四类：第一类是无指向性传声器；第二类是双指向性传声器；第三类是心形指向传声器；第四类是钳形指向传声器。

3.6.3 扬声器或音箱

音箱是一种电声转换的发音设备，由箱体、扬声器、电源和信号放大器等组成。扬声器是发声部件，箱体用来消除扬声器单元的声短路，抑制其声共振，拓宽其频响范围，减少失真。按放音频率来分可分为全频带音箱、低音音箱和超低音音箱。

音箱是整个音响系统的终端，其作用是把音频电能转换成相应的声能，并把它辐射到空间去。它是音响系统极其重要的组成部分，因为它担负着把电信号转变成声信号供人的耳朵直接聆听这么一个关键任务，它要直接与人的听觉打交道，而人的听觉是十分灵敏的，并且对复杂声音的音色具有很强的辨别能力。由于人耳对声音的主观感受正是评价一个音响系统音质好坏的最重要的标准，因此，可以认为，音箱的性能高低对一个音响系统的放音质量是起着关键作用。

影响扬声器的性能指标主要有以下几项。

1. 频率响应(有效频率范围)

这项指标反映了扬声器工作的主要频率范围。当给扬声器加以恒压信号源并由低频到高频改变信号源频率时，扬声器产生的音压将随频率的变化而变化。由此得出的声压—频率曲线，就是扬声器的频率响应曲线。IEC(国际电工委员会)规定扬声器所能重放声音的频率界限，也就是有效频率范围，是取扬声器声压频率特性曲线中比峰值附近一个倍频位的平均声压级降低 10dB 的频率范围。此范围越宽，放声特性越好。

一般高保真用扬声器箱最低要求频响为 50Hz～12500Hz(+4dB～-8dB)，能达到 50Hz～16000Hz 已足够了。当然 30Hz～20000Hz 则更好。

2. 额定阻抗

它的指扬声器在某一特定工作频率(中频)时在输入端测得的阻抗值。通常即在产品商标铭牌上标明，由生产厂给出。扬声器的阻抗特性。由生产厂给出的额定阻抗通常是在额定频率范围可望得到最大功的阻抗模值。额定阻抗一般规定 4Ω、8Ω、16Ω、32Ω 等，国外也采用 3Ω、6Ω 等。

3. 功率

扬声器的功率大小是选择使用扬声器的重要指标之一。应该指出，国内、国外扬声器的标法有很大的差别，这是因为对功率定义解释各不相同。一般扬声器所标称的功率为额定功率。

额定功率或额定噪声功率，是指扬声器能长时间连续工作而不产生异常声时的输入功率。一般测试时采用粉红噪声信号，通过特定的滤波器，在额定频率范围内进行测试。按 IEC 标准，被测扬声器应保证在 100h 的连续工作中不产生异常。顺便指出，美国 EIA 标准则规定试验时间为 8h，而且滤波器也不同。

最大噪声功率与额定功率不同，它是表明扬声器承受短时间的大输入功率的能力，其试验时间仅为几秒或几分钟。一般最大噪声功率是额定功率的 2 倍～4 倍。

4. 灵敏度

特性灵敏度是指当音箱加上相当于额定阻抗上 1W 功率的粉红噪声信号电压时，在轴向 1m 处测得的声压级。扬声器箱的灵敏度与效率是两个不同的概念，效率是输出声功率与输入电功率之比，但一般来说，灵敏度高的扬声器箱，其效率也较高。

一个扬声器的灵敏度高低，对声音重放并无决定性的影响，因为人们可以通过调节放大器的输出来获得足够的音量。不过，在音箱制作中，扬声器的灵敏度却是一个值得重视的参数。因为在二分频或三分频音箱中，各扬声器单元在各自负责重放的频段内，它们的灵敏度必须基本一致，以使整个音箱在重放时高、中、低音的平衡。特别是对立体声音箱，左右声道使用的单元都必须经过严格的筛选、匹配。要求左右声道所用的单元的输出声压级差别应正负 1dB 内，不然会影响声像的定位。

对于专业音箱，特别在作远距离扩声中(如大型厅堂、体育场馆等)，音箱灵敏度也是必须重视的指标准之一。这是因为要达到同样大小的放声声压级，采用较高的灵敏度就可大大减轻率放大器的功率容量。通常，专业音箱的灵敏度都在 95dB/m • W 以上，甚至高达 120dB/m • W。而家用音箱的灵敏度较小，达到 92dB/m • W 就算是很大的了。

5. 指向性

指向性用来描述扬声器将声波辐射到空间各个方向去的能力。它一般用声压级随辐射角度变化的曲线表示。指向性通常有两种表示方法：一种是在扬声器频响曲线上标出几个角度，如 0°、30°、60°时频响曲线的变化，通过它与 0°时频率的对比可以看出声压级变化的情况。这种频响曲线称为指向性频率性曲线。另一种以极坐标形式表示。它是以扬声器位置为原点，用极坐标画出某些频率的指向性图，从它可以形象地看出某些频率的指向性。在 Hi-Fi 系统中，一般不希望扬声器(或音箱)的指向性过于尖锐(狭窄)，否则靠近扬声器主轴的人听到的声频效果好些，偏离主轴时声频效果就差些，均匀听到整个重放频带声音的范围就会受到限制。但对会场扩音场合，扬声器的指向性却十分重要，因为利用指向性可减弱扬声器对传声器反馈作用，从而可以消除扩音系统啸叫。在专业音箱中，指向性还有许多其他表示方法。

扬声器的指向性与频率有关，一般低频(如 300Hz 以下)时没有明显指向性。高频时，由于声波波长较短，指向性会变得尖锐，因此有些音箱在不同方向上排列几个高频单元，以改善指向性。指向性还与扬声器的口径有关。一般口径大时，指向性也尖锐；口径小，指向性较宽。

6. 失真

扬声器系统的失真包括谐波失真、互调失真和瞬态互调失真等。音箱的失真特性比单个扬声器更容易引起特性变坏。通常在分频点附近，因设计或调试不当，失真大幅度增加。谐波失真主要产生在低频，尤其在共振频率附近最为明显。对于高保真用音箱的最低要求谐波失真不大于2%。

在选择和使用音箱时，除了必须了解音箱的性能指标外，还要进行主观听音评价。另外，通常选用著名生产厂家的名牌音箱。目前，对于专业音箱来说，以美国音箱尤为著名，如 COMMUNITY(C 牌)、PEAVEY(百威)、EAW、Wharfedale 等都是著名的品牌音箱。

3.6.4 音频编辑软件的使用

1. 混录天王

“混录天王”是由梦幻科技公司开发的音频处理软件，其界面如图 3-14 所示。其主要功能如下。

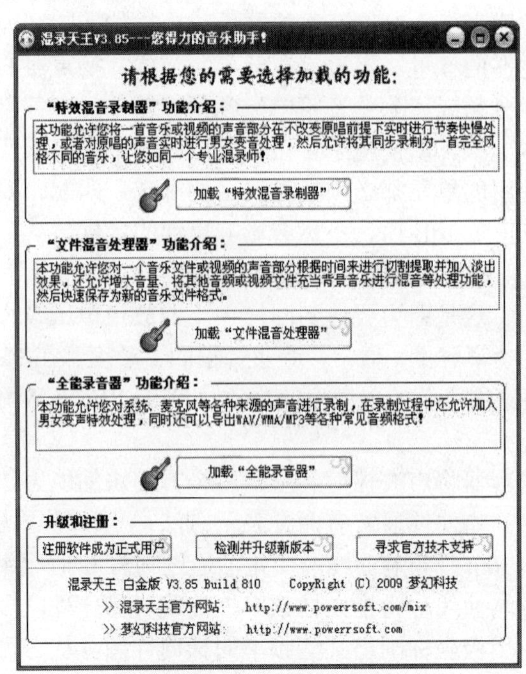

图 3-14 “混录天王”的界面

(1) 无限制式多格式录音。可以对来自麦克风、系统等众多设备的声音进行实时的录制，支持多设备选择性录音，录音不需要临时文件，并可一次性保存为 WAV/WMA/MP3 等众多流行格式。在录音过程中还允许对声音进行男女变声处理。

(2) 音乐重混音录制功能：允许选择一首歌曲(音频或视频)，然后对其进行各种特效处理，如保持原唱的同时进行节奏快慢处理，或者进行男女声变换处理。在混录过程中也允许像一个专业混音师那样随时调节各特效参数。通过这些混录功能，可以制作出和原音乐风格不同的轻快歌曲或类似迪斯科类型的快速歌曲，也可以是更轻柔的背景歌曲。然后将新创作的歌曲保存为新的音频文件。

(3) 文件混音功能：支持对一首歌曲(音频或视频)进行裁剪并对结尾部分施加淡出效果，或增大原音乐音量，同时还允许将其和其他音乐进行混音处理，并允许保存为WAV/WMA/MP3 等众多流行格式。

2. Cubase 和 Neundo

Cubase 和 Nuendo 是由德国 Steinberg 公司开发的全功能数字音乐/音频工作站软件，该公司现属于国际著名品牌 YAMAHA 公司。这两款软件作为 Steinberg 公司的旗舰级产品，其 MIDI 音序功能、音频编辑处理功能、多轨录音缩混功能、视频配乐以及环绕声处理功能均属世界一流，帮助用户一站式完成作曲—编配—录音—缩混—母带处理的全部过程，是录音和混音首选软件。

3. Samplitude

Samplitude 是由著名的音频软件公司 MAGIX 出品的 DAW 软件，主要用来制作数字化的音频。Samplitude 具备音频录音、MIDI 制作、缩混、母带处理等功能。

3.6.5 多轨音频的制作

多轨音频的制作指同时在多个音轨中录制不同的音频信号，然后通过混合获得一个完整的作品。

1. 基本的装备

硬件：计算机至少必须配备声卡和一个带话筒的耳麦。

软件：安装一款有多轨音频编辑功能的软件。推存安装 Adobe Audition。其界面如图 3-15 所示。

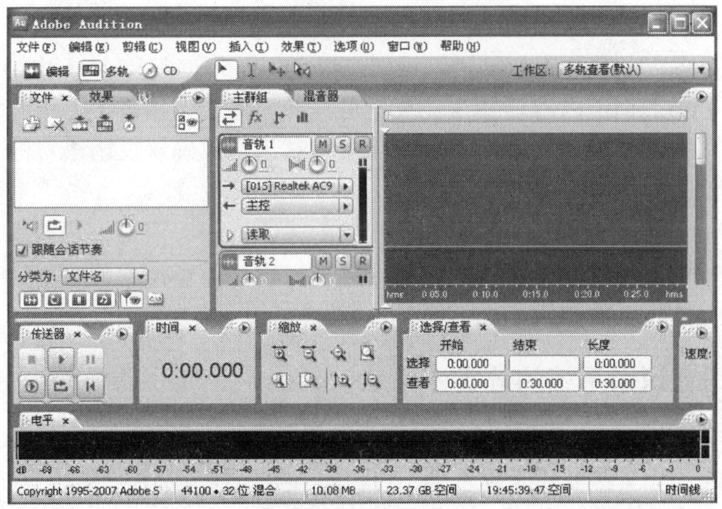

图 3-15 “Adobe Audition”的界面

Adobe Audition 面向音频和视频的专业设计人员，可提供先进的音频混音、编辑和效果处理功能；专为在照相室、广播设备和后期制作设备方面工作的音频和视频专业人员设计，可提供先进的音频混合、编辑、控制和效果处理功能；最多混合 128 个声道，可编辑单个音频文件，创建回路并可使用 45 种以上的数字信号处理效果。Audition 是一个完善的多声道录音室，可提供灵活的工作流程并且使用简便。

2. 制作多轨音频

下面以 Adobe Audition 为例介绍制作多轨音频的步骤。

(1) 打开软件进入多音轨界面。在默认状态下，Audition 为用户提供了六个音轨和一个主控轨。在编辑音频时如果音轨的数量不能满足用户的需要时，还可以添加音轨。

(2) 录制原音：每个音轨可放入不同的声音，在多轨录音中常常是播放与录制同时进行。例如录制歌曲时，可以先将伴奏音乐导入到一个音轨中，然后新增加另一个音轨用于录音，跟随伴奏音乐的播放进行录入人声。

(3) 降噪处理：噪声指是在语音停顿之处有一种振幅变化不大的声音，这个声音贯穿于录制声音的整个过程。对录入的声音常常会作降噪处理。这一步做的好可以美化录入声音，做不好就会导致声音失真，彻底破坏原声。所以如果处理得不完美，则撤消刚刚的降噪处理，重新调整降噪级别，如果失真了，降噪太厉害了，则把级别降底些，如果还有噪声，那么就把降噪级别调高。

(4) 混响处理：完成降噪后，播放伴奏和人声，然后可以选择预置混响效果。选择一个合适的参数，使歌曲听起来最完美。

(5) 混缩合成：将伴奏和处理过的人声混缩合成在一起。

(6) 导出和保存：在多轨模式下是不能直接保存，可以用导出来保存文件。如果将多轨合为一个音频文件，进入单轨编辑模式，即可将制作好的音频文件保存起来。常用的格式是 WAV 和 MP3

3.7 语音识别技术

语音识别技术，也被称为自动语音识别(Automatic Speech Recognition，ASR)，其目标是将人类语音中的词汇内容转换为计算机可读的输入，如按键、二进制编码或者字符序列。与说话人识别及说话人确认不同，后者尝试识别或确认发出语音的说话人而非其中所包含的词汇内容。

语音识别正逐步成为信息技术中人机接口的关键技术，语音识别技术与语音合成技术结合使人们能够甩掉键盘，通过语音命令进行操作。语音技术的应用已经成为一个具有竞争性的新兴高技术产业。

3.7.1 语音识别系统的分类

语音识别系统可以根据对输入语音的限制加以分类。

从说话者与识别系统的相关性考虑，可以将识别系统分为三类：

(1) 特定人语音识别系统：仅考虑对于专人的语音进行识别。

(2) 非特定人语音系统：识别的语音与人无关，通常要用大量不同人的语音数据库对识别系统进行学习。

(3) 多人的识别系统：通常能识别一组人的语音，或者成为特定组语音识别系统，该系统仅要求对要识别的那组人的语音进行训练。

从说话的方式考虑，可以将识别系统分为三类：

(1) 孤立词语音识别系统：孤立词识别系统要求输入每个词后要停顿。

(2) 连接词语音识别系统：连接词输入系统要求对每个词都清楚发音，一些连音现象开始出现。

(3) 连续语音识别系统：连续语音输入是自然流利的连续语音输入，大量连音和变音会出现。

从识别系统的词汇量大小考虑，可以将识别系统分为三类：

(1) 小词汇量语音识别系统：通常包括几十个词的语音识别系统。

(2) 中等词汇量的语音识别系统：通常包括几百个词到上千个词的识别系统。

(3) 大词汇量语音识别系统：通常包括几千到几万个词的语音识别系统。

随着计算机与数字信号处理器运算能力以及识别系统精度的提高，识别系统根据词汇量大小进行分类也不断进行变化。目前是中等词汇量的识别系统，将来可能就是小词汇量的语音识别系统。这些不同的限制也确定了语音识别系统的困难度。

3.7.2 语音识别软件

语音识别的研究工作可以追溯到 20 世纪 50 年代 AT&T 公司贝尔实验室的 Audry 系统，它是第一个可以识别 10 个英文数字的语音识别系统。

实验室语音识别研究的巨大突破产生于 20 世纪 80 年代末，人们终于在实验室突破了大词汇量、连续语音和非特定人这三大障碍，第一次把这三个特性都集成在一个系统中，比较典型的是卡耐基梅隆大学(Carnegie Mellon University)的 Sphinx 系统，它是第一个高性能的非特定人、大词汇量连续语音识别系统。

20 世纪 90 年代前期，许多著名的大公司如 IBM、Apple、AT&T 和 NTT 都对语音识别系统的实用化研究投以巨资。语音识别技术有一个很好的评估机制，那就是识别的准确率，而这项指标在 20 世纪 90 年代中后期实验室研究中得到了不断的提高。比较有代表性的系统有：IBM 公司推出的 Via Voice、Dragon System 公司的 Naturally Speaking、Nuance 公司的 Nuance Voice Platform 语音平台、微软公司的 Whisper 和 Sun 公司的 Voice Tone 等。

其中 IBM 公司于 1997 年开发出汉语 Via Voice 语音识别系统，次年又开发出可以识别上海话、广东话和四川话等地方口音的语音识别系统 ViaVoice'98。它带有一个 32000 个词的基本词汇表，可以扩展到 65000 个词，还包括办公常用词条，具有“纠错机制”，其平均识别率可以达到 95%。该系统对新闻语音识别具有较高的精度，是目前具有代表性的汉语连续语音识别系统。

中科院自动化所及其所属模式科技(Pattek)公司 2002 年发布了他们共同推出的面向不同计算平台和应用的“天语”中文语音系列产品——Pattek ASR，结束了中文语音识别产品自 1998 年以来一直由国外公司垄断的历史。

3.7.3 文本—语音转换

文本—语音转换系统(TTS)是将文本形式的信息转换成自然语音的一种技术，其最终目标是使计算机输出清晰而有自然的声音。它涉及声学、语言学、数学信号处理技术、多媒体技术等多个学科技术，是信息处理领域的一项前沿技术。

目前比较著名的中文 TTS 系统有：IBM、微软、Fujitsu、科大讯飞、捷通华声等公司研究的系统。目前比较关键的就是中文韵律处理、符号数字、多音字、构词方面有较多的问题，需要不断研究，使得中文语音合成的自然化程度不断提高。

3.8 本章小结

音频处理是多媒体技术的关键技术之一。应掌握的音频处理基本知识包括：声音数字化的三步，即采样、量化、编码；决定音频的数据量的三个因素，即采样频率、量化位数和记录的声道数；音频文件的三大类，即波形文件、音频压缩文件和 MIDI 文件，这些都是掌握音频处理技术的基础。应了解音频处理的硬件与音乐软件的分类，其中单轨音频处理软件与多轨音频处理软件是难点。计算机音乐系统给传统的音响行业带来巨大冲击，而语音识别技术是 2000 年～2010 年信息技术领域十大重要的科技发展技术之一。

【思考题与习题】

一、简答题

1. 声音数字化的原理是什么？
2. 为什么要对音频数据进行压缩？
3. 压缩编码分为哪两类？分类的根据是什么？
4. 存储 5min 的 44.1kHz 采样频率下 16bit 立体声音频数据至少需要多少字节？
5. 为什么时间长度相同的 MIDI 音乐文件一般都比波形文件小得多？

二、选择题

1. 声音是一种波，它的两个基本参数为(　　)。

   A. 振幅、频率　　B. 音色、音高
   C. 噪声、音质　　D. 采样率、采样位数

2. 下列要素中哪个不属于声音的三要素？

   A. 音调　　B. 音色　　C. 音律　　D. 音强

3. 人类能够听到的所有声音，称为音频(Audio)，频率范围是(　　)。

   A. 10Hz～20kH　　B. 10Hz～15kH　　C. 20Hz～15kHz　　D. 20Hz～20kHz

4. 在声音的数字化过程中，采样频率越高，声音的(　　)越好。

   A. 保真度　　B. 失真度　　C. 噪音　　D. 精度

5. 在数字音频信息获取与处理过程中，下述顺序哪个是正确的？

   A. A/D 变换、采样、压缩、存储、解压缩、D/A 变换
   B. 采样、压缩、A/D 变换、存储、解压缩、D/A 变换
   C. 采样、A/D 变换、压缩、存储、解压缩、D/A 变换
   D. 采样、D/A 变换、压缩、存储、解压缩、A/D 变换

6. 2min 双声道、16bit 采样位数、22.05kHz 采样频率声音的不压缩的数据量是多少？

A 10.09MB.　　B 10.58MB.　　C 10.35MB.　　D 5.05MB

7. 下述声音分类中质量最好的是(　　)。

A. 数字激光唱盘　　B. 调频无线电广播

C. 调幅无线电广播　　D. 电话

8. 下列采集的波形声音哪个质量最好？

A. 单声道、8 位量化、22.05kHz 采样率

B. 双声道、8 位量化、44.1kHz 采样率

C. 单声道、16 位量化、22.05kHz 采样率

D. 双声道、16 位量化、44.1kHz 采样率

9. 下列声音文件格式中，哪些是波形文件格式？

(1)WAV　(2)CMF　(3)VOC　(4)MID

A. (1)、(2)　　B. (1)、(3)　　C. (1)、(4)　　D. (2)、(3)

10. 使用数字波形法表示声音信息是，采样频率越高，则数据量(　　)。

A. 越大　　B. 越小　　C. 恒定　　D. 不能确定

11. 使用数字波形法表示声音信息是，采样频率越高，则声音质量(　　)。

A. 越好　　B. 越差　　C. 不变　　D. 不能确定

12. 声音信息在计算机内是以(　　)表示的。

A. 模拟信息　　B. 模拟信息或数字信息

C. 数字形式　　D. 二进制形式的数字

13. MP3 格式是现在最为流行的音频格式。MP3 是一种(　　)音频压缩技术。

A. 波形　　B. 有损　　C. 无损　　D. 不能确定

14. Windows 自带的录音机属于(　　)。

A. 音序类软件　　B. 乐谱类软件

C. 音频编辑类软件　　D. 不能确定

15. 从说话者与识别系统的相关性考虑，可以将识别系统分为三类，描述正确的是(　　)。

A. 特定人语音识别系统、非特定人语音系统、多人的识别系统。

B. 孤立词语音识别系统、连接词语音识别系统、连续语音识别系统。

C. 小词汇量语音识别系统、中等词汇量的语音识别系统、大词汇量语音识别系统。

D. 以上描述都不正确。

三、填空题

1. 音频按原始声源可划分包括语音、__________和其他声音。

2. 数据量(字节)=采样时间×(采样频率×量化位数×声道数)/ __________。

3. 在时间和幅度上都连续的__________声音信号，经过采样、量化和编码后，才能得到用离散的表示的__________信号。

4. 音频信号分为电话质量的声音、调幅广播质量的音频信号和__________。

5. 常见的音频处理硬件有__________、__________、__________等。

6. 音频编辑类软件分单轨和__________音频编辑。

第 4 章　视频处理技术

【学习目标】

(1) 了解视频及常见视频文件格式。

(2) 学会使用 Premiere 进行简单的视频编辑。

(3) 了解视频的数字化。

(4) 掌握视频的捕获与处理方法。

(5) 了解视频的捕获设备与处理软件。

在计算机上播放和录制视频，可以将家庭电影复制到计算机，使用视频和音频剪贴工具进行编辑、剪辑、增加一些很普通的特效效果，使视频可观赏性增强，这一过程称为视频处理。

4.1　视频的基本概念

视频(英文为 Video，又译为视信)泛指将一系列的静态影像以电信号方式加以捕捉、记录、处理、存储、传送与重现的各种技术。关于大小视频各种后缀格式，包括个人视频上传，电影视频。

连续的图像变化每秒超过 24 帧(frame)画面以上时，根据视觉暂留原理，人眼无法辨别单幅的静态画面，看上去是平滑连续的视觉效果，这样连续的画面叫做视频。

视频也指新兴的交流、沟通工具，是基于互联网的一种设备及软件，用户可通过视频看到对方的仪容、听到对方的声音。是可视电话的雏形。

视频技术最早是为了电视系统而发展，但是现在已经更加发展为各种不同的格式以利消费者将视频记录下来。网络技术的发达也促使视频的纪录片段以串流媒体的形式存在于因特网之上并可被计算机接收与播放。

视频与电影属于不同的技术，后者是利用照相术将动态的影像捕捉为一系列的静态照片。

Video(源自于拉丁语的“我看见”)通常指涉各种动态影像的储存格式，例如，数位视频格式，包括 DVD、QuickTime 与 MPEG-4；以及类比的录像带，包括 VHS 与 Betamax。视频可以被记录下来并经由不同的物理媒介传送，在视频被拍摄或以无线电传送时为电气信号，而记录在磁带上时则为磁性信号。视频画质实际上随著拍摄与撷取的方式以及储存方式而变化。例如数位电视(DTV)是最近被发展出来的格式，具有比之前的标准更高的画质，正在成为各国的电视广播新标准。在英国、澳洲、新西兰，Video 一词通常非正式的指涉录影机与录像带。

4.1.1 视频的分类

按照处理方式的不同，视频分为模拟视频和数字视频。

模拟视频(Analog Video)：是一种用于传输图像和声音的并且随时间连续变化的电信号。

数字视频(Digital Video，DV)：要使计算机能够对视频进行处理，必须把视频源，即来自于电视机、模拟摄像机、录像机、影碟机等设备的模拟视频信号，转换成计算机要求的数字视频形式，并存放在磁盘上，这个过程称为视频的数字化过程(包括采样、量化和编码)。

视频信号数字化后，就能做模拟视频信号所无法实现的事情。它的主要优点有：适合于网络应用、再现性好、便于计算机编辑处理。

4.1.2 视频信号分类

视频信号是指电视信号、静止图像信号和可视电视图像信号。对于视频信号可支持三种制式：NTSC、PAL、SECAM。

1. VGA 输入接口

VGA 接口采用非对称分布的 15pin 连接方式，其工作原理：是将显存内以数字格式存储的图像(帧)信号在 RAMDAC 里经过模拟调制成模拟高频信号，然后再输出到等离子成像，这样 VGA 信号在输入端(LED 显示屏内)，就不必像其他视频信号那样还要经过矩阵解码电路的换算。VGA 的视频传输过程是最短的，所以 VGA 接口拥有许多的优点，如无串扰无电路合成分离损耗等。其接口图如图 4-1 所示。

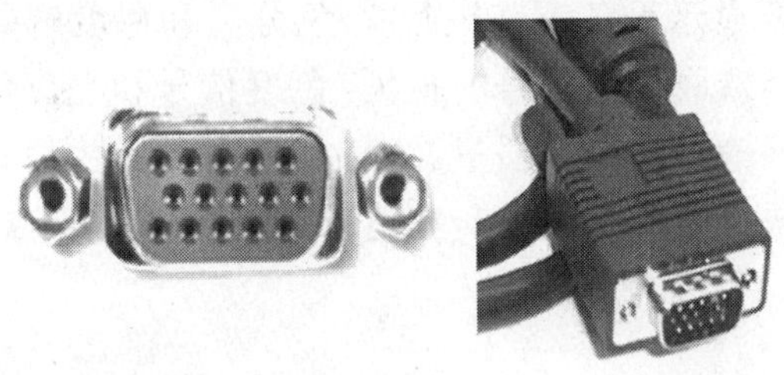

VGA 接口

图 4-1 VGA 视频信号接口图

2. DVI 输入接口

DVI(Digital Visual Interface)接口主要用于与具有数字显示输出功能的计算机显卡相连接，显示计算机的 RGB 信号。DVI 数字端子比标准 VGA 端子信号要好，数字接口保证了全部内容采用数字格式传输，保证了主机到监视器的传输过程中数据的完整性(无干扰信号引入)，可以得到更清晰的图像，其接口图如图 4-2 所示。

3. 标准视频输入(RCA)接口

RCV 接口也称 AV 接口，通常都是成对的白色的音频接口和黄色的视频接口，它通常采用 RCA(俗称莲花头)进行连接，使用时只需要将带莲花头的标准 AV 线缆与相应接口

DVI(Digital Visual Interface 数字视频界面)

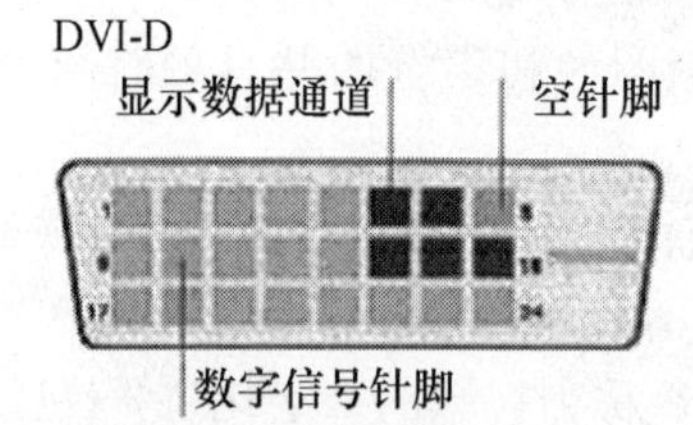

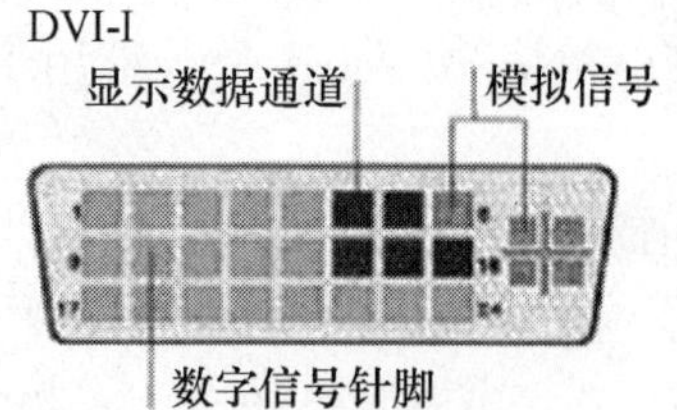

DVI-D接口

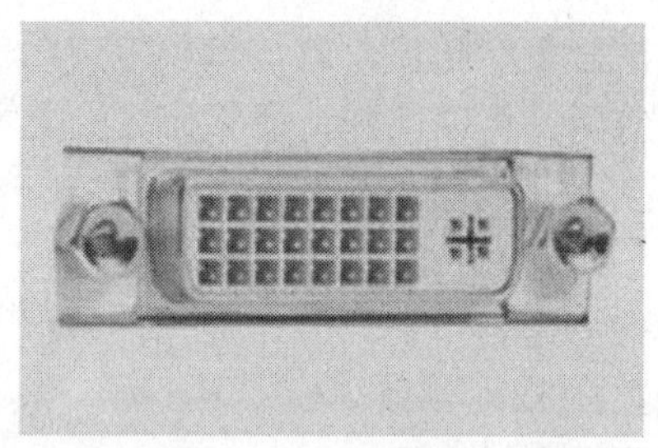

DVI-I接口

图 4-2 DVI 视频信号接口图

连接起来即可。AV 接口实现了音频和视频的分离传输，这就避免了因为音/视频混合干扰而导致的图像质量下降，但由于 AV 接口传输的仍然是一种亮度/色度(Y/C)混合的视频信号，仍然需要显示设备对其进行亮/色分离和色度解码才能成像，这种先混合再分离的过程必然会造成色彩信号的损失，色度信号和亮度信号也会有很大的机会相互干扰从而影响最终输出的图像质量。AV 还具有一定生命力，但由于它本身 Y/C 混合这一不可克服的缺点因此无法在一些追求视觉极限的场合中使用。其接口图如图 4-3 所示。

4. S 视频输入

S 视频的英文全称为 Separate Video(也称二分量视频接口)，其意义就是将 Video 信号分开传送，也就是在 AV 接口的基础上将色度信号 C 和亮度信号 Y 进行分离，再分别以不同的通道进行传输。带 S 视频接口的显卡和视频设备当前已经比较普遍，同 AV 接口相比，由于它不再进行 Y/C 混合传输因此也就无需再进行亮色分离和解码工作，而且使用各自独立的传输通道在很大程度上避免了视频设备内信号串扰而产生的图像失真，极大地提高了图像的清晰度，但 S 视频仍要将两路色差信号(Cr、Cb)混合为一路色度信号 C 进行传输，然后再在显示设备内解码为 Cb 和 Cr 进行处理，这样多少仍会带来一定信号损失而产生失真(这种失真很小但在严格的广播级视频设备下进行测试时仍能发现)，而且由于 Cr、Cb 的混合导致色度信号的带宽也有一定的限制，所以 S 视频虽然已经比较优秀但离完美还相去甚远，S 视频虽不是最好的，但考虑到目前的市场状况和综合成本等其他因素，它还是应用最普遍的视频接口。其接口图如图 4-4 所示。

AV接口(又称RCA):

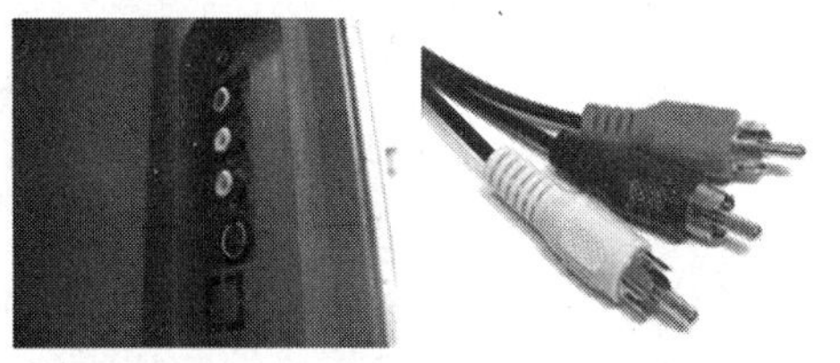

S端子接口(Separate Video)

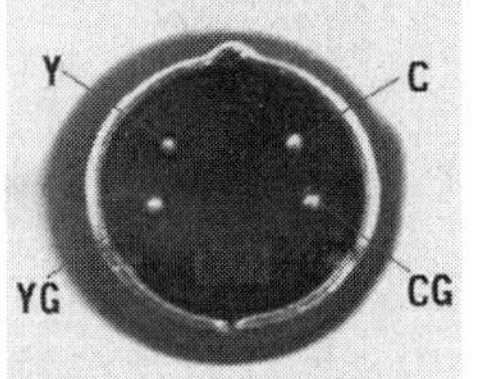

S端子接口

图 4-3 AV 视频信号接口图

图 4-4 S 端子视频信号接口图

5. HDMI 接口

HDMI 是基于 DVI(Digital Visual Interface)制定的，可以看做是 DVI 的强化与延伸，两者可以兼容。HDMI 在保持高品质的情况下能够以数码形式传输未经压缩的高分辨率视频和多声道音频数据，最高数据传输速度为 5Gb/s。HDMI 能够支持所有的 ATSC HDTV 标准，不仅可以满足目前最高画质 1080p 的分辨率，还能支持 DVD Audio 等最先进的数字音频格式，支持八声道 96kHz 或立体声 192kHz 数码音频传送，而且只用一条 HDMI 线连接，免除数码音频接线。同时 HDMI 标准所具备的额外空间可以应用在日后升级的音视频格式中。与 DVI 相比 HDMI 接口的体积更小而且可同时传输音频及视频信号。DVI 的线缆长度不能超过 8m 否则将影响画面质量，而 HDMI 基本没有线缆的长度限制。其接口图如 4-5 所示。

6. BNC 端口

通常用于工作站和同轴电缆连接的连接器，标准专业视频设备输入、输出端口。BNC 电缆有五个连接头用于接收红、绿、蓝、水平同步和垂直同步信号。BNC 接头有别于普通 15 针 D－SUB 标准接头的特殊显示器接口。由 R、G、B 三原色信号及行同步、场同步五个独立信号接头组成。主要用于连接工作站等对扫描频率要求很高的系统。BNC 接头可以隔绝视频输入信号，使信号相互间干扰减少，且信号频宽较普通 D－SUB 大，可达到最佳信号响应效果。其接口如图 4-6 所示。

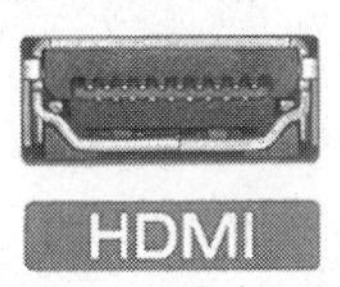

HDMI 接口

BNC接口

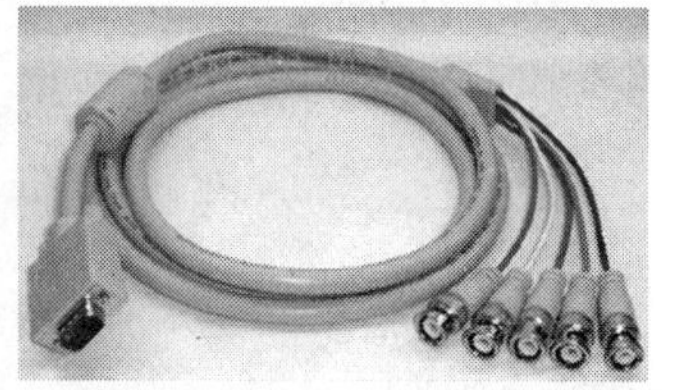

图 4-5 HDMI 视频信号接口图

图 4-6 BNC 视频信号接口图

4.1.3 电视制式

世界上主要使用的电视广播制式有 PAL、NTSC、SECAM 三种，中国大部分地区使用 PAL 制式，日本、韩国及东南亚地区与美国等欧美国家使用 NTSC 制式，俄罗斯则使用 SECAM 制式。

1. **简介**

电视信号的标准也称为电视的制式。目前各国的电视制式不尽相同，制式的区分主要在于其帧频(场频)的不同、分解率的不同、信号带宽以及载频的不同、色彩空间的转换关系不同等。

电视制式就是用来实现电视图像信号、伴音信号或其他信号传输的方法，和电视图像的显示格式，以及这种方法和电视图像显示格式所采用的技术标准。严格来说，电视制式有很多种，对于模拟电视，有黑白电视制式、彩色电视制式、伴音制式等；对于数字电视，有图像信号、音频信号压缩编码格式(信源编码)、TS 流(Transport Stream)编码格式(信道编码)、有数字信号调制格式、图像显示格式等制式。

电视可用不同的方式来实现。实现电视的一种特定方式，称为电视的一种制式。在黑白电视和彩色电视发展过程中，分别出现过许多种不同的制式。

2. **黑白电视制式**

黑白电视制式的主要内容为：图像和伴音的调制方式，图像信号的极性，图像和伴音的载频差，频带宽度，频道间、扫描行数等。目前世界各国所采用的黑白电视制式有 A、B、C、D、E、F、G、H、I、K、K1、L、M、N 等，共计 13 种(其中 A、C、E 已不采用)，我国为其中的 D、K 制。

黑白电视制式使用时间最长，现在的彩色电视制式也是在黑白电视制式上发展起来的，并且向下兼容，因此黑白电视制式到现在还具有非常重要的意义。

3. **彩色电视制式**

彩色电视制式，是在满足黑白电视技术标准的前提下研制的。为了实现黑白和彩色信号的兼容，色度编码对副载波的调制有三种不同方法，形成了三种彩色电视制式，即 NTSC 制、SECAM 制和 PAL 制(对于 NTSC 制，由于选用的色副载波的频率不同，还可分为 NTSC4.43 和 NTSC3.58 两种)。

NTSC 制的优点是电视接收机电路简单，缺点是容易产生偏色，因此 NTSC 制电视机都有一个色调手动控制电路，供用户选择使用；PAL 制和 SECAM 制可以克服 NTSC 制容易偏色的缺点，但电视接收机电路复杂，要比 NTSC 制电视接收机多一个一行延时线电路，并且图像容易产生彩色闪烁。因此，三种彩色电视制式各有优缺点，互相比较结果，谁也不能战胜谁，所以，三种彩色电视制式互相共存已经 50 多年。

4.1.4 常见视频文件格式及特点

视频文件常用格式有 MPEG、AVI、RM、RMVB、WMV、MKV、WAVE、MOV、ASF、等。

1. MPEG/MPG/DAT—MPEG 文件

MPEG(Motion Picture Experts Group)格式包括了 MPEG-1、MPEG-2 和 MPEG-4 在内的多种视频格式。MPEG-1 最为普遍，因为目前其正在被广泛地应用在 VCD 的制作和一些视频片段下载的网络应用上面，大部分的 VCD 都是用 MPEG-1 格式压缩的(刻录软件自动将 MPEG-1 转为.DAT 格式)，使用 MPEG-1 的压缩算法，可以把一部 120min 的电影压缩到 1.2GB 左右大小。MPEG-2 则应用在 DVD 的制作上，同时在一些 HDTV(高清晰电视广播)和一些高要求视频编辑、处理上面也有相当多的应用。使用 MPEG-2 的压缩算法压缩一部 120min 的电影可以压缩到 5GB～8GB 的大小(MPEG-2 的图像质量是 MPEG-1 无法比拟的)。MPEG 的平均压缩比为 50∶1，最高可达 200∶1，压缩效率非常高，同时图像和音响的质量也非常好，并且在微机上有统一的标准格式，兼容性相当好。

2. AVI 文件

AVI(Audio Video Interleaved)它是微软公司开发的一种符合 RIFF 文件规范的数字音频与视频文件格式，AVI 格式允许视频和音频交错在一起同步播放，支持 256 色和 RLE 压缩，但 AVI 文件未限定压缩标准，因此，AVI 文件格式只是作为控制界面上的标准，不具有兼容性，用不同压缩算法生成的 AVI 文件，必须使用相应的解压缩算法才能播放出来。AVI 文件目前主要应用在多媒体光盘上，用来保存电影、电视等各种影像信息，有时也出现在因特网上，供用户下载、欣赏新影片的精彩片断。AVI 格式调用方便、图像质量好，但缺点是文件体积过于庞大。

3. RA/RM/RAM—RealVideo 文件

RM 是 Real Networks 公司所制定的音频/视频压缩规范 Real Media 中的一种，Real Player 能做的就是利用因特网资源对这些符合 Real Media 技术规范的音频/视频进行实况转播。主要用来在低速率的广域网上实时传输活动视频影像，可以根据网络数据传输速率的不同而采用不同的压缩比率，从而实现影像数据的实时传送和实时播放。RealVideo 除了可以以普通的视频文件形式播放之外，还可以与 RealServer 服务器相配合，在数据传输过程中边下载边播放视频影像，而不必像大多数视频文件那样，必须先下载然后才能播放。目前，因特网上已有不少网站利用 RealVideo 技术进行重大事件的实况转播，可是其图像质量比 VCD 差些。

4. MOV/.QT—QuickTime 文件

QuickTime 是 Apple 计算机公司开发的一种音频、视频文件格式，用于保存音频和视频信息，具有先进的视频和音频功能，Quick Time 提供了两种标准图像和数字视频格式，即可以支持静态的 PIC 和 JPG 图像格式，动态的基于 Indeo 压缩法的 MOV 和基于 MPEG 压缩法的 MPG 视频格式。

5. ASF

ASF(Advanced Streaming format，高级流格式)是微软公司为了和现在的Real player竞争而发展出来的一种可以直接在网上观看视频节目的文件压缩格式。ASF使用了MPEG-4的压缩算法，压缩率和图像的质量都很不错。因为ASF是以一个可以在网上即时观赏的视频“流”格式存在的，所以它的图像质量比VCD稍差，但比同是视频“流”格式的RAM格式要好。

6. WMV

WMV 是一种独立于编码方式的在因特网上实时传播多媒体的技术标准，微软公司希望用其取代 QuickTime 之类的技术标准以及 WAV、AVI 之类的文件扩展名。WMV 的主要优点在于可扩充的媒体类型、本地或网络回放、可伸缩的媒体类型、流的优先级化、多语言支持、扩展性等。

7. N AVI

如果原来的播放软件突然打不开此类格式的 AVI 文件，那就要考虑是不是碰到了 NAVI。

NAVI 是 New AVI 的缩写，是一个名为 Shadow Realm 的地下组织发展起来的一种新视频格式。它是由 Microsoft ASF 压缩算法的修改而来的(并不是想象中的 AVI)，视频格式追求的是压缩率和图像质量，所以 NAVI 为了追求这个目标，改善了原始的 ASF 格式的一些不足，让 NAVI 可以拥有更高的帧率。可以这样说，NAVI 是一种去掉视频流特性的改良型 ASF 格式。

8. DivX

这是由 MPEG－4 衍生出的另一种视频编码(压缩)标准，也即通常所说的 DVDrip 格式，它采用了 MPEG-4 的压缩算法同时又综合了 MPEG-4 与 MP3 各方面的技术，就是使用 DivX 压缩技术对 DVD 盘片的视频图像进行高质量压缩，同时用 MP3 或 AC3 对音频进行压缩，然后再将视频与音频合成并加上相应的外挂字幕文件而形成的视频格式。其画质接近 DVD 并且体积只有 DVD 的数分之一。这种编码对机器的要求也不高，所以 DivX 视频编码技术可以说是一种对 DVD 造成威胁最大的新生视频压缩格式。

9. RMVB

这是一种由 RM 视频格式升级延伸出的新视频格式，它的先进之处在于 RMVB 视频格式打破了原先 RM 格式那种平均压缩采样的方式，在保证平均压缩比的基础上合理利用比特率资源，就是说静止和动作场面少的画面场景采用较低的编码速率，这样可以留出更多的带宽空间，而这些带宽会在出现快速运动的画面场景时被利用。这样在保证了静止画面质量的前提下，大幅地提高了运动图像的画面质量，从而图像质量和文件大小之间就达到了微妙的平衡。另外，相对于 DVDrip 格式，RMVB 视频也是有着较明显的优势，一部大小为 700MB 左右的 DVD 影片，如果将其转录成同样视听品质的 RMVB 格式，最多也就 400MB 左右。不仅如此，这种视频格式还具有内置字幕和无需外挂插件支持等独特优点。要想播放这种视频格式，可以使用 RealOne Player2.0 或 RealPlayer8.0 加 RealVideo9.0 以上版本的解码器形式进行播放。

10. TS

TS 是高清专用封装容器，多见于原版的蓝光和 HDDVD 转换的视频影片，一般采用 H264、VC1 等最新的视频编码。

11. MKV

MKV 是民间流行的一种视频格式，以它兼容众多视频编码见长，可以是 DivX、XviD、RealVideo、H264、MPEG-2、VC1 等。由于是民间格式，没有版权限制，又易于播放，所以官方发布的视频影片都不采用 MKV，常见于网上制作下载。

12. FLV

FLV 是随着 Flash MX 的推出发展而来的新的视频格式，其全称为 Flash Video，是在 Sorenson 公司的压缩算法的基础上开发出来的。

由于它形成的文件极小、加载速度极快，使得网络观看视频文件成为可能，它的出现有效地解决了视频文件导入 Flash 后，导出的 SWF 文件体积庞大，不能在网络上很好的使用等缺点。目前各在线视频网站均采用此视频格式，如新浪播客、56、优酷、土豆、酷 6、YouTuBe 等。

13. WAV

WAV 格式记录声音的波形，故只要采样率高、采样字节长、机器速度快，利用该格式记录的声音文件能够和原声基本一致，质量非常高，但这样做的代价就是文件太大。

14. MP4

MP4 是手机常用视频格式。

15. 3GP

3GP 也是手机常用视频格式。

16. AMV

AMV 是一种 MP4 专用的视频格式。

各种格式的优缺点如表 4-1 所列。

表 4-1 各种格式优缺点

格式	优 点	缺 点
RMVB	文件体积小	清晰度不高
AVI	体积非常大	高清晰度
MKV	支持多种格式的视频和音频，支持段落选取	需要硬件支持，一般很难做到
MPG	兼容性好、压缩比高(最高可达 200:1)、数据失真小	兼容不是很好，无法应用到电视等行业上来
TS	视频是基于 HDTV 标准的	体积很大，一部 120min 电影大约为 20GB
WAVE	采样率高、质量非常高	文件太大
MOV	较高的压缩比率和较完美的视频清晰度	文件较大
说明:如果按容量排的话，应该是: TS>MPG>AVI>MOV>MKV>WMV>RMVB		

4.1.5 常用视频播放软件

在计算机上播放数字视频总是在一定的媒体播放软件(也称媒体播放器)支持下进行的。媒体播放器，除了 Windows 自带的媒体播放器以外，还有暴风影音等很多种。随着视频信息的压缩、解码方式的不断变化，媒体播放器的版本在不断升级。同一个媒体播放器，有的视频文件能用它来播放，有的文件就不能用它来播放。这是因为视频文件的格式不同。一般地说，每种媒体播放器都有它支持的特定的文件格式。

下面通过介绍几种视频媒体播放器，了解数字视频的播放环境。

1. Windows Media Player

Windows Media Player 是微软公司出品的一款播放器。

Windows Media Player(以下称 Media Player)支持通过插件增强功能，是一种通用的多媒体播放器，可以播放多种格式的音频、视频和混合型多媒体文件。使用 Media Player，可以收听或查看比赛实况、新闻报道或广播，还可以回顾 Web 站点上的演唱会，参加音乐会或研讨会，或者提前预览新片剪辑。

查看 Media Player 具体支持的媒体格式的操作是：打开 Media Player 播放器，执行“文件/浏览/媒体类型”菜单命令，得到如图 4-7 所示的对话框，其中的文件类型列表就是它能够播放的文件格式类型。

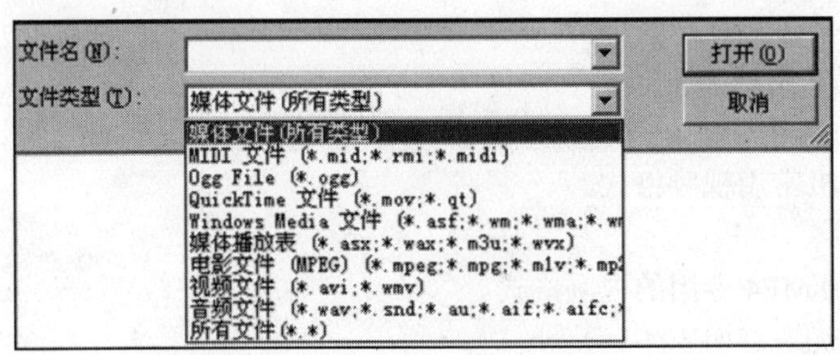

图 4-7 Media Player 播放器的文件类型对话框

如果要播放的视频文件不是上述的文件格式，例如 VCD 中的*.DAT 文件，那么，可以在文件类型列表中选择“所有文件(*.*)”，然后打开文件。因为 VCD 属于 MPEG 压缩格式，如果 Media Player 不能打开这种类型文件，它会自动通过网络查找相应的解码软件。如果找到了，就会立即下载并安装相应的程序，最后顺利播放视频。反之，就会出现出错信息，这个时候就需要换一种播放软件。

2. 暴风影音

暴风影音是暴风网际公司推出的一款视频播放器，该播放器兼容大多数的视频和音频格式，连续获得《计算机报》、《计算机迷》、《计算机爱好者》等权威 IT 专业媒体评选的消费者最喜爱的互联网软件荣誉以及编辑推荐的优秀互联网软件荣誉。

作为对 Media Player 的补充和完善，当前暴风影音定位为一种软件的整合和服务而存在，而非一个特定的软件。它提供和升级了系统对常见绝大多数影音文件和流的支持，配合 Media Player 最新版本可完成当前大多数流行影音文件、流媒体、影碟等的播放而无需其他任何专用软件。

暴风影音采用 NSIS 封装，为标准的 Windows 安装程序，特点是单文件多语种(目前为简体中文+英文)，具有稳定灵活的安装、卸载、维护和修复功能，并对集成的解码器组合进行了尽可能的优化和兼容性调整，适合普通的大多数以多媒体欣赏或简单制作为主要使用需求的用户，还有菜鸟用户；而对于经验丰富或有较专业的多媒体制作需求的用户，最好分别安装适合自己需求的独立软件，而不是使用集成的通用解码包。

4.1.6 Premiere 简介

Premiere 是 Adobe System 公司推出的一种专业化数字视频处理软件。它首创的时间线编辑、素材项目管理等概念已成为事实上的工业标准。Premiere 融视、音频处理于一身，功能强大。其核心技术是将视频文件逐帧展开，以帧为精度进行编辑，并与音频文件精确同步。它可以配合多种硬件进行视频捕捉和输出，能产生广播级质量的视频文件。

1. Premiere 创作视频的基本过程

(1) 确定主题设计和镜头剧本。

(2) 准备素材。

(3) 导入素材。

(4) 对素材进行适当的处理，包括：

① 分割素材；

② 安排已分割开的素材的出场顺序；

③ 调整素材的速度；

④ 调整素材的轨道。

(5) 为素材加入转场效果。

(6) 为视频添加字幕。

(7) 为视频添加音乐。

(8) 预览并保存项目。

(9) 生成影视文件。

2. Premiere 界面介绍

Premiere 界面如图 4-8 所示，由以下窗口组成。

(1) 工程素材窗口：用于调用各种视频图像素材，供操作者使用。

(2) 监视窗口：类似于传统线性编辑控制器和监视器，左边是原始素材监视，右边是经过视频特效、剪辑处理后的成品视频监视，下方的控制按钮最常用的就是“IN”、“OUT”，用于素材的出、入点控制。

(3) 时间线窗口：通过素材监视窗口选择好出、入点的音视频素材，可直接拖动到时间线 A 轨上，按照节目剪辑的时间顺序依次排列。拖动到时间线上的节目素材，同时会显示到监视窗口右边的成品监视窗口上。

(4) 工具窗口：软件界面右边竖排的几个窗口，用于控制视频特效、特技过渡，历史操作记录以及相关的信息等等。

图 4-8 Premiere 界面

3. 新建和保存项目

(1) 启动 Pemiere。

(2) 在弹出的对话框(图 4-9)中选择 DV-PAL 制标准 48kHz，单击“确定”按钮，此时，新建了一个名为 Untitle.ppj 的项目。

(3) 按“Ctrl+S”键，将该项目取名为“上海风光.ppj”保存在桌面上，节目面板更改为“上海风光.ppj”(图 4-10)。

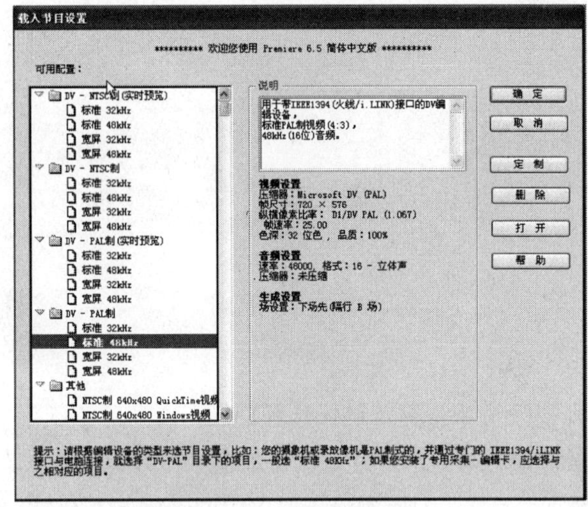

图 4-9　对话框

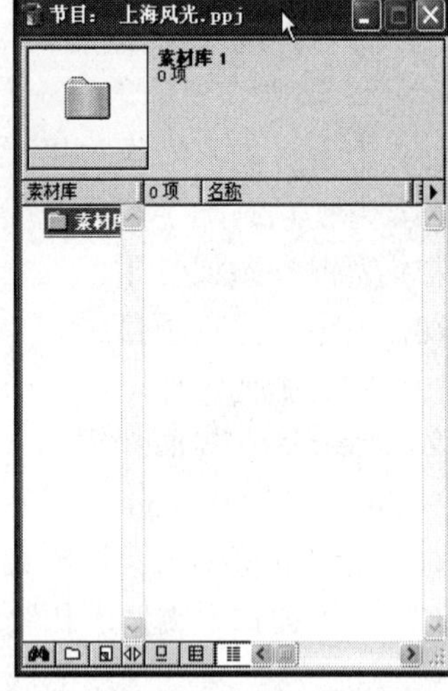

图 4-10　节目面板

4. 使用 Premiere 导入素材

双击节目面板窗口右侧白色部分，在弹出的对话框(图 4-11)中选择视频，加入素材，效果如图 4-12 所示。

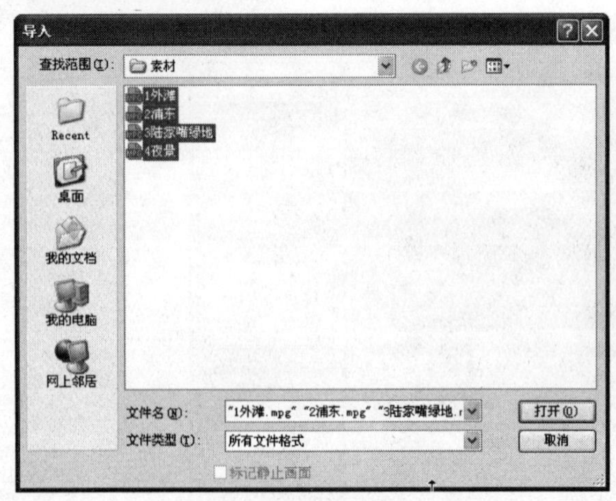

图 4-11　对话框

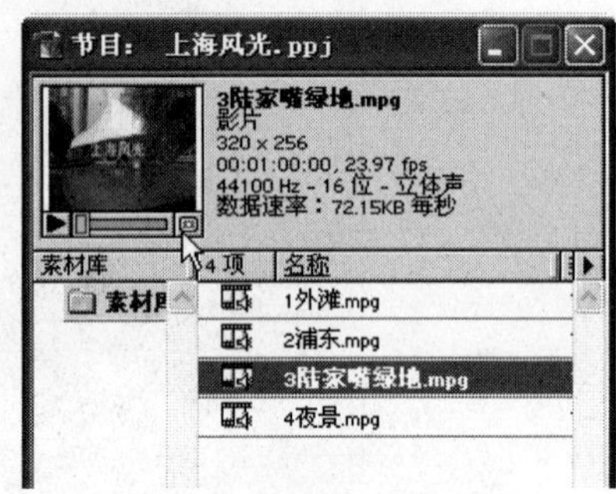

图 4-12　加入素材

5. 素材的分割

下面以素材“1 外滩.mpg”的分割为例，介绍视频的分割，其他素材可由学生自行进行分割组合。

在进行分割之前，以鼠标右键单击时间线面板标题栏，打开时间线窗口选项对话框，设置轨道格式为第一个，如图 4-13 所示。

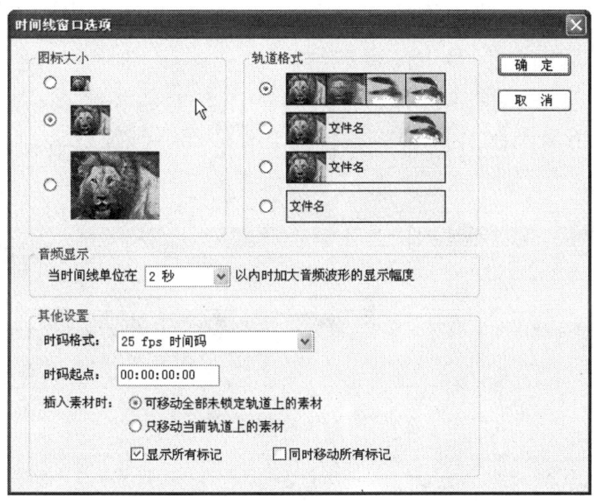

图 4-13　时间线窗口选项

1) 对“1 外滩.mpg”的编辑

(1) 在素材中选中“1 外滩.mpg”将其拖入到时间线面板中的视频 1A 轨道上，如图 4-14 所示。

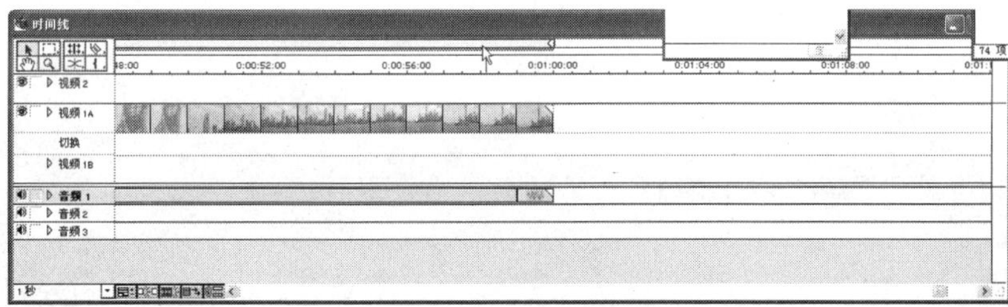

图 4-14　时间线面板

注意：此拖动是将该段动态图像的视频和音频都放在了时间线上，可以通过单击时间线面板下方的 A/V 关联按钮取消视频和声音的关联(按钮变成)，并选中音频删除。

(2) 使用空格键播放视频，在需要停止进行断开的地方，再按空格键暂停。

注意：可以单击时间线面板下方的时间线缩放按钮，选择播放内容的速度范围，这样能够更精确地控制视频，选择起来也比较方便(图 4-15)。

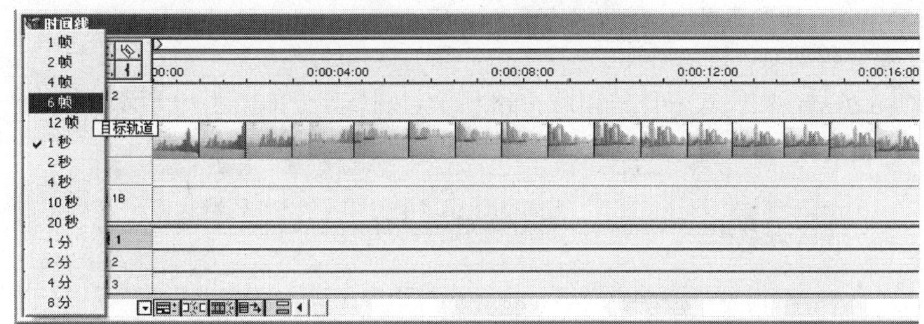

图 4-15　时间线

(3) 在需要断开的地方使用刀片工具，按照播放线单击键，剪断视频，将不需要的片段使用工具选中，按 Delete 键删除。

(4) 再继续使用空格键播放视频，用同样的方法剪断和删除。

(5) 将视频 1A 轨道中断开的视频片段使用拖动，连接起来，形成如图 4-16 所示的效果。

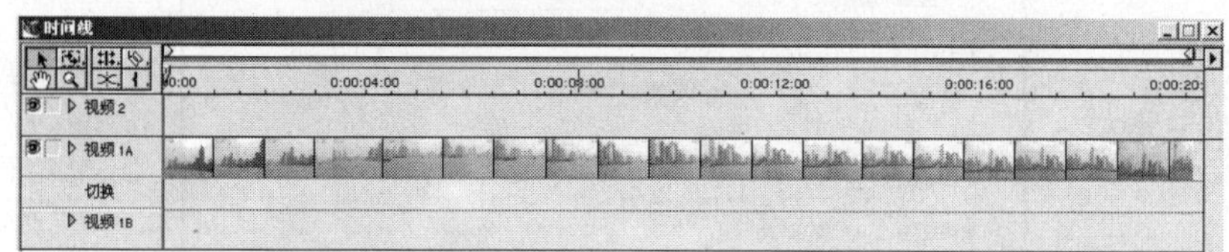

图 4-16 效果图

2) 对“2 浦东.mpg”进行编辑

(1) 将素材窗口中的该素材拖动到视频 1B 中，视频 1A 结束的位置(目的是便于做转场效果)，如图 4-17 所示。

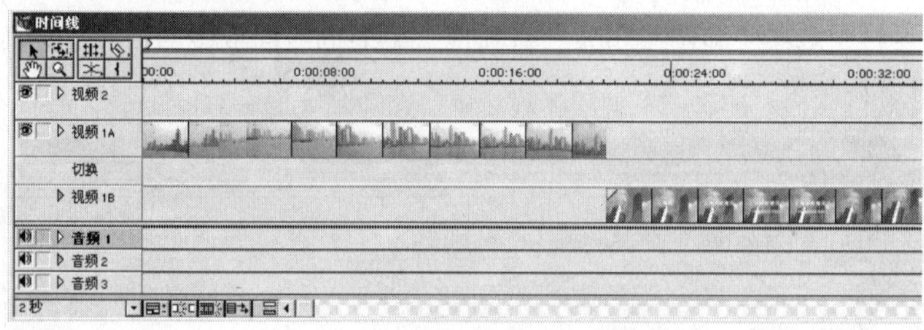

图 4-17 时间线

(2) 其余编辑方法同“1 外滩.mpg”的步骤(2)～步骤(5)。

3) 对其余两段素材的编辑

编辑的方法与上面相同。为了便于完成转场效果，应特别注意以下几点：

(1) 素材在 A/B 轨放置的位置为阶梯状。

(2) 将时间缩放设置为 1 秒。

(3) 将 A 轨中的第一个片段的最后一秒(一般为一格)和的 B 轨中的第一个片段第一秒在时间上重叠放置；B 轨中的第一个片段最后一秒和 A 轨中的第二个片段的第一秒在时间上重叠放置；依此类推……

(4) 整体移动时，可用，选择多个片段整体移动。

编辑完成后，时间线 A/B 轨如图 4-18 所示，细节部分如图 4-19 所示。

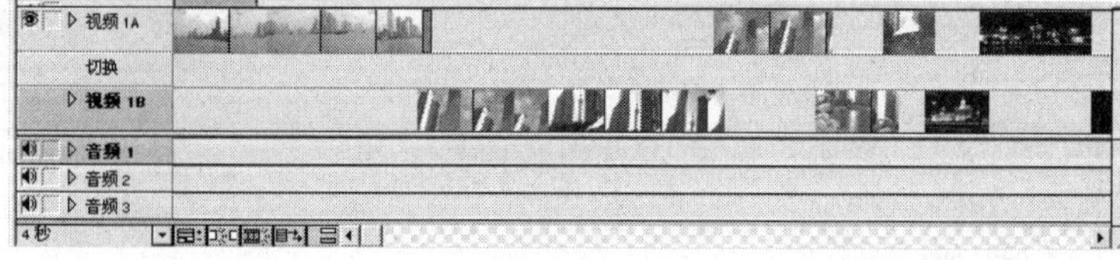

图 4-18 时间线 A/B 轨

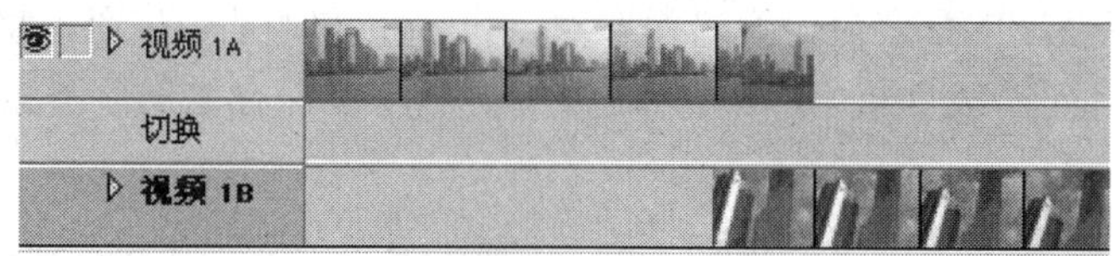

图 4-19　细节

4) 说明

(1) 如果素材 1 中的某段需要加在素材 2 中，可直接将该段拖动到素材 2 中，起到改变素材出场顺序的效果。

(2) 如果需要对某段做慢动作，可以选中该段视频，在时间线上，将鼠标放置在该段右侧，鼠标变成 时，拉长视频，起到延长播放时间，达到慢动作的效果(但此方法效果不是很好，慎用)。

(3) 如果视频很长，可以用时间线的滚动条拖动查看，也可使用工具窗口中的导航面板，移动绿色框查看内容，如图 4-20 所示。

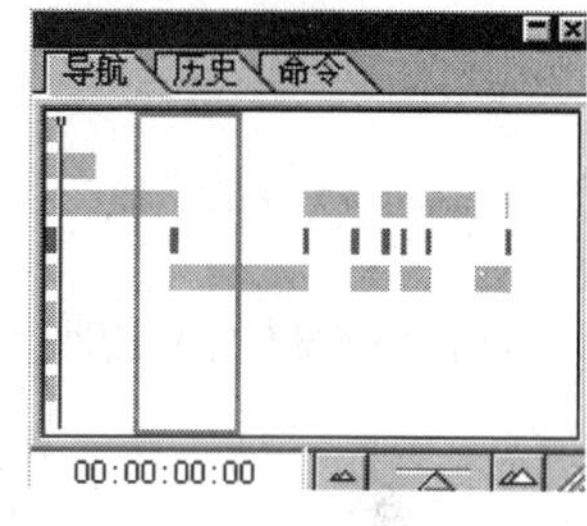

图 4-20　导航面板

6. 视频添加字幕

1) 静态字幕

(1) 菜单“文件”→“新建”→“字幕”命令，弹出“字幕设计工具”对话框，如图 4-21 所示

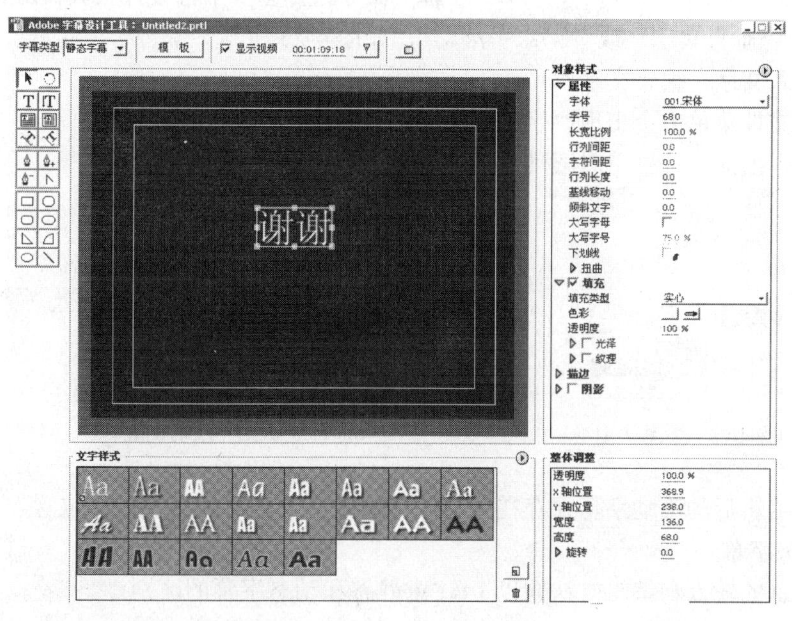

图 4-21　“字幕设计工具”对话框

(2) 选择 T 工具输入横排文字。

(3) 选择文字样式或者右侧的对象样式对输入的文字进行编辑。

(4) 关闭字幕设计工具窗口，弹出保存对话框，单击“是”按钮，将字幕保存为.prtl文件，放置在项目同一级目录中(在素材面板中会出现已保存过的字幕素材)，如图 4-22和图 4-23 所示。

图 4-22 保存对话框

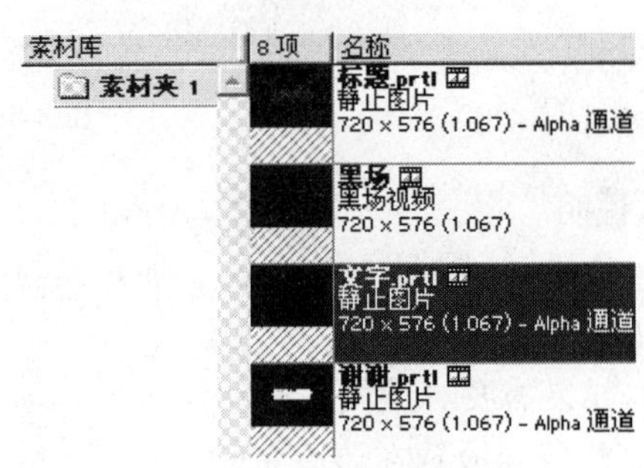

图 4-23 字幕素材

(5) 将素材库中的刚保存的字幕拖动到时间线的所需位置，如图 4-24 所示。

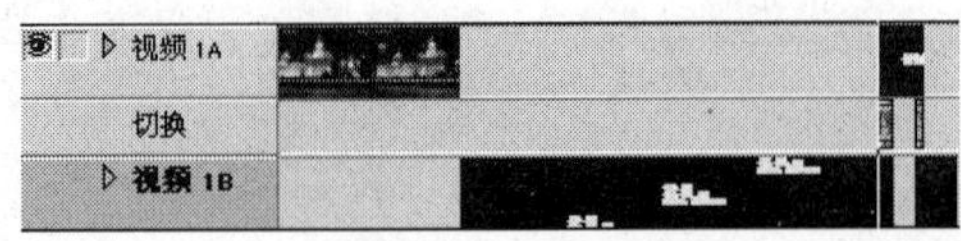

图 4-24 时间线

2) 动态字幕

(1) 菜单“文件”→“新建”→“字幕”命令，弹出“字幕设计工具”对话框，选择字幕类型为“垂直滚动”或者“水平滚动”，如图 4-25 所示。

(2) 输入文字，编辑文字。

(3) 在文件菜单中会出现“字幕”菜单，选择“滚动设置”。

(4) 在弹出的对话框中对滚动方式进行设置，如图 4-26 所示。

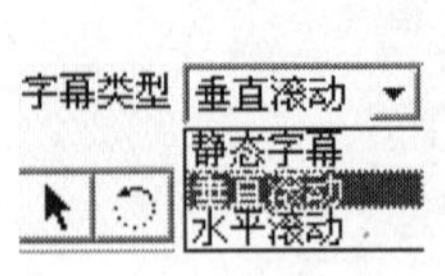

图 4-25 字幕类型

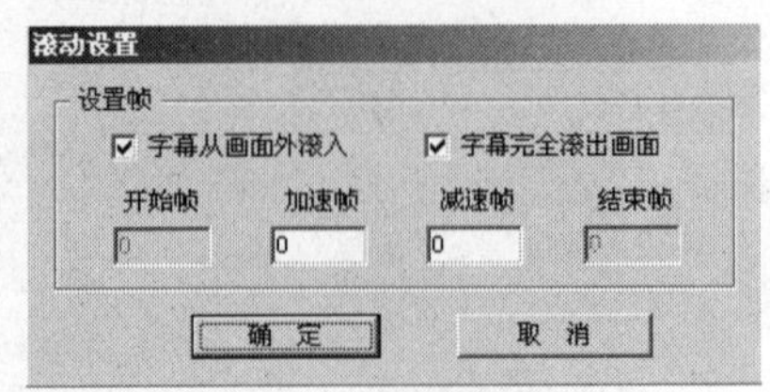

图 4-26 滚动设置

(5) 将编辑后的滚动字幕保存在素材库中，并拖动到时间线上所需位置。

3) 片头字幕

(1) 字幕的输入和编辑方法同以上(注意静态和动态字幕的区别)。

(2) 要将片头字幕拖放到时间线上视频 2 轨道的开始位置。

(3) 如果需要字渐渐消失，单击视频 2 前端的▽按钮，将视频 2 展开，选择下方的■按钮，添加关键帧。

(4) 在字幕视频下方会出现如图 4-27 所示的效果。

(5) 直接在红线上单击添加关键帧，如图 4-28 所示。

(6) 向下拖动最后关键帧节点到底部，如图 4-29 所示，即可形成文字渐渐消失的效果。

图 4-27　效果 1

图 4-28　效果 2

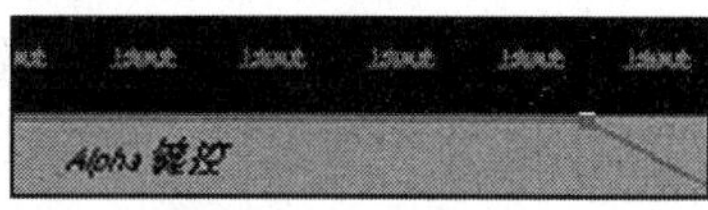

图 4-29　效果 3

7. 转场效果的添加

转场效果也称转场、切换、过渡，主要用于在影片中从前一个场景(以下称简 A)转换到后一个场景(以下称简 B)的过渡。现在 Premiere 中，提供了 9 类共 74 种转场效果。

添加转场效果的方法有：

(1) 选择工具窗口中的切换面板，在面板中的 9 类转场效果中。选择一种，如图 4-30 所示。

(2) 拖放到需要进行转场效果的 A/B 之间，效果如图 4-31 所示。

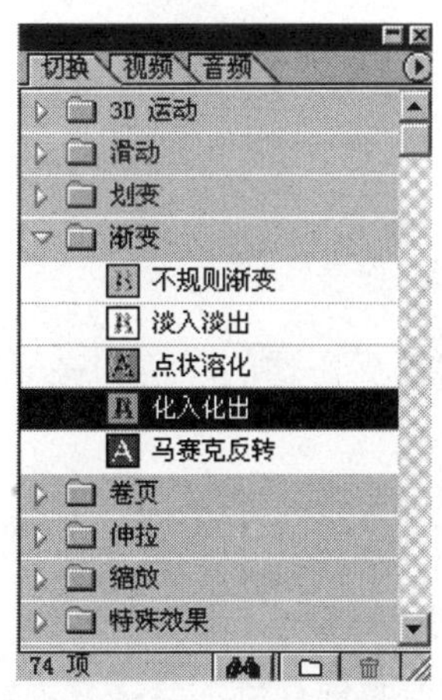

图 4-30　切换面板

图 4-31　转场效果

4.2　视频的数字化

视频数字化就是将视频信号经过视频采集卡转换成数字视频文件存储在数字载体——硬盘中。在使用时，将数字视频文件从硬盘中读出，再还原成为电视图像加以输出。需要指出的一点是视频数字化的概念是建立在模拟视频占主角的时代，现在通过数字摄像机摄录的信号本身已是数字信号，只不过需要从磁带上转到硬盘中，现在视频数字化的涵义更确切地指的是这个过程。对视频信号的采集，尤其是动态视频信号的采集需要很大的存储空间和数据传输速度。这就需要在采集和播放过程中对图像进行压缩和解压缩处理，一般都采用前面介绍过的压缩方法，不过是利用硬件进行压缩。目前大多使用的是带有压缩芯片的视频采集卡上。

数字视频的来源有很多，如来自于摄像机、录像机、影碟机等视频源的信号，包括从家用级到专业级、广播级的多种素材。还有计算机软件生成的图形、图像和连续的画面等。高质量的原始素材是获得高质量最终视频产品的基础。首先是提供模拟视频输出的设备，如录像机、电视机、电视卡等；然后是可以对模拟视频信号进行采集、量化和编码的设备，这一般都由专门的视频采集卡来完成；最后，由多媒体计算机接收和记录编码后的数字视频数据。在这一过程中起主要作用的是视频采集卡，它不仅提供接口以连接模拟视频设备和计算机，而且具有把模拟信号转换成数字数据的功能。图 4-32 为数字视频采集过程。

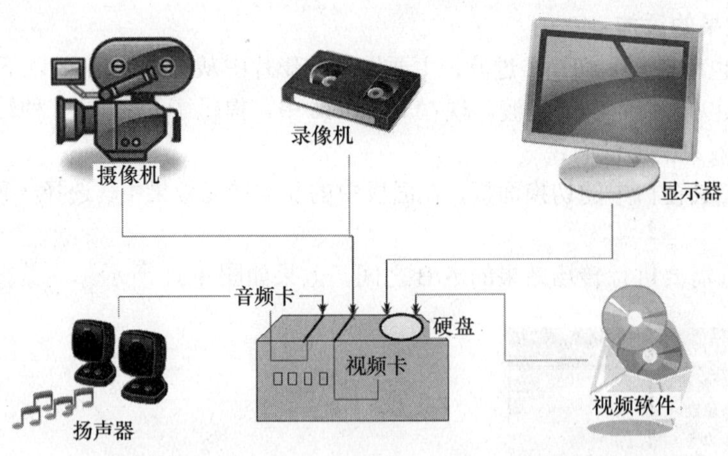

图 4-32 数字视频采集过程

数字视频就是先用摄像机之类的视频捕捉设备，将外界影像的颜色和亮度信息转变为电信号，再记录到储存介质(如录像带)。

数字视频结合了图形和音频的特征，为数字媒体产品创建了动态的内容。数字视频的内容是被计算机捕捉并数字化了的摄像机或电影胶片。通过把图形图像放在一起创建动画也可以获得数字视频。

视频内容从摄像机或者录像带上转到计算机上的过程叫做视频的数字化，或者采集。

视频信息的获取主要可分为两种方式：

(1) 通过数字化设备如数码摄像机、数码照相机、数字光盘等获得。

(2) 通过模拟视频设备如摄像机、录像机(VCR)等输出的模拟信号再由视频采集卡将其转换成数字视频存入计算机，以便计算机进行编辑、播放等各种操作。播放和转录既可以使用专门采集软件，也可以使用视频编辑软件，当采集完所有需要的内容之后，即可以开始编辑。

在第(2)种方法中，要使一台 PC 具有视频信息的处理功能，系统对硬件和软件还需如下要求：

视频(捕捉)卡：它将模拟视频信号转换成数字化视频信号。

视频存储设备：至少有 30MB 的自由硬盘空间或更多。

一个视频输入源：如视频摄像机、录像机或光盘驱动器，这些设备连到视频捕获板上。

视频软件：包括视频捕获、压缩，播放和基本视频编辑功能。

4.3 视频的捕获与处理方法

要获得自己需要的数字视频信息，首先要知道数字视频信息的获取途径或来源。一般来说，数字视频的获取途径主要有以下几种：

(1) 从视频文件中截取。这是获取数字视频信息的最直接且最简单的途径。如果需要VCD光碟中的一段现成的视频，利用超级解霸中的视频截取功能，把它截取下来即可。需要注意的是，不同格式的视频文件需要用不同的视频工具软件进行编辑。

(2) 把计算机生成的动画转换成视频文件。这也是获取数字视频信息的一种途径，如把FLC或GIF格式的动画转换成AVI等格式的视频。为什么动画文件能转换成视频文件格式呢？主要是因为视频文件的通用性，几乎所有的视频播放器都支持动画格式。

(3) 利用软件把静态图像或图形文件序列组合成视频文件序列。这也是获取数字视频信息的一种常用途径。例如，把一些照片扫描进计算机后，利用Premiere软件(一种视频信息编辑工具)制作成视频，配上音乐，做成MTV。

(4) 通过视频采集卡采集视频信息。这是一种比较复杂的视频获取方法，但是可以获得个性化的视频信息。

4.3.1 数字视频采集系统简介

获取个性化的数字视频信息需要特定的环境，这个环境就是数字视频采集系统。图4-33给出了数字视频采集系统的构成示意图。

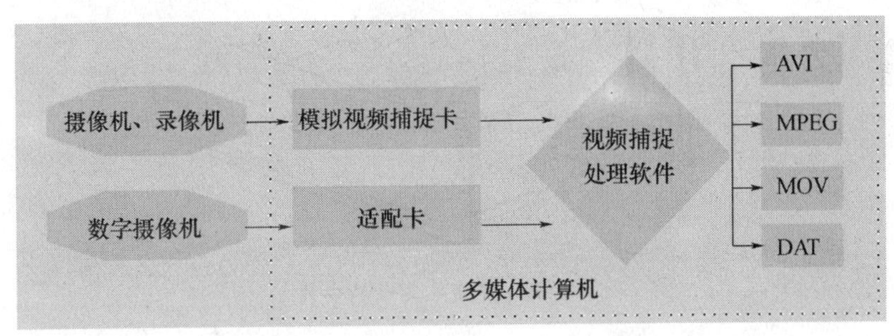

图 4-33 数字视频采集系统的构成

由图4-33可知，数字视频采集系统由三部分组成。

(1) 一组提供模拟视频输出的设备，如摄像机、录像机、数字摄像机等。

(2) 一组对模拟视频信号进行采集、量化和编码的设备，一般都由专门的视频采集卡来完成。

(3) 由多媒体计算机接收和编码存储后的数字视频数据。

在数字视频采集过程中，起主要作用的是视频采集卡，它不仅提供接口以连接模拟视频设备和计算机，而且具有把模拟信号转换成数字数据的功能。

4.3.2 视频采集卡简介

视频采集卡(Video Capture Card)又称视频捕捉卡，用它可以获取数字化视频信息，并将其存储和播放出来。很多视频采集卡，能在捕捉视频信息的同时获得伴音，使音频部分和视频部分在数字化时同步保存、同步播放。

视频采集卡的功能是将视频信号采集到计算机中，以数据文件的形式保存在硬盘上，是进行视频处理必不可少的硬件设备。通过它，可以把摄像机拍摄的视频信号从摄像带上转存到计算机中，利用相关的视频编辑软件，对数字化的视频信号进行后期编辑处理，如剪切画面、添加滤镜、字幕和音效、设置转场效果以及加入各种视频特效等，最后将编辑完成的视频信号转换成标准的 VCD、DVD 以及网上流媒体等格式，方便传播。

按照功能的不同划分，采集 DV(Digital Video)信号的卡为 1394 卡，采集模拟信号的卡习惯上叫采集卡，这里主要介绍模拟信号的采集。从使用用途上来分，视频采集卡分为广播级视频采集卡、专业级视频采集卡和民用级视频采集卡，它们档次的高低主要是采集图像的质量不同，区别主要是采集的图像指标不同。

4.3.3 视频采集的基本过程

1. 采集卡的安装和连接

采集卡同计算机的连接很简单，将计算机的机壳打开，从中找到机器主板上提供的 PCI 扩展卡插槽，将采集卡小心插入 PCI 扩展卡插槽中就可以了。如图 4-34 所示。

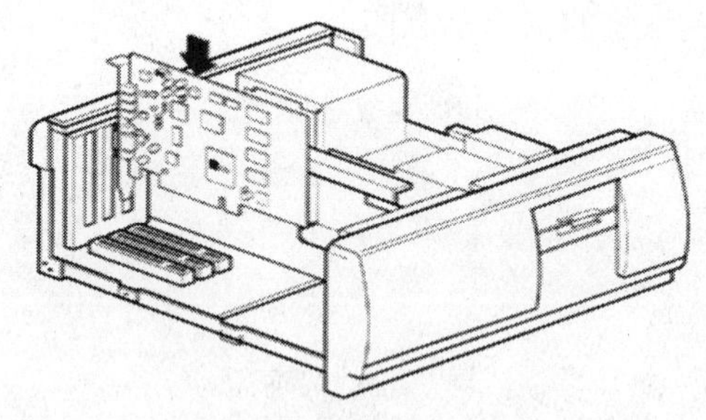

图 4-34 视频采集卡的安装

采集卡同外部信号源的连接相对比较复杂，其中 1394 接口的连接比较简单，只要利用 1394 连接线连接采集卡和数字摄像机的相应端口就可以了。与模拟视频源的连接时，要把摄像机和录像机的 Video Out 同卡上相应的 Video In 相连接，同时注意声音信号的连接。图 4-35 给出了采集卡同外设的连接示意图。

2. 安装驱动程序

正确连接视频采集设备是进行视频采集的前提，但是连接完硬件并不意味着就可以使用这种硬件了，还需要为其中的硬件设备安装驱动程序。所谓的驱动程序就是使设备正常工作的软件，找到视频采集卡的驱动程序后，在计算机中进行安装即可。

3. 视频采集

安装好视频采集的软硬件完成之后，就可以利用视频采集卡产品自带的视频编辑处

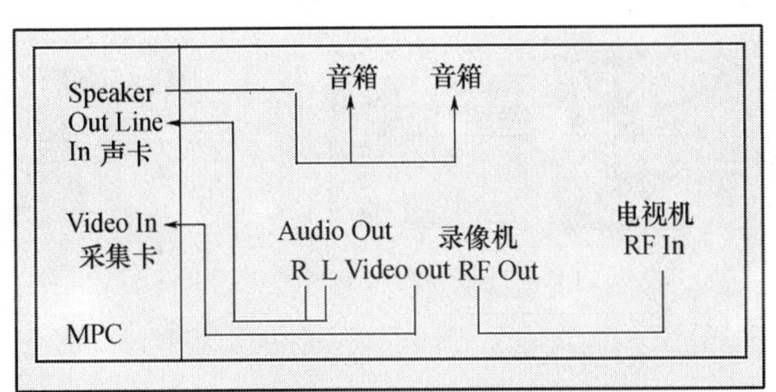

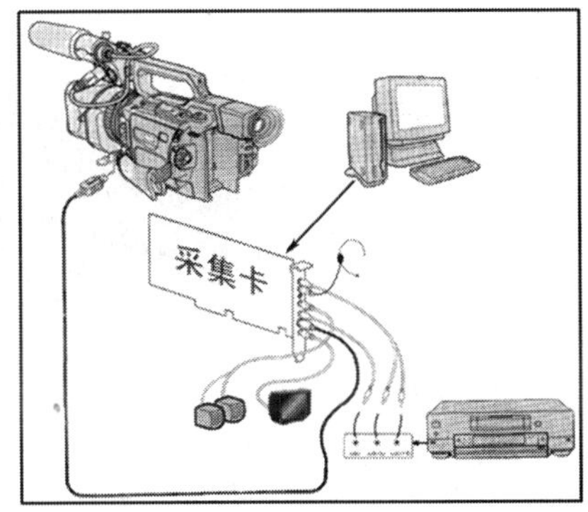

图 4-35 采集卡同外设的连接示意图

理软件进行视频信息的采集和加工了。一般来说，视频采集卡产品都会附带相应的视频采集加工程序，此类软件的功能基本相同。

下面以利用 Premiere 进行视频数字采集为例，介绍视频采集的一般过程。

(1) 把数字摄像机连接到 1394 接口，打开数字摄像机，并置于放像(VTR)模式，如图 4-36 所示。

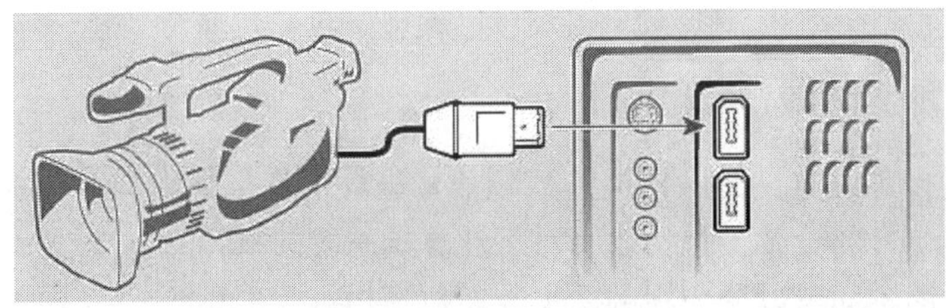

图 4-36 数字摄像机同计算机 1394 接口的连接示意图

(2) 启动 Premiere，在视频预设方案中选择 DV—PAL 的视频格式。

(3) 单机执行“File/Capture/Movie Capture”菜单命令打开视频采集界面，如图 4-37 所示，视频采集控制按钮如图 4-38 所示。

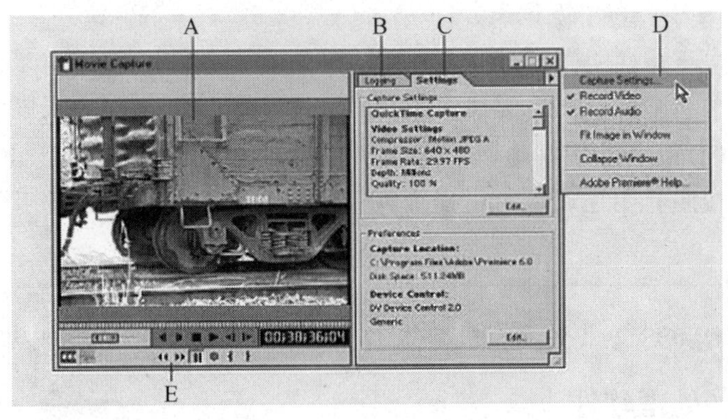

图 4-37 视频采集界面

A—预览区；B—日志面板；C—设置面板；D—视频捕获菜单；E—控制器。

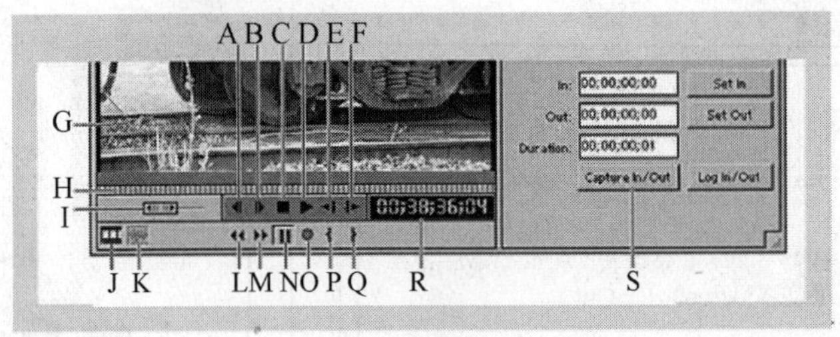

图 4-38　视频采集控制按钮

A—前一帧；B—下一帧；C—停止；D—播放；E—慢速回放；F—慢速播放；

G—预览区；H—微调控制；I—滑动控制；J—获取视频；K—获取声音；

L—倒带；M—快速前进；N—暂停；O—录制；P—入点；Q—出点；R—时间；S—入点到出点捕获。

利用预览功能选择所要采集的视频素材的内容，确定出点和入点后，单击“录制”按钮就可以采集所需要的视频信息了。

4.4　视频的捕获设备与处理软件

4.4.1　视频捕获硬件

视频捕获硬件可以定义为：模拟的视频信号进行采样量化最后形成计算机系统能识别和处理的数字信号的设备，包括自身对于计算机系统的接口。

按采集方式的不同可以分为视频采集卡和数字相机。

1. 视频采集卡

视频采集卡按照视频信号源，可以分为数字采集卡(使用数字接口)和模拟采集卡。

视频采集卡按照安装链接方式，可以分为外置采集卡(盒)和内置式板卡。

视频采集卡按照视频压缩方式，可以分为软压卡(消耗 CPU 资源)和硬压卡。

视频采集卡按照视频信号输入输出接口，可以分为 1394 采集卡、USB 采集卡、HDMI 采集卡、VGA 采集卡、PCI 视频卡。

视频采集卡按照其性能作用，可以分为电视卡、图像采集卡、DV 采集卡、计算机视频卡、监控采集卡、多屏卡、流媒体采集卡[1]、分量采集卡、高清采集卡、笔记本采集卡、DVR 卡、VCD 卡、非线性编辑卡(简称非编卡)。

视频采集卡按照其用途可分为广播级视频采集卡，专业级视频采集卡，民用级视频采集卡。

2. 数字相机

数字相机分 CMOS 工业数字相机、CCD 数字相机、千兆网工业相机和智能相机。

4.4.2　视频处理软件

视频制作软件是将图片、背景音乐、视频等素材经过非线性编辑后，通过二次编码生成视频的软件，除了简单的将各种素材合成视频，视频制作软件通常还具有添加转场特效、MTV 字幕特效、添加文字注释的功能，因此，视频制作软件也属于多媒体视频编辑软件的范畴。

1. 热门软件

1) After Effect

After Effects 是 Adobe 公司推出的一款视频处理软件，适用于从事专业设计和专业视频特技的机构，包括电视台、动画制作公司、个人后期制作工作室以及多媒体工作室等高端专业客户。而在新兴的用户群，如网页设计师和图形设计师等专业客户中，也开始有越来越多的人在使用 After Effects。属于层类型后期软件。

2) Adobe Premiere

Adobe Premiere 是一款常用的视频编辑软件，由 Adobe 公司推出，是一款编辑画面质量比较好的软件，有较好的兼容性，且可以与 Adobe 公司推出的其他软件相互协作。目前这款软件广泛应用于广告制作和电视节目制作中。

3) 会声会影

会声会影是一套操作简单的 DV、HDV 影片剪辑软件。具有成批转换功能与捕获格式完整的特点。

2. 功能特征

1) 视频文件导出

作为视频制作软件，最终生成模式必须为视频，导入视频而导出为其他模式的软件均不能称其为视频制作软件

2) 素材、特效的再加工

视频制作软件不仅仅是对素材的简单合成，还包括了对原有素材进行再加工，实现导出视频独特展示效果，譬如图片间的转场特效、MTV 字幕同步、字幕特效、简单的视频截取等。

3. 技术原理

视频制作软件其实是对图片、视频、音频等素材进行重组编码工作的多媒体软件。重组编码是将图片、视频、音频等素材进行非线性编辑后，根据视频编码规范进行重新编码，转换成新的格式，如 VCD、DVD 格式，这样图片、视频、音频无法被重新提取出来，因为已经转化为新的视频格式，发生质的变化。

视频制作软件的另一个重要技术特征在于，除了具有图片转视频的技术，优秀专业的视频制作软件还需具有为原始图片添加各种多媒体素材，实现制作出的视频图文并茂的展示，例如，为图片配音乐、添加 MTV 字幕效果各种相片过渡转场特效等。

4.5 本章小结

本章详细介绍了视频，并对视频信号进行了分类，主要介绍了有：平时生活中见到

的各种视频接口，包括 VGA 输入接口、DVI 输入接口、AV 接口、S 视频输入、HDMI 接口、BNC 端口；世界上主要使用的三种电视广播制式，即 PAL、NTSC 和 SECAM，其中，中国大部分地区使用 PAL 制式；一些常见的视频文件格式及它们的特点；数字视频的播放环境；如何使用 Premiere 进行简单的视频编辑；视频信息获取的主要方式；数字视频采集的过程等。

【思考题与习题】

一、思考题

1. 什么是视频？什么是视频处理？
2. 常见视频文件格式有哪些？
3. 视频信息的获取主要有那几种方式？
4. 简述视频采集的基本过程。

二、选择题

1. VCD 视频格式的压缩标准是________。

   A. MPEG-1　　B. MPEG-2　　C. M-JPEG　　D. AVI

2. DVD 视频格式的压缩标准是________。

   A. MPEG-1　　B. MPEG-2　　C. M-JPEG　　D. AVI

3. 以下几种软件不能播放视频文件的是________。

   A. Windows Media Player　　B. Flash MX 2004

   C. Adobe Photoshop　　D. Real player

4. 以下哪种文件格式不是视频文件________。

   A. *.MOV　　B. *.AVI　　C. *.JPEG　　D. *.RM

5. 以下________不是常用的声音文件格式。

   A. JPEG 文件　　B. WAV 文件　　C. MIDI 文件　　D. VOC 文件

6. 视频信息的最小单位是________。

   A. 比率　　B. 帧　　C. 赫兹　　D. 位(bit)

7. 多媒体信息不包括________。

   A. 音频、视频　　B. 声卡、光盘　　C. 动画、影像　　D. 文字、图像

8. 以下声音格式，没有压缩率的是________。

   A. VQF　　B. MIDI　　C. MP3　　D. WMA

9. 计算机中显示器、彩电等成像显示设备是根据是________三色原理生成的。

   A. RVG(红黄绿)　　B. WRG(白红绿)

   C. RGB(红绿蓝)　　D. CMY(青红黄)

10. 要将摄像机中的模拟视频信号存入到计算机中，必须使用到的关键设备是________。

    A. 显卡　　B. 声卡

    C. 视频采集卡　　D. 光驱

三、填空题

1. 世界上现行的彩色电视制式有________、________、________。

2. 视频信号是指________、________、________。

3. 视频采集卡又称________，用它可以获取数字化视频信息，并将其存储和播放出来。

4. 视频按采集方式的不同可以分为________、________。

第 5 章 动画处理技术

【学习目标】

(1) 了解计算机动画的基本工作原理、计算机动画的分类。

(2) 了解常用的动画制作软件。

(3) 掌握使用 Flash 二维动画工具制作简单的逐帧动画和渐变动画的方法。

(4) 熟悉元件和场景的运用。

(5) 掌握 ActionScript 脚本技术。

动画的英文有 animation、cartoon、animated cartoon、cameracature。其中，比较正式的“animation”一词源自于拉丁文字根的 anima，意思为灵魂；动词 animate 是赋予生命，引申为使某物活起来的意思。所以 animation 可以解释为经由创作者的安排，使原本不具生命的东西像获得生命一般的活动。

早期，中国将动画片称为美术片；现在，通称为动画片。

动画是一门幻想艺术，更容易直观表现和抒发人们的感情，可以把现实不可能看到的转为现实，扩展了人类的想象力和创造力。

广义而言，把一些原先不活动的东西，经过影片的制作与放映，变成活动的影像，即为动画。动画的中文叫法源自日本。第二次世界大战前后，日本称以线条描绘的漫画作品为动画。

动画是通过把人、物的表情、动作、变化等分段画成许多画幅，再用摄影机连续拍摄成一系列画面，给视觉造成连续变化的图画。它的基本原理与电影、电视一样，都是视觉原理。医学证明，人类具有“视觉暂留”的特性，就是说人的眼睛看到一幅画或一个物体后，在 0.1s 内不会消失。利用这一原理，在一幅画还没有消失前播放下一幅画，就会给人造成一种流畅的视觉变化效果。因此，电影采用了每秒 24 幅画面的速度拍摄和播放，电视采用了每秒 25 幅(PAL 制)或 30 幅(NTSC 制)画面的速度拍摄、播放。如果以每秒低于 10 幅画面的速度拍摄播放，就会出现停顿现象。

时至今日，动画媒体已经包含了各种形式，但不论何种形式，它们具体有一些共同点：其影像是以电影胶片、录像带或数字信息的方式逐格记录的；另外，影像的“动作”是被创造出来的幻觉，而不是原本就存在的。

动画发展到现在，分二维动画和三维动画两种，用 Flash 等软件制作成的就是二维动画，而三维动画则主要是用 Maya 或 3dsMax 制作成的。尤其是 Maya 软件近年来在国内外漩起三维动画、电影的制作狂潮，涌现出一大批优秀的、震撼的三维动画电影，如《玩具总动员》、《海底总动员》、《超人总动员》、《怪物史莱克》、《变形金刚》等。

本章将对计算机动画、各种动画制作软件、Flash 的发展与应用等相关概念及技术进行介绍。

5.1 计算机动画的基本概念

计算机动画，是指采用图形与图像的处理技术，借助于编程或动画制作软件生成一系列的景物画面，其中当前帧是前一帧的部分修改。计算机动画是采用连续播放静止图像的方法产生物体运动的效果。如今计算机动画的应用十分广泛，它能让应用程序更加生动，增添多媒体的感官效果，还应用于游戏的开发、电视动画制作、创作吸引人的广告、电影特技制作、生产过程及科研的模拟等。

计算机动画的关键技术体现在计算机动画制作软件及硬件上。

计算机动画制作软件目前很多，不同的动画效果，取决于不同的计算机动画软、硬件的功能。虽然制作的复杂程度不同，但动画的基本原理是一致的。

5.2 计算机常用的动画技术

计算机动画分为二维动画和三维动画。

二维动画也称为 2D 动画。借助计算机二维位图或者是矢量图形来创建修改或者编辑动画。制作上和传统动画比较类似。许多传统动画的制作技术被移植到计算机上，如渐变、变形、洋葱皮技术、转描机等。二维电影动画在影像效果上有非常巨大的改进，制作时间上却相对以前有所缩短。现在的二维动画在前期上往往仍然使用手绘然后扫描至计算机或者是用数写板直接绘制作在计算机上(考虑到成本，大部分二维动画公司采用铅笔手绘)。然后在计算机上对作品进行上色的工作。而特效，音响音乐效果，渲染等后期制作则几乎完全使用计算机来完成。常用二维动画软件有以下几种：

Animator Studio：基于 Windows 系统下的一种集动画制作、图像处理、音乐编辑、音乐合成等多种功能为一体的二维动画制作软件。

Flash：交互动画制作工具，在网页制作及多媒体课程中应用。

Retas：日本生产的一种计算机二维动画软件。

Pegs：法国生产的一种计算机二维动画软件。

三维动画也称为 3D 动画。基于三维计算机图形来表现。有别于二维动画，三维动画提供三维数字空间利用数字模型来制作动画。这个技术有别于以前所有的动画技术，给予动画者更大的创作空间。精度的模型，和照片质量的渲染使动画的各方面水平都有了新的提高，也使其被大量的用于现代电影之中。三维动画几乎完全依赖于计算机制作，在制作时，大量的图形计算机工作会因为计算机性能的不同而不同。三维动画可以通过计算机渲染来实现各种不同的最终影像效果。包括逼真的图片效果，以及二维动画的手绘效果。三维动画主要的制作技术有建模、渲染、灯光阴影、纹理材质、动力学、粒子效果(部分二维软件也可以实现)、布料效果、毛发效果等。著名的三维动画工作室包括皮克斯、蓝天工作室、梦工厂等。三维软件包括 3dsMax，Maya，LightWave 3D，Softimage XSI 等。

5.3 Flash 动画制作

5.3.1 常用动画制作软件

随着对媒体技术的广泛使用，使用计算机来制作动画变得越来越普遍，图形、图像制作，编辑软件的介入极大地方便了动画的绘制，降低了成本消耗，减少了制作环节，提高了制作效率。对于二维的动画，创作时可以使用 Adobe ImageReady、Gif Animator、Flash 等，对于三维动画的制作可以使用 3ds Max、Maya、Softimage 等软件。下面介绍几种常用的动画制作软件。

1. COOL 3D 简介

COOL 3D 是 Ulead 公司推出的一款三维立体字制作工具，专门用做三维文字动态效果的文字动画软件软件，主要用于制作影视字幕和界面标题。

这款软件具有操作简单的优点，它采用的是模板式操作，使用者可以直接从软件的模板库里调用动画模板来制作文字三维动画，只需先用键盘输入文字，再通过模板库挑选合适的文字类型，选好之后双击即可应用效果，同样，对于文字的动画路径和动画样式也可从模板库中进行选择，十分简单、易行。

2. Ulead GIF Animator

Ulead Gif Animator 是一款专门用作平面动画制作的软件，操作、使用都十分简单，比较适合非专业人士使用，这款软件提供“精灵向导”，使用者可以根据向导的提示一步一步地完成动画的制作，同时，它还提供了众多帧之间的转场效果，实现画面间的特色过渡。

这款软件的主要输出类型是 Gif，因此主要用于一些简单的标头动画的制作。

3. FireWorks

Adobe Fireworks CS4 是 Adobe 公司推出的一款网页作图软件，软件可以加速 Web 设计与开发，是一款创建与优化 Web 图像和快速构建网站与 Web 界面原型的理想工具。Fireworks CS4 不仅具备编辑矢量图形与位图图像的灵活性，还提供了一个预先构建资源的公用库，并可与 Adobe Photoshop CS4、Adobe Illustrator CS4、Adobe Dreamweaver CS4 和 Adobe Flash CS4 软件省时集成。在 Fireworks 中将设计迅速转变为模型，或利用来自 Illustrator、Photoshop 和 Flash 的其他资源，然后直接置入 Dreamweaver CS4 中轻松地进行开发与部署。

5.3.2 Flash 制作动画的基本操作

Flash 是 Adobe 公司推出的世界主流多媒体网络交互动画工具软件，设计人员和开发人员可以用它来创建演示文稿、应用程序和其他允许用户交互的内容;可以通过添加图片、声音、视频和特殊效果，构建包含丰富媒体的 Flash 应用程序。

Flash 广泛使用矢量图形，所以其文件格式非常小，特别适合通过因特网在网上传播。位图图像中的每个像素都需要由一组单独的数据来表示，这样一张位图图像就包含了庞大的数据集。与位图图形相比，矢量图形需要的内存和存储空间小很多，因为它们是以数学公式而不是大型数据集来表示的。

1. 安装与启动 Flash 8.0

安装完成后，启动 Flash 8.0 界面如图 5-1 所示。

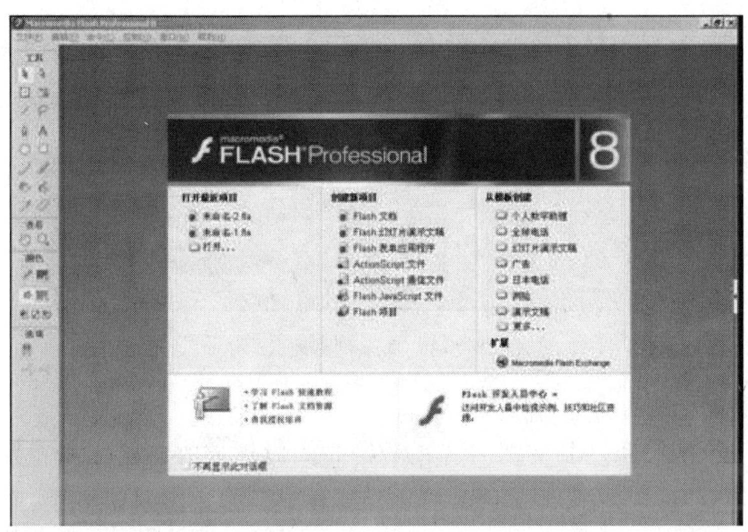

图 5-1　Flash 启动界面

2. 熟悉 Flash 的工作环境

要创建动画，用户首先要了解它的工作环境，了解一些基本的概念，如舞台、图层、帧与关键帧。本节主要介绍这方面的情况。

启动 Flash，并在“开始”页中选择一项，就可进入 Flash 的工作环境。如图 5-2 所示为 Flash 8.0 的工作界面，主要有舞台、主工具栏、工具箱、时间轴、属性面板和多个控制面板等几个部分。

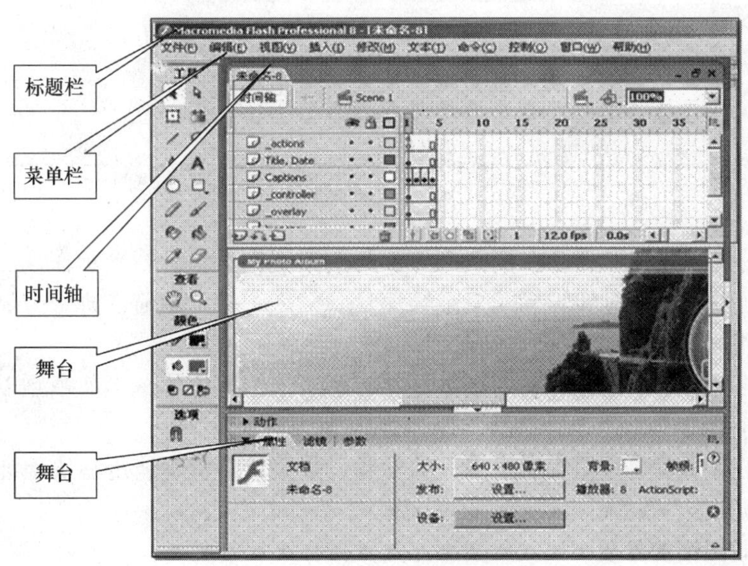

图 5-2　Flash 工作界面

3. 舞台视图缩放(图 5-3)

(1) 用放大工具可以直接对图片进行缩放。

(2) 要用指定的比例放大或缩小舞台，可选择“视图”→“缩放比率”→“符合窗口大小”菜单。

(3) 要用指定的比例放大或缩小舞台，可选择“视图”→“缩放比率”菜单，并从弹出的子菜单中选择合适的缩放百分比。

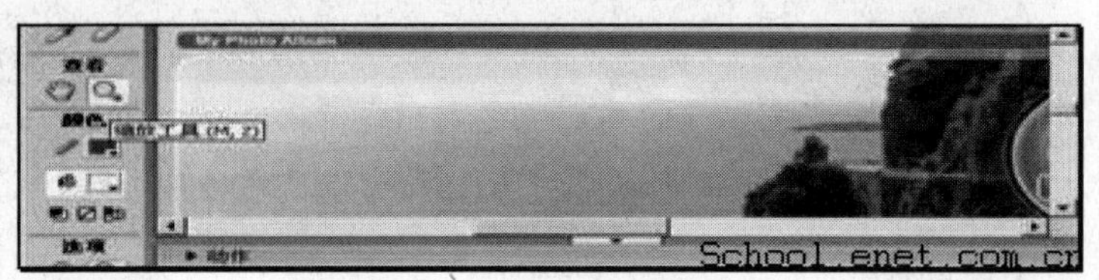

图 5-3　舞台视图缩放

4. 使用时间轴

时间轴用于组织和控制文档内容在一定时间内播放的图层数和帧数。与胶片一样，Flash 文档也将时长分为帧。图层就像堆叠在一起的多张幻灯胶片一样，每个图层都包含一个显示在舞台中的不同图像。时间轴的主要组件是图层、帧和播放头。如图 5-4 所示。

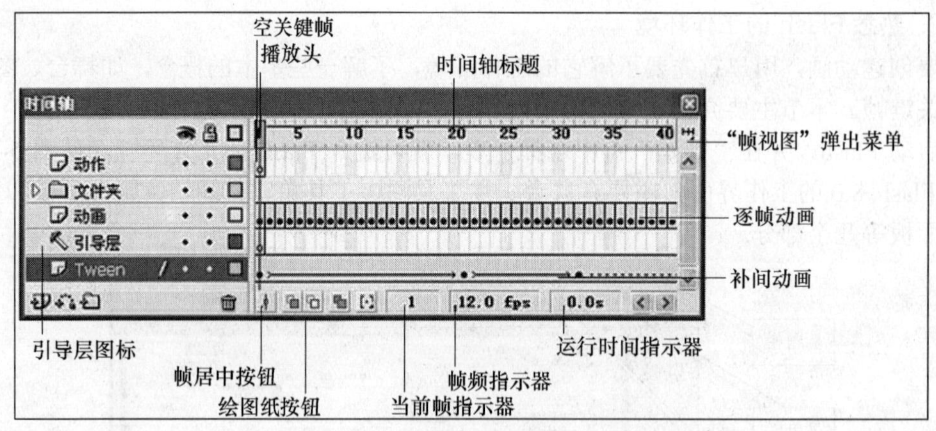

图 5-4　时间轴

文档中的图层列在时间轴左侧的列中。每个图层中包含的帧显示在该图层名右侧的一行中。时间轴顶部的时间轴标题指示帧编号。播放头指示当前在舞台中显示的帧。播放 Flash 文档时，播放头从左向右通过时间轴。

当时间轴状态显示在时间轴的底部，它指示所选的帧编号、当前帧频以及到当前帧为止的运行时间。

注意：在播放动画时，将显示实际的帧频；如果计算机不能足够快地计算和显示动画，则该帧频可能与文档的帧频设置不一致。

5. 更改时间轴的外观

默认情况下，时间轴显示在主应用程序窗口的顶部，在舞台之上，如图 5-5 所示。要更改其位置，可以将时间轴停放在主应用程序窗口的底部或任意一侧，或在单独的窗口中显示时间轴。也可以隐藏时间轴。

图 5-5　时间轴

可以调整时间轴的大小，从而更改可以显示的图层数和帧数。如果有许多图层，无法在时间轴中全部显示出来，则可以通过使用时间轴右侧的滚动条来查看其他的图层。

停放时间轴要将时间轴标题栏拖动到应用程序窗口的一个边缘。按住 Ctrl 键拖动时将禁止时间轴停放。

拖动时间轴中分隔图层名和帧部分的栏可进行其增减。

要调整时间轴的大小可将时间轴停放在主应用程序窗口，请拖动分隔时间轴和舞台区域的栏。

6. 使用帧和关键帧

关键帧是这样一个帧：用户在其中定义了对动画的对象属性所做的更改，或者包含了 ActionScript 代码以控制文档的某些方面。Flash 可以在定义的关键帧之间补间或自动填充帧，从而生成流畅的动画。因为关键帧可以实现不用画出每个帧就可以生成动画，所以能够更轻松地创建动画。在时间轴中拖动关键帧可以轻松更改补间动画的长度。

7. 在时间轴中处理帧

在时间轴中，可以处理帧和关键帧，将它们按照用户想让对象在帧中出现的顺序进行排列。可以通过在时间轴中拖动关键帧来更改补间动画的长度。

可以对帧或关键帧进行如下修改：

(1) 插入、选择、删除和移动帧或关键帧。

(2) 将帧和关键帧拖到同一图层中的不同位置，或是拖到不同的图层中。

(3) 复制和粘贴帧和关键帧，将关键帧转换为帧。

(4) 从“库”面板中将一个项目拖动到舞台上，从而将该项目添加到当前的关键帧中。

8. 图层的使用

图层就像透明的醋酸纤维薄片一样，在舞台上一层层地向上叠加。图层可以帮助用户组织文档中的插图。可以在图层上绘制和编辑对象，而不会影响其他图层上的对象。如果一个图层上没有内容，那么就可以透过它看到下面的图层。要绘制、上色或者对图层或文件夹进行修改，需要在时间轴中选择该图层以激活它。时间轴中图层或文件夹名称旁边的铅笔图标表示该图层或文件夹处于活动状态。一次只能有一个图层处于活动状态(尽管一次可以选择多个图层)。当创建了一个新的 Flash 文档之后，它仅包含一个图层。可以添加更多的图层，以便在文档中组织插图、动画和其他元素。可以创建的图层数只受计算机内存的限制，而且图层不会增加所发布的 SWF 文件的大小。只有放入图层的对象才会增加文件的大小。可以隐藏、锁定或重新排列图层。还可以通过创建图层文件夹然后将图层放入其中来组织和管理这些图层。可以在时间轴中展开或折叠图层文件夹，而不会影响在舞台中看到的内容。对声音文件、ActionScript、帧标签和帧注释分别使用不同的图层或文件夹，有助于在需要编辑这些项目时快速地找到它们，如图 5-6 所示。

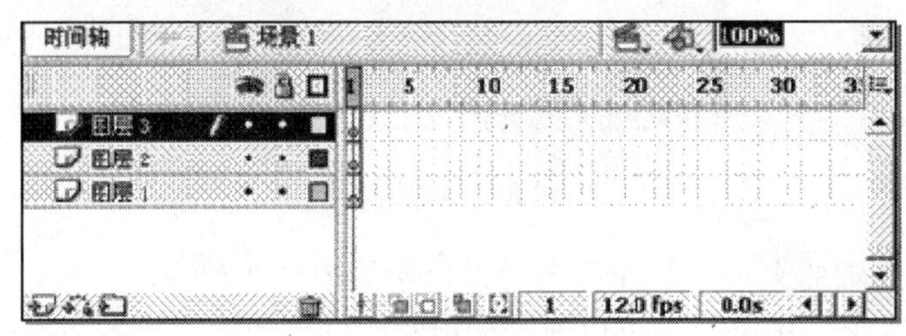

图 5-6 图层的使用

1) 创建图层和图层文件夹

在创建了一个新图层或文件夹之后，它将出现在所选图层的上面。新添加的图层将成为活动图层。新文件夹将出现在所选图层或文件夹的上面。

2) 查看图层和图层文件夹

在工作过程中，可能需要显示或隐藏图层或文件夹。时间轴中图层或文件夹名称旁边的红色 X 表示它处于隐藏状态。在发布 Flash SWF 文件时，FLA 文档中的任何隐藏图层都会保留，并可在 SWF 文件中看到。为了区分对象所属的图层，可以用彩色轮廓显示图层上的所有对象。可以更改每个图层使用的轮廓颜色。也可以更改时间轴中图层的高度，从而在时间轴中显示更多的信息(如声音波形)。还可以更改时间轴中显示的图层数。

3) 使用网格、辅助线和标尺

Flash 可以显示标尺和辅助线，以精确地绘制和安排对象。可以在文档中放置辅助线，然后使对象贴紧至辅助线；也可以打开网格，然后使对象贴紧至网格。

4) 使用辅助线。如果显示了标尺，可以将水平和垂直辅助线从标尺拖动到舞台上。可以移动、锁定、隐藏和删除辅助线，也可以使对象贴紧至辅助线，更改辅助线颜色和贴紧容差(对象与辅助线必须有多近才能贴紧至辅助线)。Flash 允许创建嵌套时间轴。仅当在其中创建辅助线的时间轴处于活动状态时，舞台上才会显示可拖动的辅助线。可以在当前编辑模式(文档编辑模式或元件编辑模式)下清除所有辅助线。如果在文档编辑模式下清除辅助线，则会清除文档中的所有辅助线。如果在元件编辑模式下清除辅助线，则会清除所有元件中的所有辅助线。

5) 使用“库”面板

“库”面板(图 5-7)是存储和组织在 Flash 中创建的各种元件的地方，它还用于存储和组织导入的文件，包括位图图形、声音文件和视频剪辑。使用“库”面板可以组织文件夹中的库项目，查看项目在文档中使用的频率，并按类型对项目排序。其窗口菜单如图 5-8 所示。

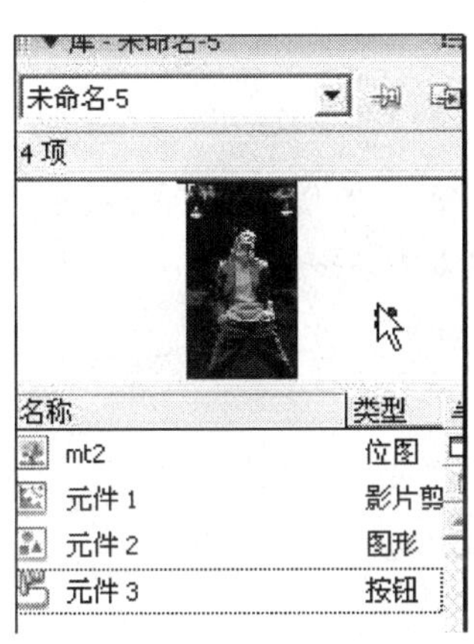

图 5-7　库面板

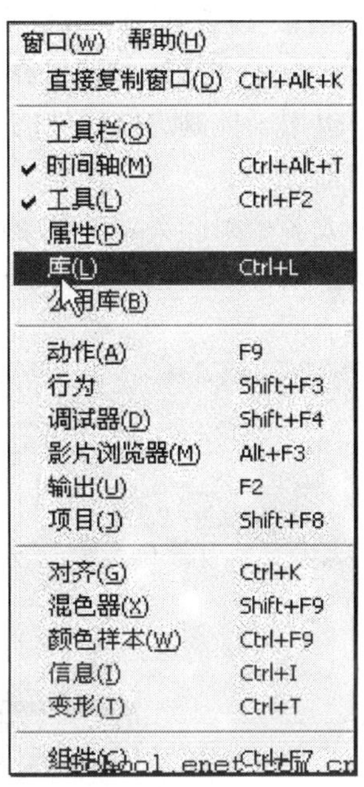

图 5-8　窗口菜单

6) 使用“动作”面板

使用“动作”面板(图 5-9)可以创建和编辑对象或帧的 ActionScript 代码。选择帧、按钮或影片剪辑实例可以激活“动作”面板。取决于所选的内容，“动作”面板标题也会变为“按钮动作”、“影片剪辑动作”或“帧动作”。其窗口菜单如图 5-10 所示。

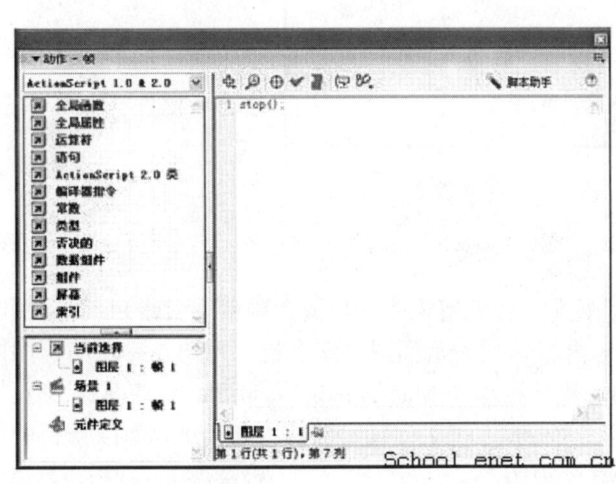

图 5-9　动作面板

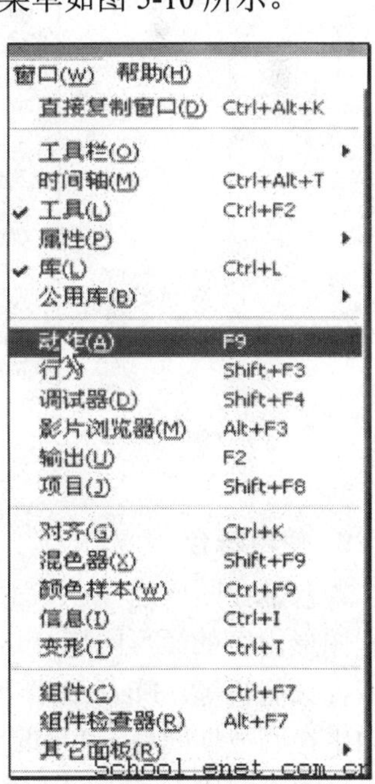

图 5-10　窗口菜单

7) 使用“属性”检查器

使用“属性”检查器(图 5-11)可以很容易地访问舞台或时间轴上当前选定项的最常用属性，从而简化了文档的创建过程。可以在“属性”检查器中更改对象或文档的属性，而不用访问也用于控制这些属性的菜单或面板。取决于当前选定的内容，“属性”检查器可以显示当前文档、文本、元件、形状、位图、视频、组、帧或工具的信息和设置。当选定了两个或多个不同类型的对象时，“属性”检查器会显示选定对象的总数。其窗口菜单如图 5-12 所示。

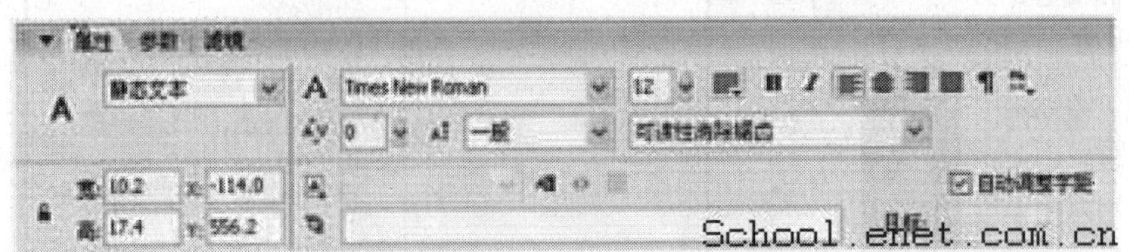

图 5-11 属性检查器

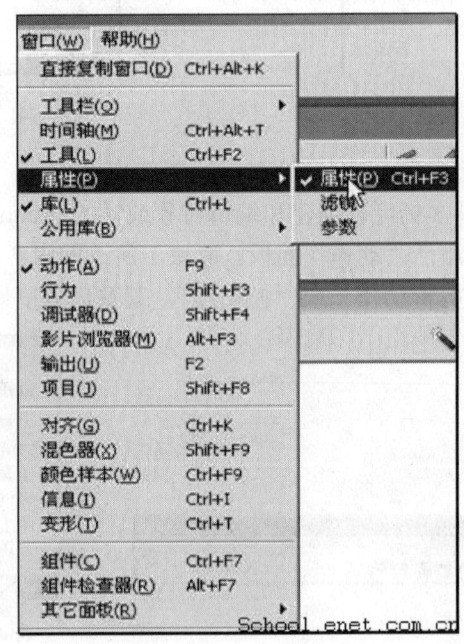

图 5-12 窗口菜单

9. 使用舞台

舞台是在回放过程中显示图形、视频、按钮等内容的位置。舞台是创建 Flash 文档时放置图形内容的矩形区域，这些图形内容包括矢量插图、文本框、按钮、导入的位图图形或视频剪辑等。Flash 创作环境中的舞台相当于 MacromediaFlash Player 或 Web 浏览器窗口中在回放期间显示 Flash 文档的矩形空间。在工作时可以放大和缩小以更改舞台的视图。如图 5-13 所示是一个放大了的舞台视图。

图 5-13 舞台视图

5.3.3 Flash 中元件和场景的运用

元件是一种特殊的对象，它只需创建一次，可在整个文件中重复使用，这也是 Flash 动画文件小的原因之一。Flash 8 中的元件有图形、按钮和影片剪辑三种类型，不同的元件类型适用于不同的环境。其中，图形元件用于制作动画中的静态图形；按钮元件用于创建响应鼠标事件的交互式按钮，有“弹起”、“指针经过”、“按下”和“单击”四个状态帧，可以在各状态帧中创建不同的内容；影片剪辑元件用于创建可以重复使用的动画片段。

场景其实是一段相对独立的动画序列，整个 Flash 动画可以由一个或多个场景组成，如图 5-14 所示的“黄昏 MTV”动画是由两个场景组成的。当一个 Flash 动画有多个场景时，该动画将按照场景的顺序进行播放。

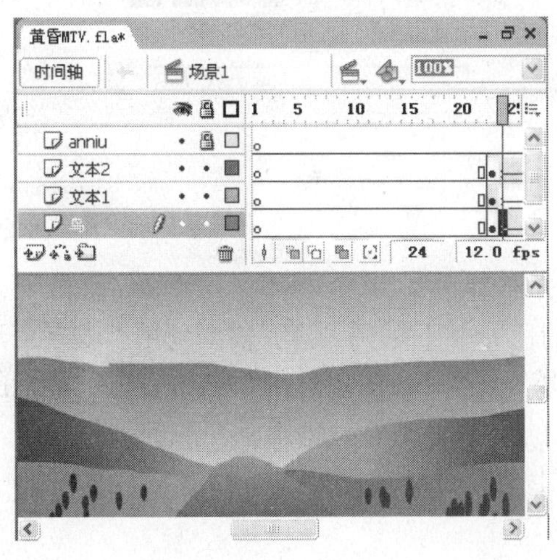

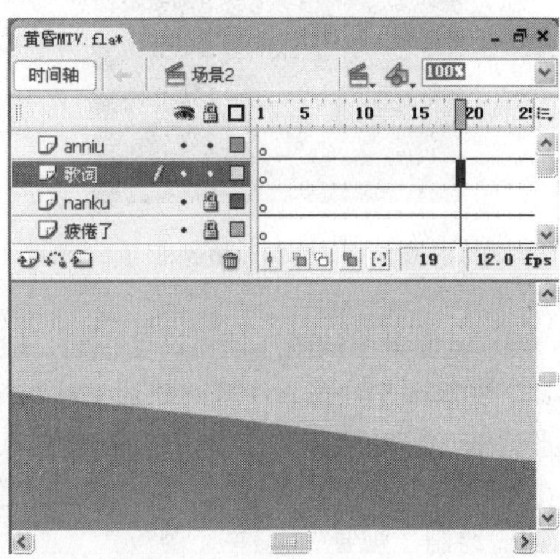

图 5-14 “黄昏 MTV”动画的两个场景

实例：学习用 Flash8 制作蜡烛。

1. 绘制“烛焰”元件

(1) 新建一个 Flash 8 影片文档。设置舞台背景颜色为蓝色，其他保持默认设置。

(2) 执行“插入”→“新建元件”命令，或者按快捷键 Ctrl+F8，弹出“创建新元件”对话框，在“名称”文本框中输入元件名称为“烛焰”，选择“类型”为“图形”。如图 5-15 所示。

图 5-15　新建图形元件

(3) 单击“确定”按钮，进入到“烛焰”元件的编辑场景。使用“椭圆工具”绘制一个仅有边框无填充色的椭圆，使用“选择工具”调整，如图 5-16 所示。

(4) 执行“窗口”→“混色器”命令，填充样式设为放射状。在渐变条上将左边色标设置为白色，并拖动到偏右方以加大白色在整个渐变色中的比例。将右边色标设置为黄色，如图 5-17 所示。

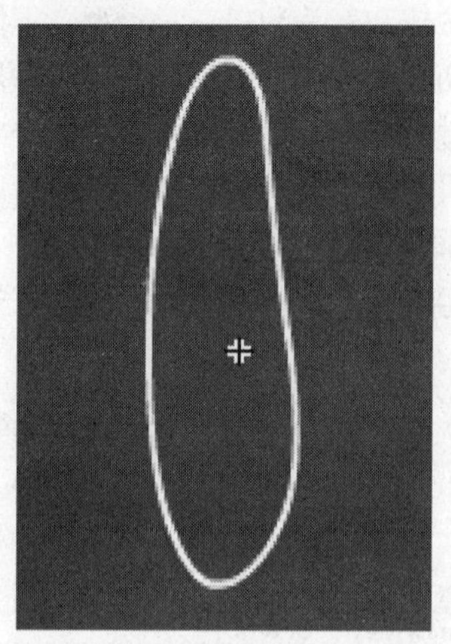

图 5-16　绘制烛焰边框

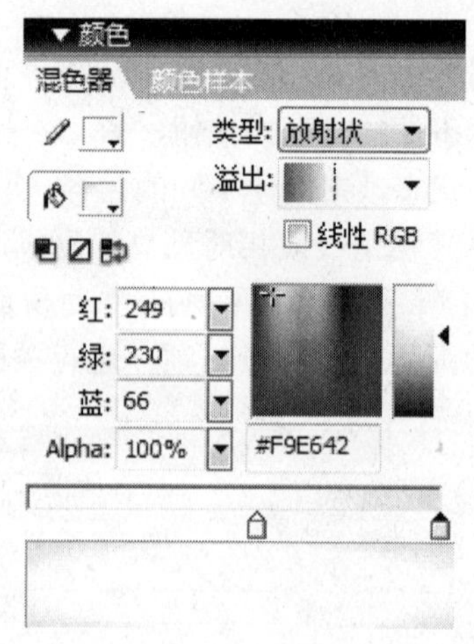

图 5-17　混色器设置

(5) 将场景中的图形填充渐变色后，烛焰的色彩并不尽如人意，需要使用“填充变形工具”进行调整。选择“填充变形工具”→“填充色”，会出现一个边上带有三个手柄的环形边框。用鼠标分别按住中心的圆圈或边上的手柄里推外拉、上下左右的进行调整，现在将烛焰的颜色调整为上下略带一点黄色，上边黄色略多，如图 5-18 所示。

2. 绘制“烛身”元件

(1) 执行“插入”→“新建元件”命令，或者按快捷键 Ctrl+F8，弹出“创建新元件”对话框，在“名称”文本框中输入元件名称为“烛身”，选择“类型”为“图形”。

(2) 单击“确定”按钮，进入到“烛身”元件的编辑场景。使用“椭圆工具”绘制一个仅有边框无填充色的椭圆，使用“选择工具”略加调整，并使用“任意变形工具”进行旋转，如图 5-19 所示。

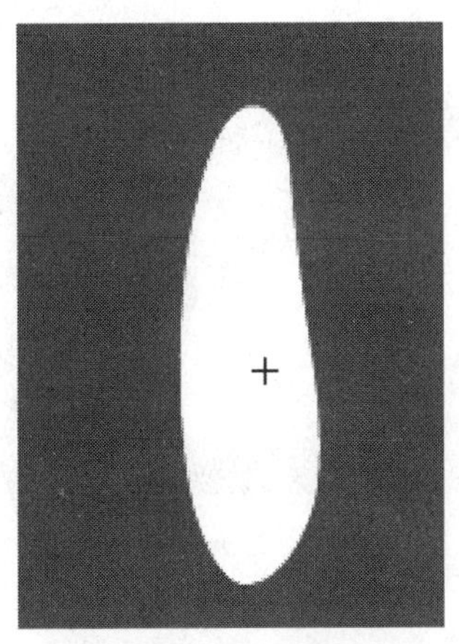

图 5-18　调整填充色

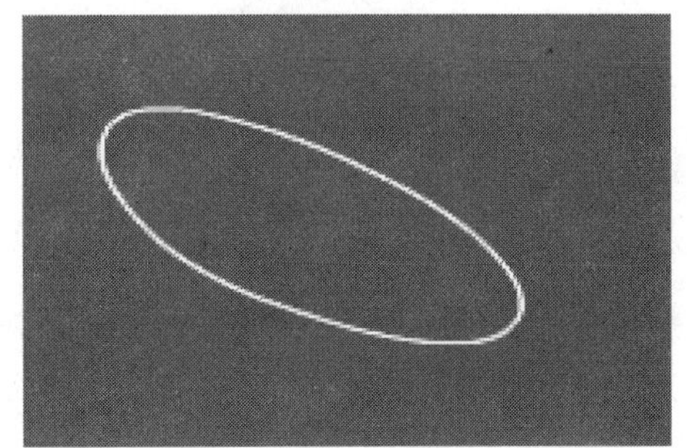

图 5-19　绘制烛身元件

(3) 打开“混色器”面板，填充样式设为放射状。在渐变条上将左边色标设置为黄色(#F5DD38)，并拖动到偏右方；将右边色标设置为红色(#F76648)，如图 5-20 所示。

(4) 填充渐变色后，使用“填充变形工具”调整，如图 5-21 所示。

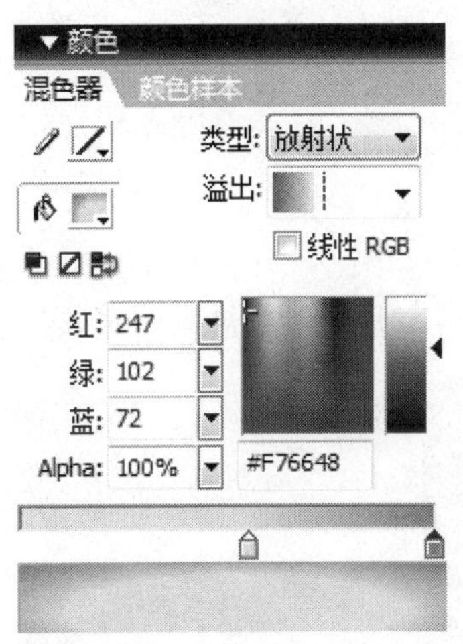

图 5-20　设置填充色

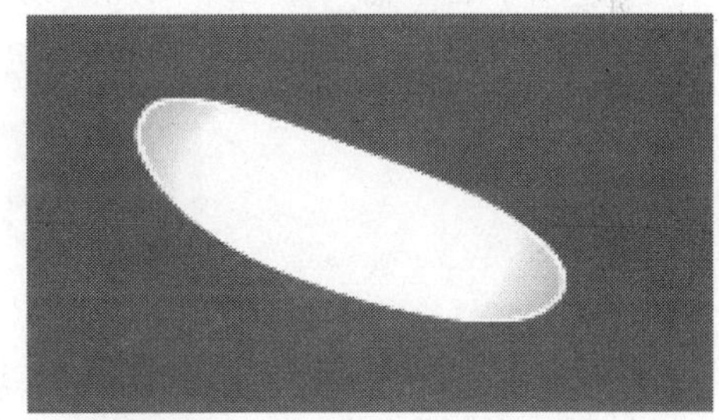

图 5-21　调整填充色

(5) 为使烛身更漂亮，在刚刚作好的图形旁边画一个无边框的椭圆，颜色填充设置如图 5-22 所示。左边色标设置为#F76648，右边色标设置为#F5DD38。

(6) 椭圆画好后用“任意变形工具”调整倾斜，如图 5-23 所示。

(7) 使用“选择工具”将画好的椭圆拖放到烛身上，如图 5-24 所示。

(8) 选择“刷子工具”，在选项中将刷子大小选择略小一点的笔刷，填充色设为淡黄色，在烛身上添加高光，删除边框线条，完成烛身元件造型。如图 5-25 所示。

图 5-22 设置填充色

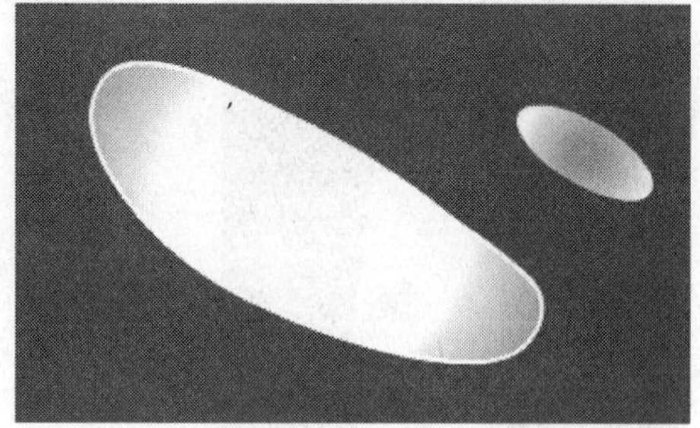

图 5-23 绘制椭圆

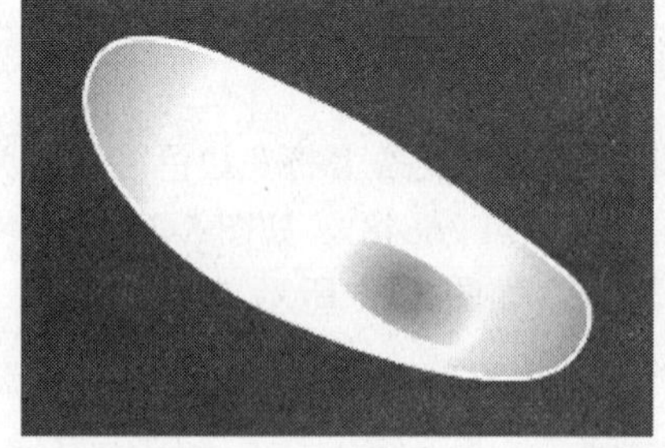

图 5-24 调整椭圆位置

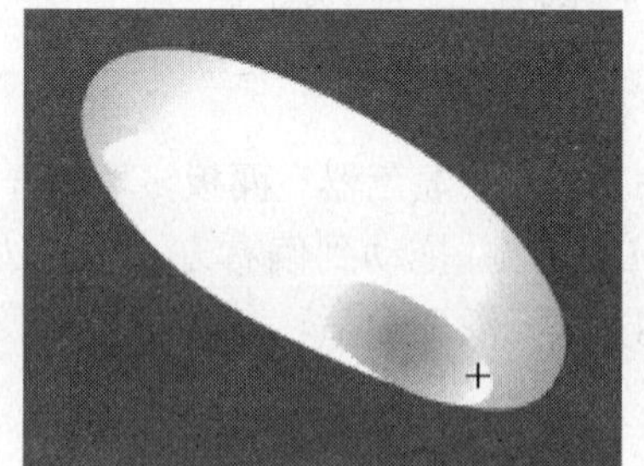

图 5-25 绘制高光

3. 组装“蜡烛”元件

(1) 新建一个名字为“蜡烛”的图形元件，进入到这个元件的编辑场景中。

(2) 将烛身与烛焰合成在“蜡烛”元件中，如图 5-26 所示。蜡烛制作完成。

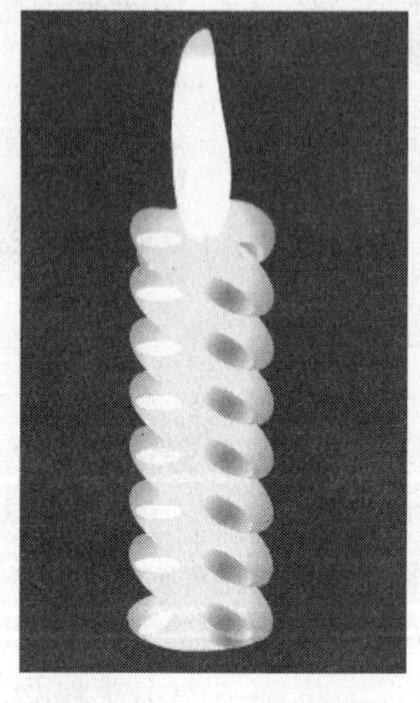

图 5-26 “蜡烛”元件

5.3.4 Flash 中声音的运用

Flash 提供了许多使用声音的方式。可以使声音独立于时间轴连续播放，或使动画与一个声音同步播放。还可以向按钮添加声音，使按钮具有更强的感染力。另外，通过设置淡入淡出效果还可以使声音更加优美。由此可见，Flash 对声音的支持已经由先前的实用，转到了现在的既实用又求美的阶段。

1. 将声音导入 Flash

只有将外部的声音文件导入到 Flash 中以后，才能在 Flash 作品中加入声音效果。能直接导入 Flash 的声音文件主要有 WAV 和 MP3 两种格式。另外，如果系统上安装了 QuickTime4 或更高的版本，就可以导入 AIFF 格式和只有声音而无画面的 QuickTime 影片格式。

将声音导入 Flash 动画中步骤如下。

(1) 新建一个 Flash 影片文档或者打开一个已有的 Flash 影片文档。

(2) 执行“文件”→“导入”→“导入到库”命令，弹出“导入到库”对话框，在该对话框中，选择要导入的声音文件，单击“打开”按钮，将声音导入。

(3) 声音导入后，可以在“库”面板中看到刚导入的声音文件，今后就可以像使用元件一样使用声音对象了。

2. 引用声音

将声音从外部导入 Flash 中以后，时间轴并没有发生任何变化。必须引用声音文件，声音对象才能出现在时间轴上，才能进一步应用声音。

5.3.5 Flash 中声音的控制

声音是多媒体的重要组成元素，恰当、灵活地运用声音往往是多媒体作品的成败关键。Flash 作为人们喜爱的多媒体工具，其声音的使用方式也丰富多样，下面简要介绍在 Flash 中使用声音的几种情况。

1. 在时间轴中使用声音

这是 Flash 中声音最常使用的方式，任何一本 Flash 教材都会讲到这个问题，所以只作简单说明。

在设置一个关键帧后，只要导入了声音文件，在帧属性面板都能进行该帧的声音设置。声音的同步属性(Sync)主要有以下几种：

(1) 事件(Event)。用这种方式设置的声音会独立于时间轴播放，只要没有用其他方式中止，它会一直播放下去直到结束，其最大优点是可以用来设置一些类似循环的播放效果，只要把它后面的循环属性(Loop)设置得足够大。

(2) 开始(Start)。其特点是，当该帧开始播放，将停止动画中前面帧调用的声音，只播放当前帧中的声音。

(3) 停止(Stop)。设置后，将立即停止播放当前帧的声音。

(4) 数据流(Stream)。设置后，会使动一的播放与声音同步，如果动画下载速度跟不上声音，将跳过相关帧而保持与声音同步。另外，如果在播放中设置了(Stop)动画停止，声音也将停止；但如果使用 play()语句，声音又将从停止处接着播放。

2. 用 ActionScript 语句调用声音

Flash 提供了强大的脚本编辑功能，几乎能与一些专门的编程语言相媲美，在多媒体方面可谓更胜一筹，用 Flash 脚本语言调用声音，在无论是效果还是灵活性，都值得一试。

1) 加入声音

导入外部声音，不按 Ctrl+L 键，弹出“库窗口”，选中导入的声音，单击鼠标右键，在弹出菜单中选择“链接”菜单项，弹出“链接属性”对话框，先选中“为动作脚本导出”复选框，此时对话框上部的“标识符”一栏将变得可用，在其中输入其标识名，在此假设输入为“sd”，此标识将在程序中作为该声音的标志，故多个声音不得使用同一个标识符。

在 Flash 时间轴上的第一帧输入以下语句：

```
mysong=new Sound()
mysong.attachSound(″sd″)
```

以上语句先定义一个声音事件 mysong，再用 mysound.attachSound(″sd″)语句将库中的声音附加到此声音事件上。

2） 声音的播放与停止

在需要播放的帧加入“mysong.start()”语句可让声单播放。

需要停止时，加入“mysong.stop()”语句即可。

3) 调用外部声音文件

Flash 可以在播放时动态加载外部 MP3 文件，此方法既为多媒体设计提供了更大的灵活性，也能有效地减小作品所占的磁盘空间。实现方法如下(假设同目录下有 music.mp3 文件)：

```
mysong=new Sound()
mysong.loadSound("music.mp3"，false)
```

说明：第一行语句建立一个声音事件或声音流，第二行将 music.mp3 加载到声音事件事声音流上，loadSound()语句中的 false 为可选能数，为 false 时表示 mysound 为声音事件，为 true 时表示 mysound 为声音流，建议使用声音事件，以便于控制；如果使用声音流，则声音停止后将不能再用 mysond.start()播放。

3. 声音循环播放

前面说过，在时间轴上设置关键帧的声音同步属性为 Event 时，输入足够大的循环次数，可使声音产生类似循环播放的效果，但是，这种循环仅是类似而已，一者次数再多，总有播放完毕的时候；二者一旦停止，就很难再次播放。下面介绍一种用代码实现的真正循环，而且，还可用一个按钮实现声音的播放和停止。

在时间轴的第一帧加入如下代码：

```
mysong=new Sound()
mysong.attachSound("sd")
mysong.onSoundComplete=function(){
mysong.start()}
```

以上代码的第三行是实现循环的关键，它创建了在调用 onSoundComplete 事件时执行的函数，onSoundComplete 为声音播放完毕时自动调用的事件，这样，当声音播放完毕后自动执行 mysong.start()，使声音不断播放。如果声音播放时被代码停止(mysong.stop())，声音是不会重复播放的。

将以上代码加入到一个按钮的动作中并稍加改动，便成为一个控制声音播放与停止的切换按钮。

先在时间轴第一帧代码后加上：

“mysong.play()//” 使声音在动画开始时播放。

然后在时间轴上插入一个新层，在上面放一个按钮，选中按钮，按快捷键“F9”，调出动作编辑窗口，输入以下代码：

```
on(release){
soundkey=-soundkey            // 使变量值为原值相反数
if(soundkey==1){
mysong.stop()
mysong.start()
}                             // 如果 soundkey 值为正，则播放声音，mysong.stop()使声音停止
                                 后再播，以免声音产生叠加，影响效果
if(soundkey==-1){
mysong.stop()
}                             //如果 soundkey 值为负，则声音停止
```

5.4 ActionScript 脚本技术

ActionScript 是 Flash 内置的编程语言，用它为动画编程，可以实现各种动画特效、对影片的良好控制、强大的人机交互以及与网络服务器的交互功能。

ActionScript 是一门吸收了 C++、Java 以及 JavaScript 等编程语言部分特点的新的语言。ActionScrip 使用英文单词和元件提供了一种为 Flash 影片设置指令的方法。它的存在确保了 Flash 影片较之普通的按照线性模式播放的动画具备强大得多的人机交互能力。

可以为时间轴中的关键帧、按钮和影片剪辑添加 ActionScript。选中这些关键帧、按钮和影片剪辑，打开其动作面板，可以看到它们都添加了哪些脚本。

5.4.1 Flash 中的程序

交给计算机执行的指令集称为程序。程序的另一个名称叫做脚本。从现在开始，将这些指令集统称为脚本。

脚本都必须有它的运行环境，就 ActionScript 来说，它的运行环境就是 Flash 影片。ActionScript 可以指挥 Flash 影片该做什么。在某些情况下，ActionScript 还可以指挥操作系统和浏览器等。

短的脚本可以只有一行，长的脚本可以长达几千行。它们可以作用于 Flash 影片的一个部分，也可以贯穿影片始终。有人把使用了脚本的整个 Flash 影片看做一个程序，也有人把影片中单独出现的脚本看做一个程序。这两种看法都正确，因为一个单独的程序也可以被定义成若干小程序。

5.4.2 ActionScript 起源

ActionScript 是从多种程序语言中深化而来的。Flash 遵从 ECMA(European Computer Manufacturers Association，欧洲计算机工业协会)制定的标准，因此 ActionScript 与 ECMAScript(ECMA 开发的一种语言)极其相似。所以与其说 ActionScript 建立在 JavaScript 的基础上，不如说 ActionScript 和 JavaScript 都建立在共同的基础之上。

Flash 具备交互功能，它的早期版本已能够利用简单的脚本实现不太复杂的导航和按钮。同时，Flash 还是一种矢量动画工具，它的发展是与对它的应用需求分不开的，如说网页设计者需要一种工具来制作体积更小的图像，由于矢量图是由线条和填充色构成的，而不是像位图一样由像素构成，所以它能够大大缩减文件大小，正顺应了网页设计者的需求，使许多系统配置低的用户也能够访问和浏览他们的网页。

Flash 早期版本中的脚本非常简单，直到 Flash 4，才具有了标准的程序结构，如条件结构、循环结构等。但是 Flash 脚本仍然需要使用下拉菜单和空白文本框添加，几乎还不能叫做一种编程语言。

真正的 ActionScript 到了 Flash 5 才出现，程序员可以直接键入程序并将程序添加给需要作用的元素。Flash 更大地扩展了 ActionScript，现在的 ActionScript 提供了多达 300 余种命令、函数、运算符和结构，这才真正成为一种成熟的程序语言。

5.4.3 初识 ActionScript

脚本是由英语单词、数学符号和函数构成的，下面是一个 ActionScript 的例子：

```
on (press) {
gotoAndPlay ("my frame");
}
```

Flash 影片可以包含若干场景，每个场景都有时间轴，每条时间轴从第 1 帧开始。如果不添加 ActionScript，Flash 影片会自动从场景 1 的第 1 帧开始播放，直到场景 1 的最后一帧，然后接着播放场景 2，以此类推。

ActionScript 的主要目的就是用来改变这种自动而死板的线性播放行为，一段脚本可以使影片在一个特定的帧上停止，循环播放前面的部分，甚至于让用户控制要播放哪一帧。ActionScript 能够使影片完全脱离被动的线性播放模式。

这还不是 ActionScript 的所有功能，它还可以将 Flash 影片从简单的动画改变为具有交互能力的计算机程序。ActionScript 能实现如下一些基本功能。

(1) 控制播放顺序。可以通过选择某个菜单将影片暂停在某个位置，然后决定下一步干什么，这就避免让影片径直朝前播放。

(2) 创建复杂动画。直接使用 Flash 中的绘图工具和基本命令来创建足够复杂的动画是相当困难的，但是使用脚本可以创建复杂的动画。例如可以用 ActionScript 控制一个球在屏幕中无休止的跳动，并且可以使它的动作遵从物理学中的重力定律。如果不用 ActionScript 来实现这样的动画，那么就需要几千帧来模仿相似的动作，而用 ActionScript，只需要一帧。

(3) 响应用户输入。可以通过影片向用户提出问题并接收答案，然后将答案信息用于影片中或将其传送到服务器。加入了相应ActionScript的Flash影片更适合做网页中的表单。

(4) 从服务器获取数据。与向服务器传送数据相反，使用ActionScript也可以从服务器中获取数据，也可以获取即时信息并将它提供给用户。

(5) 计算。ActionScript可以对数值进行计算，模拟出各种复杂的计算器。

(6) 调整图像。ActionScript 可以在影片播放时改变图像的大小、角度、旋转方向以及影片剪辑元件的颜色等，还可以从屏幕中复制或删除对象。

(7) 测试环境。可以用 ActionScript 测试 Flash 影片的播放环境，如获取系统时间和Flash Player的版本信息等。

(8) 控制声音。ActionScript 可以方便地控制声音的播放，甚至控制声音的声道平衡和音量等。

5.4.4 ActionScript应用位置

初学ActionScript的Flash爱好者最想问的问题恐怕是“ActionScript应该放在哪里？”

Flash是一种复杂的多媒体编辑环境，如果使用过Flash，或者看过Flash CS附带的教程，就会知道Flash中的一些基本术语或元素。在Flash的元素中有三个地方可以放置脚本。

1. 时间轴

Flash影片中的每个场景都有时间轴，时间轴上的每个关键帧都可以放置脚本。并且，可以在每一个关键帧的不同层上放置不同的脚本。

在主时间轴中放置脚本之前，需要先选择一个关键帧。启动Flash时，时间轴中有一个空白关键帧，选中这个关键帧后，可以打开动作面板，查看里面的脚本或者开始编写脚本。

有几种方法可以打开动作面板。你可以选择“窗口”→“动作”命令，或者按快捷键F9。

如果熟悉Flash复杂的影片浏览器，也可以在影片浏览器中查看整个Flash影片所用到的脚本。打开影片浏览器的快捷键是Alt+F3。

如图5-27所示即为Flash CS4的动作面板。该动作面板被命令为“动作—帧”，这是因为其中的脚本将作用在帧上。如果是新建的一个影片，动作面板将是空的。

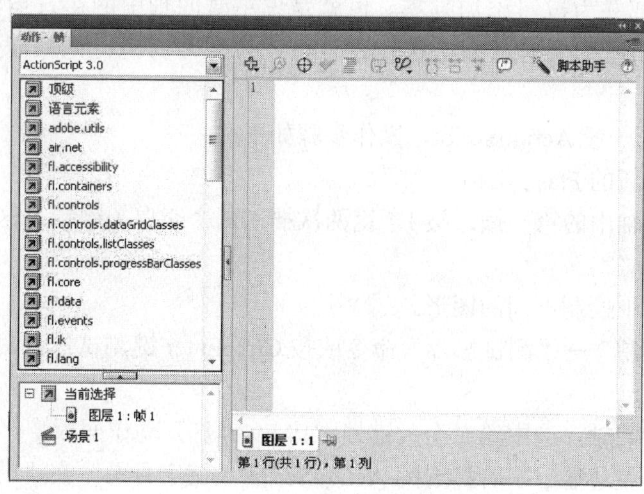

图 5-27 Flash“动作面板”

时间轴中的脚本将在 Flash 影片播放到脚本所在的关键帧位置时自动执行。例如，如果为某一关键帧添加了 stop()命令，当影片播放到那一帧位置时就会自动停止。要让影片继续播放，只有在其他的脚本中添加相应的命令。

在时间轴中添加脚本还有一个好处就是方便在 ActionScript 中使用函数。函数是可以重复使用的脚本代码，要想使整个影片都可以调用脚本中的函数，就必须将函数放置在主时间轴中。

2. 按钮

Flash 中的元素又称为元件(symbol)。元件主要有三种：图形(graphic)、影片剪辑(movie clip)和按钮(button)。图形元件不能承载脚本，它们只能是简单的静态或动态图像。影片剪辑与图形元件类似，但是它可以承载脚本。

按钮可以承载脚本。事实上，如果没有脚本，按钮几乎不会发挥什么作用。

要为按钮添加脚本，首先要在舞台中选中按钮，然后选择“窗口”→“动作”命令或按快捷键 F9 打开动作面板。

与帧动作面板相对应，选中按钮时动作面板的标题是“动作—按钮”。

也可以为其他鼠标动作添加相应的脚本，如鼠标进入和移出按钮区域，按钮也可以响应按键动作，这使得用户可以方便地为按钮设置快捷键。

3. 影片剪辑

影片剪辑不同于图形元件，可以为影片剪辑命名，为影片剪辑添加脚本。为影片剪辑添加脚本的方法与按钮类似。

为影片剪辑添加的脚本可以用来控制影片剪辑自身或控制时间轴中的其他影片剪辑。使用脚本可以判断影片剪辑出现在屏幕中的什么位置，也可以用来控制影片剪辑的重复播放等，进而控制整个动画。

除了可以为影片剪辑添加脚本，还可以在影片剪辑内部添加脚本。影片剪辑其实也是一个单独的 Flash 影片，在影片剪辑中有一条单独的时间轴，可以像在主时间轴中添加脚本一样在影片剪辑内部的时间轴中添加帧动作脚本。同样地，也可以将按钮放置到影片剪辑内部并为按钮添加脚本。也就是说主时间轴中的影片剪辑里面有子影片剪辑，子影片剪辑里面又有按钮，按钮中也可以有影片剪辑，如果需要，都可以为它们添加脚本。

下面来编写第一段 ActionScript。操作步骤如下：

(1) 创建一个新的 Flash 文档。

(2) 选中时间轴中的第一帧，按 F7 键两次插入两个空白关键帧，这时时间轴中应有三个空白关键帧。

(3) 在每一帧中绘制不同的图形。

(4) 选择“控制”→“测试影片”命令或按 Ctrl+Enter 键测试影片，影片将在这三个帧之间循环播放。

(5) 回到主时间轴，选中第二个关键帧，按 F9 键打开动作面板。

(6) 动作面板左边显示了可扩展的 ActionScript 关键字目录。在“动作”→“影片控制”目录下面找到关键字 stop 并双击，脚本窗口将添加如下语句：

stop();

(7) 关闭动作面板，按 Ctrl+Enter 键测试影片，播放第一帧和第二帧后影片会停止，第三帧不写出现。

ActionScript 发挥了作用，它成功地阻止了影片无休止地循环播放这三帧。

5.4.5 程序基本结构

计算机程序是由命令、函数、运算符、条件和循环等结构组成的。命令是为计算机下达的一系列指令，函数执行计算和返回值，通过运算符将若干数据以某种特定的方式结合起来，条件测试一个或多个值以返回一个为 true 或 false 的布尔值，循环结构使得程序能够重复执行一系列相同的指令。

变量是存储数据的容器，变量有变量名和变量值。

编程是一项需要耐心的工作，首先必须理解要用程序解决什么样的问题，然后需要将这个问题分解成若干步骤，将每个步骤再分成更小的步骤，直到每个步骤都小得很容易解决了为止。

程序编写好后，可能会存在许多漏洞或缺陷，所以还需要对程序进行调试，直到程序能正确运行为止。

1. 命令、函数和运算符

1) 命令

此前，都用关键字来描述 ActionScript 中的元素，如关键字 gotoAndPlay，它也是一个命令。

命令是 ActionScript 中用来告诉 Flash 所要执行的特定操作的元素。之所以称为命令，就是因为它将被严格地执行，如果要用 gotoAndPlay 跳转到一个不存在的帧，这样的命令就不能被执行。

命令是程序中最基本的元素，在 Flash 中如果不使用命令，几乎不能进行任何操作。

2) 函数

函数是 ActionScript 中用来执行计算和返回结果的元素。例如，一个特定的函数可以计算并返回一个指定数的平方根。

命令和函数都可以使用参数。参数就是传递给命令或函数的一个值。如 gotoAndPlay 命令就至少需要一个帧编号或帧标签作为参数。求平方根的函数也需要一个数值作为参数。

3) 运算符

与命令和函数不同的是运算符，它们主要是一些符号，而不是字母。例如，+运算符执行两数相加的操作。

2. 变量

要编写复杂的计算机程序往往需要存储很多的信息。有时可能只需要存储很短暂的时间，例如，如果需要重复执行 10 次相同的命令，就需要对命令的执行次数进行记数，直到满 10 次为止。

所有的编程语言都使用变量来存储信息。一个变量由两部分构成：变量名和变量的值。

1) 变量名

变量名通常是一个单词或几个单词构成的字符串，也可以是一个字母。要尽可能地为变量指定一个有意义的名称。

例如，如果用变量存储用户的姓名，则用 userName 作为变量名将是一个很好的选择。如果用 n 做变量名，似乎太短了一点；如果使用 name，又可能与影片中其他对象的名称相混淆。

在 ActionScript 中为变量指定变量名时已经形成了一种不成文的规范，就是变量名通常以小写字母开头，当一个新单词出现时，大写这个新单词的第一个字母，如 userName，长一点的例子如 currentUserFirstName。

变量名中不允许出现空格，也不允许出现特殊符号，但是可以使用数字。

2) 变量类型

用变量可以存储不同类型的数据。数字是最简单的变量类型。

在变量中可以存储两种不同类型的数字：整数和浮点数。整数没有小数点部分，如 117、-3685。浮点数有小数点部分，如 0.1、532.23、−3.7。

在变量中也可以存储字符串，字符串就是由字符组成的序列，可以是一个或多个字符，甚至可以没有字符，即空字符串。

可以使用引号定义字符串，使其与其他变量相区别。如 7 是一个数字，而“7”则是一个字符串，这个字符串由一个字符“7”组成。

在别的编程语言中，可能需要在程序的开头部分提前定义程序中要用到的变量的具体类型，但在 ActionScript 中不需要预先声明变量，而是直接使用它们，Flash 在第一次遇到它们的时候会自动为它们创建变量。

另外，变量所能存放的数据类型也没有严格的限定，某一变量可以在一个位置存放字符串，而在另一个位置存放数字。这种灵活性并不是经常用得到，但是它可以让程序员们少一些不必要的担心。

ActionScript 程序员不必担心的另一个问题是废弃变量的空间回收问题。即不需要使用一个变量的时候，可能需要收回该变量占用的存储空间。大多数现代的计算机语言如 ActionScript 都可以自动回收空间。

除数字和字符串类型外还有一些别的变量数据类型。例如，数组可以存放一系列的数据而非单个数据。

3. 条件

程序本身并不能作出抽象的决定，但是它可以获取数据，并对数据进行分析比较，然后根据分析结果执行不同的任务。

例如，要检查用户输入的名字并确定其至少包含三个字母。程序需要做的事情就是对用户名作出判断，如果是三个或更多的字母，就执行一种操作；如果不足三个字母则执行另一种操作。

这里，作出一个决定需要两步，第一步是检查条件是否满足，如果名称符合三个字母的长度，条件满足，则称条件的值为真(true)；条件不满足，则称条件的值为假(false)。所有的条件都必须是两个值中的一种，要么为真，要么为假，这种数据类型称为布尔(boolean)类型。

决定的第二步是根据条件为真或为假的情况选择要执行哪些代码。有时只有一个选项，当条件为真时执行该选项；如果条件为假，将不执行任何代码。有时会有两个相对的选项，条件为真和假时分别执行不同的代码。

例如，如果想让计算机根据一个变量的值是 1、2 或 3 执行三种不同的任务，可以这样表达：

如果变量的值等于 1，执行命令 1；

如果变量的值等于 2，执行命令 2；

如果变量的值等于 3，执行命令 3。

条件总是建立在比较之上的，可以比较两个变量的值以判断它们是否相等；或者判断一个是否大于另一个，或是小于另一个。如果变量是字符串类型，可以比较它们按字典顺序排列时的先后次序。

4. 循环

循环在每种编程语言中都是一个很重要的部分，ActionScript 也不例外。可以指定一条指令执行给定的次数，或者令其执行到满足指定的条件为止。

事实上，条件是循环中的重要组成部分，整个循环只需要一个开始点、一个结束点和一个标志循环结束的条件。

例如，循环 10 次，使用一个变量从 0 开始计数。每循环一次，计数加 1。当计数变量达到 10 时，循环结束，程序继续执行循环以后的部分。下面的内容代表了一个标准的循环结构：

(1) 循环以前的命令。

(2) 循环开始，计数变量置 0。

(3) 循环中的命令。

(4) 计数变量加 1。

(5) 如果计数变量小于 10，执行步骤(3)。

(6) 循环以后的命令。

在上面的步骤中，步骤(1)只执行 1 次，步骤(2)表示循环的开始，步骤(3)～步骤(5)都将执行 10 次，当循环结束后，执行步骤(6)及以后的部分。

5.4.6 ActionScript 实例

在编写脚本时，会用到各种各样不同的关键字和符号，为便于熟悉脚本的构成，下面先介绍一个真实的例子。

这是一段作用于按钮的脚本，当用户单击按钮时(确切地说是松开按下的按钮时)执行它。其中没有包含特殊的函数，但是它体现了 ActionScript 的主要结构。

```
on (release) {
var myNumber = 7;
var myString ="Flash ActionScript";
for (var i=0; i<myNumber; i++) {
trace(i);
if (i + 3 == 8) {
```

```
trace(myString);
}
}
}
```

脚本的第一行表明当用户松开按下的按钮时执行大括号中的语句。on (release)结构只能用于按钮，其他相关的几种用法有 on(press)、on(rollOver)、on(rollout)、on(dragOver)、on(dragOut)等。

第一行末尾的大括号“{”表示一段相对独立的代码段的开始。从“{”到与之相对的“}”之间的代码是一个整体，它们都从属于按钮的 release 事件。

请注意，大括号之后的代码较之第一行有一个制表符(按一次 Tab 键)的缩进，其后的每行代码与之具有相同的缩进程度，直到一个新的大括号开始，在新大括号后的语句会比前面的语句增加一个制表符的缩进，以此类推，这种特点与其他编程语言是类似的。Flash 会自动将你添加的代码设置成正确的缩进样式。

代码的第一行创建一个名为 myNumber 的局部变量，并将该变量的值设置为 7。下面一行将字符串 Flash ActionScript 赋给另一个变量 myString。

分号“;”表示一条指令的结束，在每个完整指令的末尾都应该添加分号。

“for”代表一个循环结构的开始，此处的循环执行 7(myNumber)次，即令 i 从 0 递增到 6，每递增 1 便执行一次循环结构中的语句。for 后面大括号中的部分即为循环体。

命令“trace”将它后面括号中的内容发送到输出窗口。

“if”是一种条件结构，它测试后面的内容 i + 3 == 8 是否为真，如果为真，则执行后面的语句；否则跳过该代码段。

if 结构中只有一个 trace 命令，它将变量 myString 的值发送到输出窗口。

上例脚本以三个反向大括号“}”结束，第一个表示 if 语句的结束，第二个表示 for 语句的结束，第 3 个表示整个 on(press)段结束。

5.4.7 输出窗口

输出窗口是只在测试 Flash 影片时出现的一个编程工具，Flash 用它来显示出错信息或其他的一些重要信息。用户可以用 ActionScript 中的 trace 命令自定义要发送到输出窗口中的信息。

输出窗口在测试程序时非常有用。可以使用 trace 命令在输出窗口中显示变量的值或者哪一部分 ActionScript 正在执行。

输出窗口有助于学习 ActionScript。可以编写一些小程序，将信息发送到输出窗口，有助于看到程序的运行结果。

要想熟悉输出窗口，最好的方法就是多使用它。下面就来编写一段小程序，将信息发送到输出窗口。

(1) 启动 Flash。

(2) 选中时间轴的第一帧，打开第一帧的动作面板。

(3) 使用右上角的菜单将动作面板切换到专家模式。

(4) 在脚本编辑区单击，将鼠标光标定位到脚本编辑区中。

(5) 在动作面板中输入如下 ActionScript：

```
trace("I like ActionScript!");
```

(6) 按 Ctrl+Enter 键测试影片，因为舞台中没有任何图像，所以看到的一个空白窗口，同时出现一个输出窗口，窗口中显示“I like ActionScript”。输出窗口显示了 trace 命令中的信息

和动作面板一样，输出窗口右上角也有一个下拉菜单，其中包含复制、清除、查找、保存到文件以及打印等命令。

下拉菜单的最后一项命令是“调试级别”，包括错误、警告、详细等选项，如果选择“无”，将不显示任何信息。

5.4.8 ActionScript 基本语法

1. 变量

1) 设置变量

在 ActionScript 中使用变量的方法很简单，只需为变量名分配一个值即可，例如：

```
myVariable = 7;
```

该例在创建名为 myVariable 的变量的同时将其值设置为 7，可以为变量任意取一个名字，而并不需要使用本例中的 myVariable。

可以使用输出窗口查看变量的值，如在一个空白影片第一帧的动作面板中添加如下 ActionScript：

```
x = 7;
trace(x);
```

首先，数字 7 被存储在变量 x 中；然后，使用 trace 命令将变量 x 的值发送到输出窗口。影片播放时，输出窗口中会显示数字 7。

2) 全局变量

根据变量作用的范围不同可将变量分为全局变量和局部变量。

全局变量就是可以作用在整个 Flash 影片的所有深度级别上的变量。可以在某一帧中设置它，并在其他帧中使用和改变它的值。

不需要使用特别的方法就可以创建全局变量，直接设置并使用即可。

在许多编程语言中，全局变量可以在任何地方使用。Flash 影片使用一个概念叫层级(level)。编辑影片的主时间轴作为根(root)层级，影片剪辑是时间轴中的小影片。影片剪辑中的图形和脚本要比根层级低一个级别。影片剪辑不能直接使用根层级中的全局变量。

3) 局部变量

局部变量只能存在于当前脚本中，而在其他帧中将不再存在。可以使用同一个变量名在不同的帧中创建不同的局部变量，它们之间将互不影响。

局部变量可用来创建模块化的代码。当前脚本执行完时，局部变量将被从内存中删除；而全局变量将保留到影片结束。

创建局部变量需要使用关键字 var。例如，下面的 ActionScript 创建值为 15 的局部变量 myLocalVariable：

```
myLocalVariable = 15;
```

使用 var 创建局部变量后，在当前代码中就不再需要使用关键字 var 了。例如，下面的代码创建值为 20 的局部变量 myLocalVariable，然后将其值改为 8，再发送到输出窗口中。

```
var myLocalVariable = 20;
myLocalVariable = 8;
trace(myLocalVariable);
```

如果没有特殊的需要，尽量使用局部变量。

2. 比较

在 ActionScript 中比较两个事物是很容易的，要进行比较可以使用标准的数学符号，如“=”、“<”、“>”等。

1) 相等

在 ActionScript 中用比较运算符对两个值进行比较。

要比较两个值是否相等，可以使用连在一起的两个等号“==”。单个等号“=”用来为变量分配值，并不是比较运算符。

如果要比较变量 x 的值是否等于 7，就可以使用“==”符号，如下所示：

```
var x = 7;
trace(x == 7);
```

以上代码使用“=”符号将变量 x 设置为 7，然后使用“==”符号对 x 和 7 进行比较。

测试这两行代码，输出窗口将显示“true”。如果将 x 设置为 8 或其他数，则会显示“false”。

“==”符号还可以用来比较两个字符串。如下所示：

```
var myString ="Hello ActionScript. ";
trace(myString =="Hello ActionScript. ");
trace(myString == "hello ActionScript. ");
```

程序运行时，输出窗口中会出现一个“true”和一个“false”，因为在字符串中字母是区分大小写的。

如果想比较两个值是否不相等，可以使用!=符号，它的意思是“不等于”。如下所示：

```
var a = 7;
trace(a != 9);
trace(a != 7);
```

第一个 trace 语句显示信息“true”，因为 a 确实不等于 9；第二个 trace 语句显示信息“false”。

2) 小于和大于

使用标准的数学符号“<”和“>”比较两数是否成小于或大于关系。举例如下：

```
var a = 9;
trace(a < 10);
trace(a > 5);
trace(a < 1);
```

输出窗口中出现“true”、“true”和“false”。

符号“<=”或“>=”用于比较一个数是否小于等于或大于等于另一个数，如下所示：

```
var a = 9;
trace(a <= 9);
trace(a >= 9);
trace(a >= 7);
```

以上三个 trace 语句都将显示“true”。

3. 运算

通过运算可以改变变量的值。分别使用算术运算符“+”、“-”、“*”、“/”执行加、减、乘、除操作。

如下所示的 ActionScript 将值为 9 的变量 x 加上一个数 7：

```
var x = 9;
x = x + 7;
trace(x);
```

运算结果为 16。

在 ActionScript 中执行运算可以使用一些简写方法，如“+=”运算符将其前后的值相加并将结果赋给它前面的变量。前面的脚本也可以写成如下的形式：

```
var x = 9;
x += 7;
trace(x);
```

“++”运算符与“+=”运算符类似，但它每执行一次，变量的值只增加 1，如下面的例子：

```
var x = 9;
x++;
trace(x);
```

结果显示 10。再看下面的例子：

```
var x = 9;
trace(x++);
trace(x);
```

结果是 9 和 10。为什么呢？因为第一个 trace 语句输出 x 的当前值 9，然后将 x 加 1，输出 x 的新值 10。

再试一下下面的脚本：

```
var x = 9;
trace(++x);
trace(x);
```

这次的结果为两个 10。因为将“++”运算符置于变量前面，将先执行运算再返回变量的值。

同理，“--”运算符执行递减操作，“-=”运算符在变量当前值的基础上减去一个数，“*=”运算符在变量当前值的基础上乘上一个数，“/=”运算符在变量当前值的基础上除以一个数。

4. 条件(选择)

条件(选择)程序结构就是利用不同的条件去执行不同的语句或者代码。可以将比较结果作为执行某些语句的条件。

1) if 语句

使用 if 语句可以利用比较结果控制 Flash 影片的播放。如下所示的语句判断 x 是否等于 9，如果比较结果为 true，则让影片跳到第 15 帧：

```
if (x == 9) {
gotoAndPlay(15);
}
```

if 语句以 if 开始，其后紧跟一个比较表达式，比较表达式通常用一对括号括起来，再后面即是用大括号括起来当比较结果为 true 时要执行的代码。

2) else

对 if 语句可以进行扩展，使用 else 执行条件不成立(比较表达式为 false)时的代码，如下所示：

```
if (x == 9) {
gotoAndPlay(15);
} else {
gotoAndPlay(16);
}
```

也可以使用 else if 语句将 if 语句更推进一步，如下所示：

```
if (x == 9) {
gotoAndPlay(15);
} else if (x == 10) {
gotoAndPlay(16);
} else if (x == 11) {
gotoAndPlay(20);
} else {
gotoAndPlay(25);
}
```

if 语句想要多长就有多长。也可以使用 else if 语句对别的变量进行比较，如下所示：

```
if (x == 9) {
gotoAndPlay(15);
} else if (y<20) {
gotoAndPlay(16);
} else {
gotoAndPlay(25);
}
```

3) 复合比较

可以在一个 if 语句中对几个比较表达式的值进行判断，如希望在 x 为 9 并且 y 为 20

时跳转到第 10 帧，可以使用如下所示的脚本：

```
if ((x == 9) && (y == 20)) {
gotoAndPlay(10);
}
```

逻辑与运算符“&&”将两个比较表达式连接在一起成为一个复合表达式，当两个表达式的值都为 true 时复合表达式的值才为 true。每个比较表达式都需要添加独立的括号以便 Flash 能正确识别。在 Flash 的早期版本中使用 and 执行逻辑与运算，现在已推荐不使用。

也可以使用逻辑或运算符“||”将两个比较表达式连接在一起成为一个复合表达式，只要有一个表达式的值为 true，复合表达式的值就为 true。如下所示：

```
if ((x == 7) || (y == 15)) {
gotoAndPlay(20);
}
```

在该脚本中，只要 x 为 7 或者 y 为 15，或者两者都成立，结果都是跳转到第 20 帧。只有当两者都不成立时，才不会执行 gotoAndPlay 命令。在 Flash 的早期版本中使用 or 执行逻辑或运算，现在已推荐不使用。

5. 循环

ActionScript 中的循环要比 if 语句稍微复杂一点。它的循环结构与 C 语言中的循环结构几乎是一致的。循环结构就是多次执行同一组代码，重复的次数由一个数值或条件来决定。

1) for 循环结构

for 结构是主要的循环结构，其样式如下所示：

```
for (var i = 0; i<10; i++) {
trace(i);
}
```

运行这段代码，随着局部变量 i 的改变，输出窗口中将显示数字 0～9。

for 结构中关键字 for 后面的括号中包含三个部分，它们之间用分号隔开。

第一部分声明一个局部变量，在本例中创建了一个局部变量 i 并将其设置为 0。该部分只在循环体开始执行之前执行一次。

第二部分作为一个供测试的条件，在这里，测试 i 是否小于 10。只要满足该条件，就会反复执行循环体。循环开始的时候 i 等于 0，它是小于 10 的，所以循环得以执行。

第三部分是一个运算表达式，每完成一次循环都将执行该表达式一次。在这里，i 每次递增 1，然后转到第二部分对 i 的新值进行判断。

大括号中的部分是该循环的循环体，每执行一次循环都将执行其中的所有命令。计算机何处理这个循环的步骤如下：

(1) 声明变量 i 并将其值设为 0。

(2) 判断条件 i<10，结果为 true，开始执行循环体。

(3) 现在 i 值为 0，trace 命令将 i 值发送到输出窗口，输出窗口显示 0。

(4) 第一次循环结束，回到循环开始处，i 在原来的基础上递增 1，i 值变为 1。

(5) 判断条件 i<10，结果为 true，继续执行循环体。

(6) trace 命令将 i 的值 1 发送到输出窗口。

(7) i 再加 1，这样循环下去直到执行完 10 次循环。

(8) 回到循环开始处，i 在原来的基础上递增 1，i 值变为 10。

(9) 判断条件 i<10，结果为 false，结束循环，开始执行 for 结构后面的代码。

2) 其他形式的循环结构

除 for 循环之外，还有 while 循环和 do…while 循环。

while 循环的例子如下所示：

```
i = 0;
while (i != 10) {
trace(i);
i++;
}
```

while 循环看起来要比 for 循环简单一些，从结构上看甚至与 if 语句还有一些相似。只要 while 后面括号中的条件成立，循环就会一直进行下去，所以在 while 循环体中需要有改变条件的语句，以使条件最终能够为 false，完成循环，如上例中的 i++。

与 while 循环相似的是 do…while 循环，如下所示：

```
i = 0;
do {
trace(i);
i++;
} while (i != 10);
```

除了测试条件的位置不同，while 循环和 do…while 循环几乎是一样的。while 循环在循环体之前测试条件，do…while 循环在循环体之后测试条件，所以 do…while 循环至少要执行一次，而 while 循环有可能一次也不执行。

3) 跳出循环

所有的循环结构都可以使用两个命令改变循环的执行流程，一个命令是 break，另一个命令是 continue。break 命令终止循环，并跳到循环结构后面的语句处执行；continue 命令终止本轮循环但不跳出循环，进而执行下一轮循环。

6. 函数

以上所述都是将脚本放在影片的第一帧中。如果程序复杂，再将脚本放在同一帧中就会使脚本显得过于庞大。

使用函数你可以组织需重用的代码，并放在时间轴中，例如：

```
function myFunction(myNum) {
var newNum = myNum+5;
return newNum;
}
```

函数以关键字 function 开头，function 后面是函数名。可以指定自己的函数名，最好将函数名取得有意义一些。

函数名后面的括号容纳该函数的参数，所谓参数也是一个变量，它的值在调用该函数时予以指定。一个函数可以有若干参数，也可以没有参数。无论有没有参数，函数名后都应紧跟一对括号。

大括号中的部分是函数体，在函数体中创建了一个局部变量 newNum，将 myNum 加 5 的结果设置为 newNum 的值。如果将 10 作为参数传递给该函数，newNum 的值就是 15。

return 命令仅用于函数中，使用 return 结束一个函数并返回函数值。此处，newNum 是用 return 命令返回的函数值。

要使用函数，就需要调用它，如下所示：

```
var a = myFunction(7);
```

该语句创建一个新的局部变量 a，将 7 作为参数调用函数 myFunction，并将函数返回的结果作为变量 a 的值。

被调用的函数开始运行，创建一个局部变量 myNum，将 7 作为 myNum 的值，然后执行函数体内的代码，使用 return 命令将 newNum 的值 12 返回给函数的调用者。这时，a 的值变为 12。

函数最大的作用体现在它可以重复使用。如下所示的三行代码产生三个不同的结果：

```
trace(myFunction(3));
trace(myFunction(6));
trace(myFunction(8));
```

运行以上代码，得到结果 8、11 和 13。

使用函数还有一个优点就是可以只改变函数中的一处，从而影响所有调用该函数的命令。例如，将函数 myFunction 中的 var newNum = myNum+5 改成 var newNum = myNum+7，上面三个调用该函数的命令的结果将变成 10、13 和 15。

7. 点语法

ActionScript 中一个很重要的概念是点语法。点语法也是很多面向对象的编程语言中用来组织对象和函数的方法。

如果想求一个数的绝对值，Flash 中有一个内置的绝对值函数，它包含在 ActionScript 的“对象”→“核心”→“Math” →“方法”中。要使用绝对值函数，首先要使用对象名，即 Math，然后是方法名 abs，它们之间用符号“.”隔开，具体表示方法如下所示：

```
var a = Math.abs(-7);
```

点语法的另一个用途是指定影片剪辑的属性。如下面的语句将影片剪辑 myMC 的 _alpha(透明度)属性设置为 50%：

```
myMC._alpha = 50;
```

还可以在影片剪辑中使用点语法定位根(root)中的一个全局变量。如果在主时间轴中创建了一个全局变量 globelVar，而要在影片剪辑中使用这个全局变量，可以使用如下的语句：

```
trace(_root.globleVar);
```

8. 注释

在 Flash 的动作面板中可以添加注释，注释就是程序中并不参与执行的那些代码。它可以用来说明某些代码的作用，方便组织和编写脚本。一个注释的例子如下所示：

```
// 将影片剪辑 myMC 的透明度设置为 50%
```

```
myMC._alpha = 50;
```

该例的第一行是注释，注释以双斜线“//”开头，在“//”后面可以输入任意的文本和符号，Flash 会自动将注释部分用灰色标示。

上例是将注释专门放在一行中，也可以将注释放在一行代码的后面，如下所示：

```
myMC._alpha = 50; // 将影片剪辑 myMC 的透明度设置为 50%
```

只要使用“//”符号，Flash 就会忽略它后面的部分。

5.4.9 调试脚本

无论在编写程序时有多么细心，每个程序员都避免不了要调试程序。要学好 ActionScript，就需要熟练掌握调试程序的方法。在 Flash 中，调试程序有三种方法：逻辑推断、向输出窗口发送信息和使用脚本调试器。

1. 逻辑推断

许多程序错误其实很简单，也很容易解决，并不需要专门的调试工具。当程序出现错误时。如果不知道问题出在哪里，但只要细心阅读代码，就有可能找到它。如思考以下问题：要实现的效果是什么？现在的效果与设想有多大差距？是什么原因造成了这种差距？修改哪些部分有望改正这种错误？经过反复思考、修改和调试，就会不断加深对程序的理解，从而使程序越来越趋于正确。

对编写的程序最先宜采用逻辑推断的方法进行调试。有些错误或漏洞隐藏得比较深，这就需要借助于调试工具。

2. 输出窗口

输出窗口是一个简单而实用的调试工具，在程序中可以使用 trace 命令将特定的信息发送到输出窗口中，这些信息可以帮助用户了解代码的运行情况。

3. 调试器

调试器是一个更专业的调试工具，它是 Flash 中的一个窗口，通过调试器可以查看影片中的各种数据以及 ActionScript 代码的运行情况。

选择“调试”→“调试影片”命令，或按快捷键 Ctrl+Shift+Enter，开始调试影片。与测试影片不同的是，调试影片时多了一个调试器窗口

调试器窗口中包含很多窗格，在左边的窗格中可以检查 Flash 影片中不同类型的对象，右边的窗格显示影片中所有的 ActionScript。

在调试器窗口中可以设置断点，断点即是为某行代码添加的一个标记，当调试影片时，影片会自动在断点处停止，允许你查看当前包括变量值在内的的影片状态。使用断点可以逐行地执行代码，对每行代码的运行结果进行观察和分析。

初学 ActionScript 的时候，可能并不需要使用调试器；但当经验丰富之后，它将变得非常有用。

5.5 本章小结

本章介绍了计算机动画的基本概念及常用的动画技术，阐述了计算机的二维动画和三维动画，介绍了几种常用的动画软件，如 COOL 3D、Gif Animator、Fireworks、Flash，

并讲解了部分软件的动画制作过程。本章重点介绍了 Flash 制作动画的基本操作，Flash 的工作环境，Flash 中原件和场景的运用，Flash 中声音的编辑、控制等，同时对 ActionScript 脚本技术进行了相关的介绍，包括术语、三种基本控制结构，即顺序结构、选择结构和循环结构。

【思考题与习题】

一、思考题

1. 什么是计算机动画？计算机常用的动画技术有哪些？
2. 常见动画制作软件有哪些？
3. 什么是 Flash 图层？
4. 什么是动作脚本？

二、选择题

1. Flash 动画是一种________。

   A. 流式动画　　B. GIF 动画　　C. AVI 动画　　D. FLC 动画

2. 班长要求小明制作一段班队课的动画，小明运用 Flash 制作完毕后，他又不想让同学看到具体制作的细节，请问他应该把动画保存成什么格式发给班长呢？________。

   A. swf　　B. gif　　C. fla　　D. jpeg

3. 下列不属于动画制作软件的是________。

   A. Flash Catchers　　B. Cool 3D

   C. Flash　　D. Ulead GIF Animator

4. 关于计算机动画，以下哪项描述是错误的________。

   A. 计算机动画从空间上分为平面动画和三维动画

   B. Flash 动画可以逐帧制作，也可以只制作其中的一些关键帧，中间的过渡帧由计算机自动生成

   C. Cool 3D 动画属于二维动画

   D. Flash 的基本动画分为运动动画和变形动画

5. Flash 的帧有三种，分别是________。

   A. 普通帧、关键帧、黑色关键帧　　B. 普通帧、关键帧、空白关键帧

   C. 特殊帧、关键帧、黑色关键帧　　D. 特殊帧、关键帧、空白关键帧

6. 在 Flash 中，默认的帧速是________。

   A. 10 帧/s　　B. 15 帧/s　　C. 12 帧/s　　D. 24 帧/s

7. Flash 基本的元件类型有________。

   A. 图形元件、影片剪辑元件、按钮元件

   B. 图像元件、按钮元件、动画元件

   C. 图形元件、帧元件、按钮元件

   D. 影片剪辑元件、动画元件、图形元件

8. 时间轴上用小黑点表示的帧是________。

A. 空白帧　　B. 关键帧　　C. 空白关键帧　　D. 过渡帧

9. Flash 动画的组成结构是________。

A. 帧—图层-场景—动画　　B. 帧—场景—图层—动画

C. 场景—帧—图层—动画　　D. 场景—图层—帧—动画

10. 调用 Flash 元件一般是通过________面板。

A. 属性　　B. 库　　C. 场景　　D. 信息

三、填空题

1. Flash 源文件的格式为________。

2. 如果要将 Flash 发布成为可以在网络中播放的作品，可以使用________ (菜单命令)，常用的格式为________、________。

3. Flash 动画中每个单独的静止画面被称为________。

4. 在动画制作中，可把制作好的素材转换为________保存在“库”中，以方便以后调用。

第 6 章　超媒体和 Web 系统

在当今的信息社会里，每个人都接触着海量的信息，这些信息影响着人们的工作、学习和生活。超文本和超媒体是管理海量多媒体数据信息的一种技术，其本质是采用非线性的网状结构组织块状信息。近年来，超文本和超媒体在很多领域得到了广泛的应用，它突破了传统的信息获取模式，为人们更有效、快捷地获取信息提供了有效的手段和方法。本章主要介绍超文本、超媒体技术在 WWW 中的应用，包括 HTML、网页创作工具 Dreamweaver 等内容。

【学习目标】

(1) 掌握超文本基本概念：超媒体、超文本、超链接。

(2) 了解超媒体的主要成分：节点、链、宏节点。

(3) 了解超文本系统的结构模型：HAM 模型、Dexter 模型。

(4) 掌握超文本标记语言 HTML 的基本语法及特点。

(5) 了解网页创作工具 Dreamweaver 的基本操作。

6.1　超媒体的概念和发展简史

6.1.1　超文本的概念

1. 传统的信息形态——文本

文本是人们最熟悉的信息表示方式。文章、程序、书、文件等都是以文本形式呈现的。文本是根据一定的语言衔接和语义连贯规则而组成的整体语句或语句系统，通常以字、句子、段落、节、章作为文本内容的基本单位。文本最显著的特点是它在组织上是线性和顺序的，例如阅读一篇文章时便是从前到后，逐字按顺序阅读。文本的线性结构如图 6-1 所示。

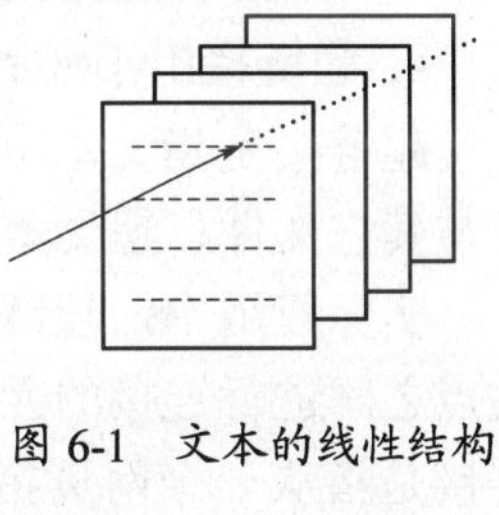

图 6-1　文本的线性结构

2. 人脑的记忆机制

人类的记忆是一种联想式的记忆，是一种网状的结构。人类记忆的互连网状结构和线性结构的单一路径不同，对于信息的处理有多种不同的路径，不同的联想方式必然导致不同的路径，得到不同的处理结果。因此，这种互连网状结构的信息用传统的文本是无法管理的，必须采用一种比文本更高级的信息管理技术来模拟人脑的信息存储和检索机制。

3. 超文本

超文本(Hypertext)结构类似于人类这种联想记忆结构。它是用超链接的方法，将各种不同空间的文字信息组织在一起的网状文本，它采用一种非线性的网状结构组织块状信息，没有固定的顺序，也不要求读者一定要按某种顺序来阅读。超文本更是一种用户界面范式，用以显示文本及与文本相关的内容。

超文本把文本按其内部固有的独立性和相关性划分成不同的基本信息块，即节点(node)。节点之间按它们的自然关联，用链连接成网，链的起始节点称为锚节点(anchor node)，终止节点称为目的节点。链形式上是从一个节点指向另一个节点的指针，本质上表示不同节点上存在着的信息的联系。超文本的结构图如图 6-2 所示。

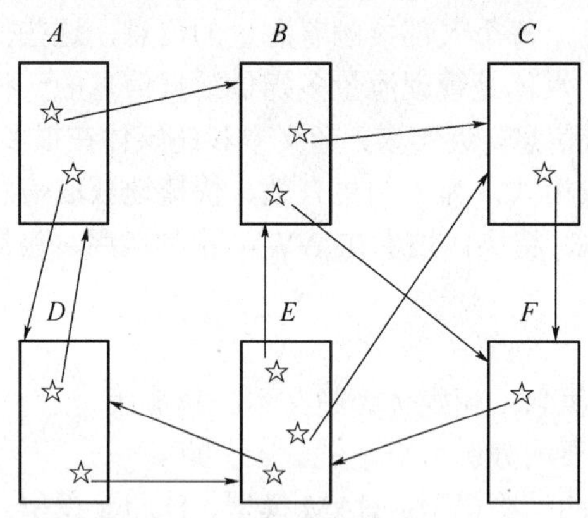

图 6-2　超文本结构图

如果要给超文本一个准确的定义，可以这么来描述：超文本是由信息节点和表示信息节点间相关性的链构成的具有一定逻辑结构的语义的网络。在超文本中，节点为基本单位，它比字符高出一个层次。节点的大小由实际条件来决定。一个节点就可以是一个信息块，也可以是若干节点组成一个信息块。它可以是文本、图形、图像、动画、声音或它们的组合体。超文本可以看做三个要素的组合：节点、链和网络。

现时超文本普遍以电子文档方式存在，其中的文字包含有可以链接到其他位置或者文档的连结，允许从当前阅读位置直接切换到超文本链接所指向的位置。超文本的格式有很多，目前最常使用的是超文本标记语言(Hyper Text Markup Language，HTML)及富文本格式 (Rich Text Format，RTF)。通常网页上的链接都属于超文本。

4. 超链接(hyperlink)

超链接是指文本中的词、短语、符号、图像、声音剪辑或影视剪辑之间的链接，或者与其它文件、超文本文件之间的链接，也称为“热链接”。

实际应用中，超链接在本质上属于一个网页的一部分，它是一种允许同其他网页或站点之间进行连接的元素。各个网页链接在一起后，才能真正构成一个网站。所谓的超链接是指从一个网页指向一个目标的连接关系,这个目标可以是另一个网页,也可以是相同网页上的不同位置，还可以是一个图片、一个电子邮件地址或一个文件，甚至是一个应用程序。而在一个网页中用来超链接的对象，可以是一段文本或者是一个图片。当浏览者单击已经链接的文字或图片后,链接目标将显示在浏览器上，并且根据目标的类型来打开或运行。

5. 超文本系统

超文本系统即是对超文本进行管理和使用的系统。超文本和超文本系统的关系就好比是数据库和数据库管理系统的关系。一个超文本系统具有以下特点：

(1) 超文本系统是由“声、文、图”类节点或内容组合的节点组成的网络，内容具有多媒体化，网状的信息结构使它的信息表达接近现实世界。在用户界面中包含对超文本的网络结构的一个显示表示。

(2) 给用户一个网络结构的动态总貌图，屏幕中显示的窗口和系统的节点具有对应关系。使用户每一时刻都可以得到当前节点的邻接环境。

(3) 超文本系统一般使用双向链，支持跨越各种计算机网络，如局域网和广域网。超文本的设计者可以很容易地按需要创建节点、删除节点、编辑节点等，同样也可生成链、完成链接、删除链接、改变链的属性等操作。

(4) 用户通过自己思想的联想及感知，根据需要动态地改变网络中的节点和链，从而对网络中的信息进行快速、直观、灵活的访问。

(5) 超文本系统尽可能不依赖具体的特性，命令或信息结构。而更多强调用户界面的“视觉和感觉”。

(6) 具备良好的扩充功能，接受不断更新的超媒体管理和查询技术，为作者提供吸纳新写作方法的途径。

6. 超媒体

超媒体是超级媒体的简称，是超文本(hypertext)和多媒体在信息浏览环境下的结合。在 20 世纪 70 年代，用户语言接口方面的先驱者 AndriesVanDam 创造了一个新词“电子图书”(ElectronicBook)。电子图书中自然包含有许多静态图片和图形，它的含义是你可以在计算机上去创作作品和联想式地阅读文件，它保存了用纸做存储媒体的最好的特性，而同时又加入了丰富的非线性链接，这就促使在 20 世纪 80 年代产生了超媒体(hypermedia)技术。

超媒体不仅可以包含文字，而且还可以包含图形、图像，动画、声音和影视片断，这些媒体之间也是用超级链接组织的，而且它们之间的链接也是错综复杂的。

超媒体与超文本之间的不同之处是，超文本主要是以文字的形式表示信息，建立的链接关系主要是文句之间的链接关系。超媒体除了使用文本外，还使用图形、图像、声音、动画或影视片断等多种媒体来表示信息，建立的链接关系是文本、图形、图像、声音、动画和影视片断等媒体之间的链接关系。

6.1.2 超文本的发展简史

一般认为超文本的发展经历了下列三个阶段。

1. 概念产生时期(1945 年—1965 年)

超文本的概念源于范尼瓦・布什(Vannevar Bush，1890 年－1974 年)。他在 20 世纪 30 年代即提出了一种叫做 Memex(memroy extender，存储扩充器)的设想，预言了文本的一种非线性结构，1939 年写成文章“As We May Think”，该文章 1945 年在《大西洋月刊》发表。该篇文章呼唤在有思维的人和所有的知识之间建立一种新的关系。由于条件所限，布什的思想在当时并没有变成现实，但是他的思想在此后的 50 多年中产生了巨大影响。

1965 年，美国学者纳尔逊(Ted Nelson)创造了英语新词“hypertext”，用以对范尼瓦・布什预言的非线性结构网络文本命名，中文翻译为“超文本”。他对“超文本”的解释是：“非相续性著述(non-sequential writing)，即分叉的、允许读者作出选择、最好在交互屏幕上阅读的文本。”纳尔逊后来提出了 Xanadu 计划，开始在计算机上实现这个想法，试图使用超文本方法把全世界的文献资料联机。

2. 概念系统的研究时期(1967 年—1985 年)

1967年，布朗大学 Andy van Dam 等研制了第一个可运行超文本系统 The Hypertext Editing System；1968 年，Doug Engelbart 在 FJCC 秋季联合计算机会议上演示 NLS 系统(联机系统)；1968 年，布朗大学推出 FRESS 文件检索与编辑系统；1975 年，卡内基——梅隆大学(CMU)推出 ZOG(现为 KMS，知识管理系统)；1978 年，MIT(美国麻省理工学院)建筑机械组推出第一个超媒体视频盘片系统 Aspen Movie Map(白杨城影片地图)。

3. 成熟与发展时期(1985 年至今)

从 1985 年以后，超文本在实际应用方面取得了很大进展，开始广泛应用到各种信息系统。1987 年，美国 Apple 公司推出的“HyperCard”可以说是最早且使用最普遍的超文本系统，是运行于 Apple 计算机上的。其后微软的 Windows 1.0 系统亦开始采用了超文本式的帮助功能，令使用者在寻求帮助时更为便捷。微软在推出 Windows 3.0 时曾附送另一个超文本系统 Toolbook，但不及 Hypercard 普遍。 现在微软操作系统 Windows 中的“帮助”仍旧使用了超文本的方式，另外超文本还有许多的应用，如电子百科全书、教学应用的 CAI 以及旅游信息、软件工程、娱乐等都有着广泛的应用。当然，最成功的超文本系统，要数现在因特网上使用的 WWW(Web)系统。Web 系统已经成为了最重要的网络多媒体信息系统，全面影响着人类的生活与工作方式。

现在，ISO 等国际组织也制定了超文本方面的标准，正推动超文本以商品化的方式快速发展，并得到越来越广泛的应用。

6.1.3 超文本与超媒体的应用

随着多媒体技术的发展，超文本与超媒体技术，具有广阔的应用前景。超文本与超媒体组织和管理信息方式符合人们的“联想”思维习惯。适合于非线性的数据组织形式，以它独特的表现方式，得到了广泛的应用。

1. 办公自动化

苹果公司的 Hypercard 软件展示了把 Hypercard 用于办公室的日常工作的一个方面，它以卡片的形式提供了形象的电话簿、备忘录、日历、价格表与文献摘要等，是应用多媒体管理技术的一个实例。

2. 大型文献资料信息库

由超文本与超媒体技术独特优点，广泛应用于大型文献资料信息库的建设。目前已经广泛使用的《中国知识资源总库》，就是按照超文本与超媒体的方式组织和构造。CNKI(中国知识基础设施工程)工程于 1995 年正式立项，在政府及社会各界多方努力下，经过 10 年建成了世界上全文信息量规模最大的“CNKI 数字图书馆”，并全力建设《中国知识资源总库》，以“中国知网(www.cnki.com)”为网络出版与知识服务平台，通过产业化运作，为全社会提供最丰富的信息资源和数字化学习平台。

3. 综合数据库应用

在各类工程应用中，要求用图纸、图形、文字、动画或视频表达概念和设计，一般数据库系统是无法表达的，而超文本与超媒体技术为这类工程提供了强有力的信息管理工具，不少系统已将它应用于联机文档的设计和软件项目的管理。

4. 友好的用户界面

超文本与超媒体不仅是一项信息管理技术，也是一项界面技术。图形用户接口(GUI)使用户桌面由字符命令、菜单方式转为图形菜单方式，而超文本技术在 GUI 基础上再上了一个新台阶，即多媒体用户口接口 MMGUI，使数字和图形、图像、动画、 音频、视频等信息均能展现在用户的面前。

6.2 超文本和超媒体的体系结构

6.2.1 超文本与超媒体系统模型

超文本和超媒体的系统结构较著名的是Campbell和Goodman提出的超文本抽象机模型(Hypertext Abstract Mechine，HAM)，另一个是从事超文本标准化研究 Dexter 小组提出的 Dexter 模型。

1. HAM 模型

HAM 模型于 1988 年提出，其思想是把超文本系统划分为三个层次：用户界面层、超文本抽象层、数据库层。如图 6-3 所示。

(1) 数据库层

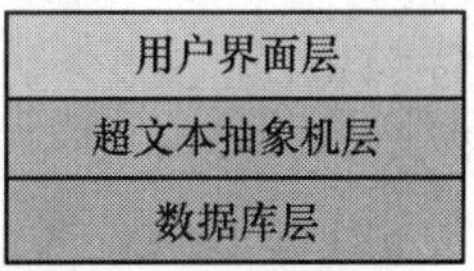

图 6-3 HAM 模型

数据库层是模型中的最低层，它涉及所有传统的有关信息存储的问题，实际上这一层并不构成超文本系统的特殊性。但是它以庞大的数据库作为基础，而且在超文本系统中的信息量大，需要存储的信息量也就大。一般要用到磁盘、光盘等大容量存储器，或把信息存放在经过网络访问的远程服务器上，不管信息如何存放，必须要保证信息的快速存取。

数据库层的特点是，要保证信息的存取操作对于高层的超文本抽象机来说是透明的；要处理其他传统的数据库管理问题，如多用户并发访问、安全、版本问题等。与传统数据库不同的是，HAM 模型中的数据库层增加了对节点、链的索引与查询。

(2) 超文本抽象机层

超文本抽象机层是三层模型中的中间层，这一层决定了超文本系统节点和链的基本特点，记录了节点之间链的关系，并保存了有关节点和链的结构信息。在这一层中可以了解到每个相关联的属性。例如节点的“物主”属性，这一属性指明该节点由谁创建的、谁有修改权限，以及版本号或关键词等。

HAM 层是实现超文本输入输出格式标准化转换的最佳层次。因数据库层存储格式过分依赖机器，用户界面层各系统风格差别很大，很难统一，因此需要这样的中间层实现格式的转换。

HAM 层也可理解为超文本概念模式，它提供了对数据库下层的透明性和对上层用户界面层的标准性。

(3) 用户接口层

用户接口层也称表示层或用户界面层，是三层模型中的最高层，也是超文本系统特殊性的重要表现，并直接影响着超文本系统的成功。它应该具有简明、直观、生动、灵活、方便等特点。用户接口层是超文本和超媒体系统人一机交互的界面。用户接口层决定了信息的表现方式、交互操作方式以及导航方式等。目前流行的界面风格有命令语言、菜单选项、表格填充、直接操作、自然语言。

2. Dexter 模型

1988 年 10 月，John Leggett 和 Janwalker 在美国新罕布什尔州的 Dexter 饭店主持召开了一个关于超媒体设计的研讨会，与会者都是一些至少曾参加过设计超媒体系统的专家学者。研讨会的主要目的是讨论如何统一超媒体系统的基本术语和语义描述。在这次研讨会上专门成立了一个 Dexter 研究小组，致力于超文本标准化的研究，此后逐步形成了一个超文本参考模型，即 Dexter 模型。

如图 6-4 所示，Dexter 模型也分为三层：存储层、运行层和成员内部层，各层之间通过定义好的接口互相连接。与 HAM 模型相比，主要是术语不同，且 Dexter 模型更加明确了层次之间的接口，其他方面基本类似。

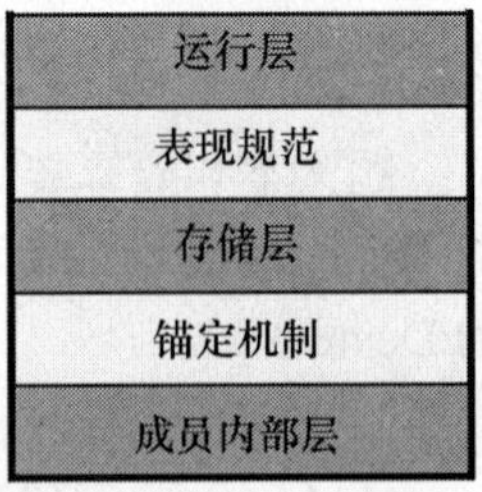

运行层
表现规范
存储层
锚定机制
成员内部层

图 6-4 Dexter 模型

(1) 存储层

存储层描述了超文本中的节点成员之间的网状关系。每个成员都有一个唯一的标识符，称为 UID。存储层定义了访问函数，通过 UID 可以直接访问到该成员，还定义了由多个函数组成的操作集合，用于实时地对超文本系统进行访问和修改。

(2) 成员内部层

成员内部层描述超文本中各个成员的内容和结构，对应于各个媒体单个应用成员。从结构上，成员内部层可分为简单结构和复杂结构。简单结构就是每个成员内部仅由同一种数据媒体构成，复杂结构的成员内部又由各个子成员构成。

(3) 运行层

运行层描述支持用户和超文本交互作用的机制，它可直接访问和操作在存储层和成员层内部层定义的网状数据模型。运行层为用户提供友好的界面。

介于存储层和运行层之间的接口称为表现规范，它规定了同一数据呈现给用户的不同表现性质，确定了各个成员在不同用户访问时表现的视图和操作权限等内容。

存储层和内部成员之间的接口称为锚定机制，其基本成分是锚(anchor)，锚由锚号和锚值组成，完成存储层到成员内部层、成员内部层到存储层的检索定位过程。其中，锚号指每个锚的标识符，锚值指元素内部的位置和子结构。

6.2.2 超文本与超媒体的组成要素

1. 节点

超文本是由节点和链构成的信息网络。节点是表达信息的单位，是围绕一个特殊主题组织起来的数据集合。节点的内容可以是文本、图形、图像、动画、音频、视频等，也可以是一般计算机程序。

节点的分类也是多种多样的，按照表现形式可分为框架式和窗口式。基于框架的节点，其内容放在某种尺寸固定的框架内，适用于小型系统或原型系统；基于窗口的节点在节点的每一个页面上都有水平和垂直的滚动条。用户可以用鼠标控制节点内容上、下、左、右移动。

按照结构可分为原子节点、复合节点和包含节点。原子节点是不能再分割的最小信息单元。复合节点由若干原子节点构成。包含节点是在某个节点内又包含了另一个节点，作为本节点的组成部分。

按照状态可分为：静态节点和动态节点。静态节点在物理上稳定地占据外存储器的空间。超媒体系统中的大多数节点都是静态节点。动态节点不占据外存空间，只是在需要时动态生成，因此也称为虚节点。

按照用途可分为操作型、组织型和推理型。操作型节点一般通过超媒体按钮来访问。这种节点往往定义一种操作，也是一种动态节点，包括文本、图形和图像、音频、动画和视频、混合媒体、按钮等。组织型节点包括各种媒体节点的目录节点和索引节点。 推理型节点可以使用推理链和计算链，它包括规则节点。

2. 链

链，又称超链(Hyper Link)，是超媒体的组成部分。链是固定节点间的信息联系，它以某种形式将一个节点与其他节点连接起来。由于超文本没有规定链的规范与形式，因此，超文本与超媒体系统的链也是各异的，信息间的联系丰富多彩引起链的种类复杂多样。但最终达到效果却是一致的，即建立起节点之间的联系。

链具有方向性，由三个部分组成：链源、链宿以及链的属性。一个链的起端称为链源，表现为一个节点中的“点”或“域”，通过它可以访问另一节点，是导致节点信息迁移的原因。链宿是链的目的，一般指节点，也可以是其他媒体对象。链的属性决定链的类型，这是链的主要特性，另外还有一般属性，如链的类型、版本和权限等。当链的属性很强时，链可以作为独立的实体，如类型链等。链还可以分为显型链和隐型链，基本结构链和索引链属于显型链。

根据超链的特点及功能，链可以分为基本结构链、组织链和推理链三大类型。

1) 基本结构链

基本结构链是一种由超媒体系统作者事先说明的，具有固定明确特点的实链。基本结构链又可以分为基本链、交叉索引链和节点内注释链三种类型。

基本链用来建立节点之间基本顺序的链，它使信息在总体上呈现出层次结构。基本链的链源和链宿都是节点，它决定节点的固定顺序。基本链又可以分为顺序链、结构链、查询链、移动链、缩放链、全景链和视图链。

顺序链是将超文本或者超媒体节点按最基本的先后顺序排成一个队列。各节点之间呈现出线性结构。

结构链是将节点组织成树型结构，通过结构链遍历所有节点，也称树形链或树状链。主要对层次信息进行操作

查询链也称隐型链或关键字链。为节点定义关键字，通过关键字的查询操作驱动相应的目标节点。

移动链可作为超文本中的导航。

缩放链，能够扩大或缩小链节点。

全景链可以返回超文本系统的高层视图。

视图链是对专门的用户开放的链，比较隐蔽。

交叉索引链将节点连接成交叉的网状结构，如图 6-5 所示，其链源可以是各种热标、单媒体及链按钮，表示的是访问顺序。链宿可以是节点，也可是其他内容。

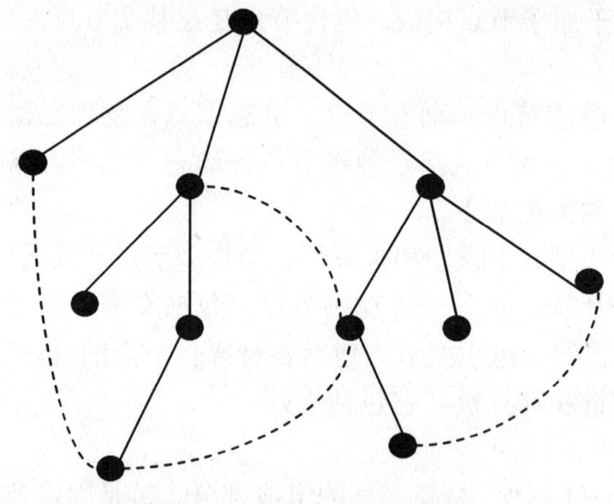

图 6-5　交叉索引链示意图

节点内注释链是一种指向节点内部注释信息的链。链源通过热标确定，注释体往往是单一媒体。

2) 组织链和推理链

组织链和推理链可以分为索引链、蕴含链和执行链。索引链将用户从一个索引节点引到该节点相应的索引入口。索引用于与数据库的接口及查找共享同一索引项的文献。蕴含链用于连接推理树中的事实。执行链是一种将执行活动与按钮节点相连的特殊节点。推理链是一种虚链，也可称为动态链。

3. 网络

超文本信息网络是由节点和链构成的一个有向信息网络，这种信息网络类似于人工智能中的语义网络。语义网是一种知识表示方法，也是一种有向图，其中节点表示概念，而节点之间的弧表示两个概念之间的关系。

超媒体中的网络结构不仅仅提供了知识、信息，同时还包含对知识信息的分析和推理。如果网络中节点内不仅有文本，而且还包含有图形、动画、声音及它们的组合等多种信息，即为超媒体网络。

节点和链构成网络具有如下特性和功能：

(1) 超文本的数据库是由声、文、图各类节点组成的网络。

(2) 屏幕中的窗口和数据库中的节点是一一对应的，即一个窗口只显示一个节点，每一个节点都有名字或标题显示在窗口中，屏幕上只能包含有限个同时打开的窗口。

(3) 支持标准窗口的操作，窗口能被重定位、调整大小，关闭或缩小成一个图符。

(4) 窗口中可含有许多链标示符，它们表示链接到数据库中其他节点的链，常包含一个文域，指明被链接节点的内容。

(5) 用户可以很容易地创建节点和链。

(6) 用户可以数据库进行浏览和查询。

4. 宏节点

宏节点是指链接在一起的节点群。准确地说，一个宏节点就是超文本网络的一部分，即子网(Web)。宏文本和微文本表示不同层次的超文本。微文本也称小型文本，支持对节点信息的浏览；宏文本也称大型超文本，支持对文献(宏节点)的查找与索引，它强调存在于许多文献之间的链，可以跨越文献进行查询和检索。在计算机网络中，很多超媒体的 Web 网分散在多台计算机中，这些 Web 网称为宏节点或者文献，它们之间通过跨越计算机网络的链进行链接。计算机网络宏节点的示意图如图 6-6 所示。

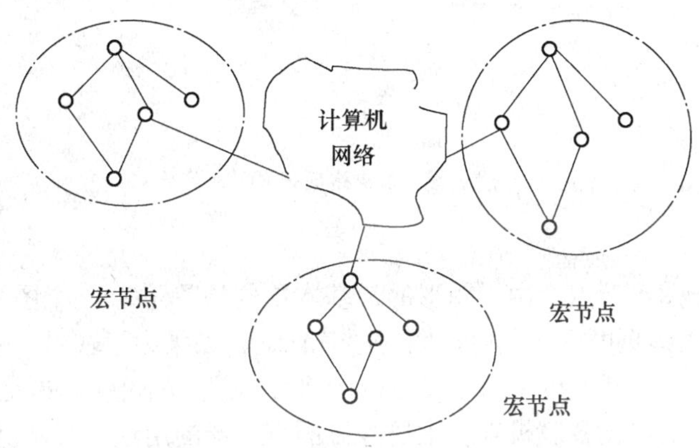

图 6-6 计算机网络宏节点示意图

5. 热标

热标是超媒体中特有的元素，它确定相关信息的链源，通过它可以引起相关内容的转移。热标可分为热字、热区、热元、热点和热属性五类。

1) 热字

热字往往存在于文本当中，把需要进一步解释的含有特殊含义的字、词或词组做成带下划线或特别颜色，与其他内容区别开来，而各保留字和转移目的却不显示出来，读者通过单击这些热字可得到进一步的解释和说明，如图 6-7 所示，其中的灰色文字即为热字。

云南石卡雪山

推荐理由：冬季的云南，以香格里拉为核心的雪山风光最为迷人。境内分布着二十余座雪山，与北面的梅里雪山、白茫雪山，南面的玉龙雪山，构成一个庞大的雪山世界。在众多的雪峰中，石卡雪山山顶公园上远眺群山涌动的奇景，绝对会让人放慢行走的步伐。

图 6-7 热字举例

2) 热区

热区是把在图像等静态视觉媒体节点中某一感兴趣的区域，作为触发转移的源点。通常使鼠标标志在进入热区时变形为一种多边形，用户便知道可以转移到另一幅能够更详尽地描述当前图像部位的新图片。下图所示就是网页中一幅由分为多个热区的地图，对于不同的省份，对应的地方就是一个热区，当单击某个热区时，就会打开对应省份的详细信息的目标节点。如图 6-8 所示，即为在中国地图上建立的一个热区。

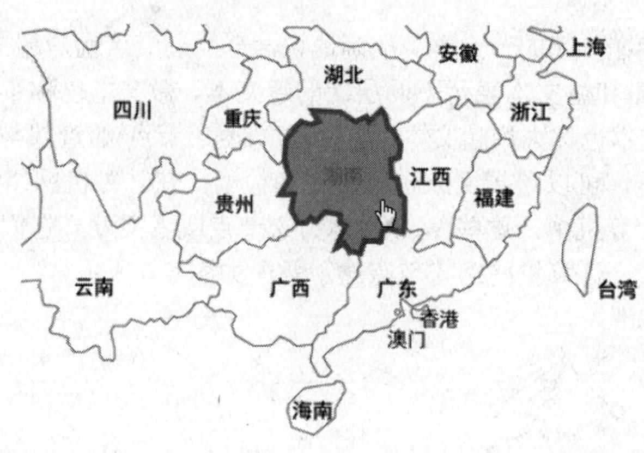

图 6-8 热区示例

3) 热元

热元主要用于图形节点。由于图形的最基本单位是图元(如一个图、一条线、一个圆等)，当图形在超媒体页面中移动时，图元跟着移动。如果为了在另一幅图形中详细描述本图形的某一部分，便可用热元的形式与转换的目标图形相链接。热元在 CAD 工程设计中的建筑图注释、机器设备联机维护手册等方面有广泛的用途。其示例如图 6-9 所示。

图 6-9 热元示例

4) 热点

热点是对于具有时间特性的媒体节点而言的，如动画、视频、声音节点，如果用户对其中某一段时间内的信息感兴趣，就记录下这段时间的起止，把这一段(或几帧)信息称为热点。

5) 热属性

热属性是将关系数据库中的属性作为热标来使用。由于数据媒体是一种特定的格式化符号数据，故可把热标定为一个属性，用特定的保留属性字方法指明热标触发后表现的内容。如用 IMAGE 属性表示后继各元组中该属性字符为图像对象名。属性中的元组有多个，每个元组又对应不同的内容，所以在把属性当做热标时，要对每一个元组都指明不同的链。

6.3 超文本标记语言和 Web 程序设计

6.3.1 超文本的文献模型

文献是指文章或文本的组合，它比一般文章和文本带有更多的存储、保留的意味，一旦定形后静态性较强。超文本的文献模型侧重于超文本的基本特征和一般的层次性结构的描述。多媒体文献模型与普通的文献相比在内容实体的媒体属性方面更加多样化，尤其是时基媒体的引入，不仅要考虑文献的版面安排，还要考虑时间安排。文献模型的基本任务是：能够表示多媒体文献的内容层次性，能够表示多媒体文献的版面布局，能够表示多媒体文献的时间布局，能够将内容与布局对应起来。

能描述文献模型的语言很多，如 ODA、Hyper ODA、SGML、DSSSL、HyTime 等，其中应用最为广泛的是 SGML 超文本文献。SGML 称为标准通用标记语言，英文全称为 Standard Generalized Markup Language，是 1986 年出版发布的一个信息管理方面的国际标准，标准号是 ISO 8879。该标准定义独立于平台和应用的文本文档的格式、索引和链接信息，为用户提供一种类似于语法的机制，用来定义文档的结构和指示文档结构的标签(tag)。其中，markup 的含义是指插入到文档中的标记。标记分成两种，一种称为程序标记，用来描述文档显示的样式(style)(如字体的大小、黑体、斜体和颜色等)；另一种称为描述标记，也称为普通标记，用来描述文档中的文句的用途(如篇、章、节或者内容表等)，而不是描述文句所显示的样式。制定 SGML 的基本思想是把文档的内容与样式分开。

SGML 规定了在文档中嵌入描述标记的标准格式，指定了描述文档结构的标准方法，这是 SGML 的精华。换句话说，可以使用 SGML 为创作的每一种类型的文档设置层次结构模型，可以用“篇”、“章”、“节”、“标题”等描述标记来标识文档结构中的文档元素。SGML 是一个包含超文本链接的综合语言，在 Web 上使用的 HTML 格式是使用固定标签集的一种 SGML 文档。

SGML 的主要特点：①SGML 可支持无数的文档结构类型，如布告、技术手册、章节目录、设计规范、各种报告、信函和备忘录等；②SGML 可以创建与特定的软硬件无关的文档，因此很容易与使用不同计算机系统的用户交换文档。

一个典型的 SGML 文档可被分成三个层次：结构(structure)、内容(content)和样式(style)。SGML 主要是处理结构和内容之间的关系。

1) 结构

为了描述文档的结构，SGML 定义了一个称为“文档类型定义(Document Type Definition，DTD)”的文件(file)，它为组织文档的文档元素(如章和章标题，节和主题等)提供了一个框架。此外，DTD 还为文档元素之间的相互关系制订了规则。例如，“章的标题必须是在章开始之后的第一个文档元素”，“每个列表至少要有两个项目”等。DTD 定义的这些规则可以确保文档的一致性。

2) 内容

这里指的内容就是信息本身。内容包括信息名称(标题)、段落、项目列表和表格中的具体内容，具体的图形和声音等。确定内容在 DTD 结构中的位置的方法称为“加标签(tagging)”，而创建 SGML 文档实际上就是围绕内容插入相应的标签。这些标签就是给结构中的每一部分的开始和结束做标记。

例 1 给一个段落做标记。

<par>内容就是信息本身。</par>其中的<par>表示段落的开始，而</par>表示该段落的结束，它们是成对出现的。“<par>内容就是信息本身</par>”这个段落可看成一个文档元素，可以嵌入在其他的文档元素中。

例 2 特定文档结构中的标签嵌套。

像<section>与</section>，<subhead>与</subhead>，<par>与</par>，<topic>与</topic>等这些具体的符号称为标签(tag)。在创建 SGML 文档时，不需要从键盘上手工输入和检查这些标签，使用支持 SGML 的创作软件很容易插入和检查这些标签。

3) 样式

SGML 本身正在定义样式(style)的设置标准，即文档样式语义学和规范语言(Document Style Semantics and Specification Language，DSSSL)。

使用 SGML 对多媒体的创作将带来许多好处。例如，可使创作人员更集中于内容的创作，可提高作品的重复使用性能、可移植性能以及共享性能等；SGML 的使用范围很广，除了传统的电子出版物之外，SGML 还可用在其他许多场合。例如，前面介绍的超媒体和超文本文档、万维网页面的制作、数据库、电子邮件、专家系统、CD-ROM 出版物等。

ODA 称为开放式文档结构(The Office/Open Document Architecture)，它是 ISO 在 1988 年公布的一个标准化文献模型，主要用于办公文档处理，它为复制办公文献的表示和交互而设计。ODA 文献结构是层次的和面向对象的。一个 ODA 文献由两组结构来描述：一般结构和具体结构；逻辑结构和布局结构。前者体现面向对象性质，后者体现内容与表现的关系。ODA 的布局过程确切地决定了文档中每一项被放置的位置。它使用特定的逻辑结构、一般结构、内容体系以建立特定的布局结构。

Hytime 全称是时基超媒体结构化语言(Hypermedia/time-based structuring language)，它是一个标准的中性标记语言，表示超文本、多媒体、超媒体和时基文献的逻辑结构。它主要用于处理节点内的时基媒体。HyTime 于 1992 年 5 月成为 ISO 国际标准，它基于 SGML，用 Hytime 表示的文献与 ISO SGML 完全一致，Hytime 扩展了 SGML，使 SGML 更具有抽象性、中立性，且增加了许多多媒体应用方面的考虑。

6.3.2 超文本标记语言 HTML

运行于因特网上的 WWW(World Wide Web)系统，简称为 Web 系统，是目前最流行的的超文本系统。目前的 Web 系统主要由 HTML、XML 等来组织文件。

前面讲过的 SGML 语言虽然功能通用全面，但不够简洁，在网络上处理和传输效率低，而且很难被普通用户所掌握。超文本标记语言(HyperText Makeup Language，HTML)简化了 SGML 语言复杂的描述，实现了在广域网上多媒体信息的表示、传输和检索。HTML 使用 HTML 标签来定义文档的格式、组成和链接关系，如字形、字体、表单、标题和统一资源地址(Uniform Resource Locator，URL)等。HTML 是从 SGML 语言导出的语言，是 SGML 的一个子集。使用 HTML 创作的文档是带有一套固定标签的 SGML 文档。

用 HTML 组织的文件本身属于普通的文档文件，可以用一般常见的文字编辑器来编辑，或用其他专门的 HTML 文件编辑器来编辑，如 Microsoft Frontpage(新版本中已经改名为 SharePoint Designer)、Adobe Dreamweaver 等。

1. HTML 文件的基本结构

```
<html>
<head>
<title>标题名</title>
```

```
</head>
<body>
Web 页主体
</body>
</html>
```

HTML 文件仅由一个 HTML 元素组成，即文件以“<html>”开始，以“</html>”结尾，文件的其他部分都是 HTML 的元素体。HTML 元素的元素体由头元素“<head>…</head>”、体元素“<body>…</body>”和一些注释组成。头元素和体元素的元素体又由其他的元素和文本及注释组成。

一般来讲，HTML 的元素有下列三种表示方法：

(1) <元素名>文件或超文本</元素名>

(2) <元素名 属性名＝“属性值…>文本或超文本</元素名>

(3) <元素名>

第三种写法仅用于一些特殊的元素，如分段元素 P，它仅仅通知 WWW 浏览器在此处分段，因而不需要界定作用范围，所以它没有结尾链接签。HTML3.0 以后的标准中，也定义了“</p>”链接签，它用于需要界定作用范围的段落，如增加对齐方式属性的段落。

在 HTML 文件中，有些元素只能出现在“<head>……</head>”元素中，绝大多数元素只能出现在“<body>……</body>”元素中。在头元素中的元素表示的是该 HTML 文件的一般信息，如文件名称、是否可检索等。这些元素书写的次序是无关紧要的，它只表明该 HTML 有还是没有该属性。与此相反，出现在“<body>……</body>”元素中的元素是次序敏感的，改变元素在 HTML 文件中的次序会改变该 HTML 文件的输出形式。

2. 常见的超文本标记

(1) 标题标记<title>

title 元素是文件头中唯一一个必须出现的元素，它也只能出现在文件头中。title 元素的格式为：

<title>文件题目</title>

title 标明该 HTML 文件的题目，是对文件内容的概括。title 的长度没有限制，但过长的题目会导致折行，一般情况下它的长度不应超过 64 个字符。由于 title 的作用是标明文件内容，所以太短的 title 也是不可取的，下面是一个使用 title 的例子：

<title>欢迎访问教学资源网</title>

(2) 段落标记“<p>”。

HTML 的分段完全依赖于分段元素“<p>”，段落标记用来开始一个新的段落，它可以成对出现，也可以省略“</p>”。

“<p>”也可以有多种属性，比较常用的属性是“aligh＝#”，“#”可以是 left，center，right，其含义为水平方向上左对齐、居中对齐、右对齐。例如：

<p align=center>欢迎使用 HTML</p>

(3) 换行标记“
”

“<br>”表示在此处分行。

“<br clear=#>”，clear 属性标明下一行的情况，如“clear=left”，表示下一行从左边界处开始。“#”可以是 left，right，all 之一。

(4) 字体大小、颜色、字形

HTML 有七种字号，1 号最小，7 号最大。默认字号为 3，可以在文件头元素里用“<base fontsize=字号>”设置缺省字号。

设置文本的字号有两种办法，一种是设置绝对字号“<font size=字号>”；另一种是设置文本的相对字号“font size=±n”。用第二种方法时，“＋”号表示字体变大，“－”号表示字体变小。

字体的颜色用“<font color=#>”指定，“#”可以是 6 位 16 进数，分别指定红、绿、蓝的值，也可以用 black，olive，teal，red，blue，maroon，navy，gray，lime，fudrsia，white，green，purple，sliver，yellow，aqua 等英文单词表示。

字形用“<font face=#>”指定，“#”可以是 Windows 里所具有的各种字体。如“<font face='宋体'>”。

(5) 字体风格

字体风格分为物理风格和逻辑风格。物理风格直接指定字体，物理风格的字体有：<b>为黑体，<i>为斜体，<u>为下划线。逻辑风格指定文本的作用，<em>为强调，<srrony>为特别强调，<code>为源代码，<samp>为例子，<kbd>为键盘输入，<var>为变量，<dfn>为定义，<cite>为引用，<small>为较小，<big>为较大，<sup>为上标，<sub>为下标。

下面为应用实例及输出结果：

<b>教学资源!</b>**教学资源!**

<i>教学资源!</i>*教学资源!*

<u>教学资源!</u><u>教学资源!</u>

(6) 超级链接

在 HTML 中，采用“<a>”标记设置超级链接，“<a>”可以指向任何一个文件源：一个 HTML 网页、一个图片、一个影视文件等。用法如下：

<a href="url">链接的显示文字</a>

单击“<a></a>”当中的内容，即可打开一个链接文件，href 属性则表示这个链接文件的路径。

例如，链接到 www.sina.com.cn 站点首页，表示如下：

<a href="http://www.sina.com.cn">新浪网</a>

“<a>”标记中，还可以使用 target 属性，指明在当前窗口或一个新窗口里打开链接文件。target 的值可以是_blank、_self、_parent，其中_blank 代表在新建窗口中打开链接文件，_self 是指在当前窗口，而_parent 则是指在父窗口中打开。例如：

<a href="http://www.sina.com.cn" target=“blank”新浪网</a>

(7) 水平线 (hr)

水平线一般用于分隔同一文体的不同部分。在窗口中划一条水平线非常简单，只要写一个“<hr>”即可。水平线的宽度用“<hr size=n>”指定，线宽用“<width=#>”指定，“#”的单位是像素，如：“<hr size=10>”。“<hr>”定水平线长度，可以指定绝对线长，也可以指定水平线长度占窗口宽度的百分比。如“<hr width=50>”、“<hr width=50%>”。

水平线的位置用“<hr align=#>”指定。“#”是 left 或 right 之一，left 表示左端与左边界对齐，right 是右端与右边界对齐，默认情况，水平线出现在窗口正中。

也可以利用<hr>制作垂直线，只要把线宽设置为 1、线高设定为垂直线的高度即可。例如“< hr size=500 width=1>”显示出来的就是一条垂直线。

(8) 图像

图像的基本格式为：

```
<img src="image-url">或<img src="image-url" alt="text">
```

image-url 是图像文件的 url。目前，大部分浏览器支持“.gif”和“.jpg”文件。alt 属性告诉不支持图像的浏览器用 text 代替该图。

(9) 背影和文本颜色

窗口背景可以用下列方法指定：

```
<body background="image-url">
<body bgcolor=# text=# link=# alink=# vlink=#>
```

前者指定填充背景的图像，如果图像的大小小于窗口大小，则把背景图像重复，直到填满窗口区域。后者指定的是 16 进制的红、绿、蓝分量。

bgcolor 背景颜色

text 文本颜色

link 链接指针颜色

alinik 活动的链接指针颜色

vlinik 已访问过的链接指针颜色

例如，“<body bgcolor=#FF0000>”表示大红背景色。注意，此时体元素必须写完整，即用“</body>”结束。

(10) 表格

一个表由“<table>”开始，“</table>”结束，表的内容由“<tr>”、“<th>”和“<td>”定义。“<tr>”说明表的一个行，表有多少行就有多少个“<tr>”；一个“<td>”标记表示一列，准确的说是一行中的一列，也就是一个单元格。“<th>”标记用来设置单元格的标题，也即把一个单元格设置为标题栏。是否保留表格线用 border 属性说明。

如下列 HTML 代码为一个 2 行 3 列的表格：

```
<table width="200" border=“1”>
  <tr>
    <td></td>     <td></td>     <td></td>
  </tr>
  <tr>
    <td></td>     <td></td>     <td></td>
  </tr>
</table>
```

(11) 在网页中嵌入多媒体文件

在网页中嵌入多媒体文件的基本语法：

```
<embed src=#>   #=URL
```

本标记可以用来在网页中嵌入常见的多媒体文件，如电影(movie)、声音(sound)、虚拟现实语言(vrml)等。

如果要使用“<embed>”标记，需要把 plugin 安装完备。

(12) 背景音乐

基本语法格式是：

```
<bgsound src=#> #=WAV 文件的 URL
<bgsound loop=#> #=循环数
```

例如：

```
<bgsound src="sound.wav"  loop=3>
```

(13) 插入视频剪辑

例如：

```
<img src="url.gif" dynsrc="url.avi">
```

用 url.avi 这一 AVI(Video for MS-Windows) 文件播放视频；用 url.gif 这一 GIF 图像作为视频的封面，即在浏览器尚未完全读入 AVI 文件时，先在 AVI 播放区域显示该图像。

又如下面的例子：

```
<img src="AAA.GIF" dynsrc= "AAA.AVI>
```

通常还要设置以下参数：

(1) 何时开始播放 AVI 即“<img start=#>”,“#”可以选择的参数是 fileopen，mouseover。默认值是“#=fileopen”，即在链接到含本标记的页面(如本页)时开始播放 AVI。mouseover 是指把鼠标移到 AV 播放区域之上时才开始播放 AVI。也可以两者同时设置：“<img start=fileopen mouseover>”。

另外，用鼠标在 AVI 播放区域单击一下，也将令浏览器开始播放该 AVI。

```
<img src="AAA.GIF" dynsrc="AAA.AVI" start=mouseover>
```

(2) 控制条“<img controls>”，用来在视频窗口下附加 MS-Windows 的 AVI 播放控制条。例如：

```
<img src="AAA.GIF" dynsrc="AAA.AVI" controls>
```

(3) 循环播放“<img loop=#>”，若是“<loop=infinite>”，将循环播放。例如：

```
<img src="AAA.GIF" dynsrc="AAA.AVI" loop=3>
```

(4) 延时“<img loopdelay=#>”，“#”为毫秒数。例如：

```
<img src="AAA.GIF" dynsrc="AAA.AVI" loop=3 loopdelay=250>
```

6.3.3 XML 语言

1. XML 概述

可扩展标记语言(Extensible Markup Language，XML)是 SGML 的一个子集，它保留了 80%的功能，并使其复杂程度降低了 20%，XML 兼取 HTML 和 SGML 之长，既通用全面又简明清晰，并具有很强的伸缩性和灵活性。

XML 允许使用者自己定义标记。XML 是自描述的，显示样式可以从数据文档中分离出来，放在样式单文件中。由于标记为要表现的数据赋予一定的含义，并且高度结构化，所有数据非常明晰，同时使得数据搜索引擎可以简单高效地运行。XML 还具有遵循严格地语法要求、便于不同系统之间信息的传输、有较好的可移植性等优点。

XML 与 HTML 的设计区别是：XML 是用来存储数据的，重在数据本身。而 HTML 是用来定义数据的，重在数据的显示模式。

XML 的简单使其易于在任何应用程序中读写数据，这使 XML 很快成为数据交换的唯一公共语言，虽然不同的应用软件也支持其他的数据交换格式，但不久之后它们都将支持 XML，那就意味着程序可以更容易地与 Windows、Mac OS、Linux 以及其他平台下产生的信息结合，然后可以很容易加载 XML 数据到程序中并分析它，并以 XML 格式输出结果。

XML 主要有三个要素：文档定义(DTD/XML Schema)、XSL 和 Xlink。

(1) 文档定义：描述了 XML 文件的逻辑结构，定义了 XML 文件中的元素、元素属性以及元素属性之间的关系，它可以帮助 XML 的分析程序校验 XML 文件标记的合法性。

(2) XSL：是用于规定 XML 文档样式的语言，能在客户端使 Web 浏览器改变文档的表现形式，从而不再需要与服务器进行交互通信。

(3) Xlink：允许链接 XML 文件，它允许多个链接目标以及其他先进的特性。

2. DTD 与 XML Schema

XML 提供了数据定义机制，目前存在两种方式：DTD 和 Schema。

DTD(Document Type Definition) 是一套关于标记符的语法规则。它是 XML1.0 版规格的一部分，是 XML 文件的验证机制，属于 XML 文件组成的一部分。DTD 是一种保证 XML 文档格式正确的有效方法，可通过比较 XML 文档和 DTD 文件来看文档是否符合规范，元素和标签使用是否正确。XML 文件给应用程序提供一个数据交换的格式，DTD 让 XML 文件成为数据交换标准，因为不同的公司只需定义好标准 DTD，各公司都能依 DTD 建立 XML 文件，并且进行验证，如此就可以轻易地建立标准和交换数据，从而满足网络共享和数据交互。DTD 文件是一个 ASCII 文本文件，后缀名为“.dtd”。

XML Schema 是 W3C 定义的标准，是一种描述信息结构的模型，它是借用数据库中的一种描述相关表格内容的机制，为一类文件建立一个模式，这个模式规范了文件中标签和文本可能的组合形式。相对于 DTD，XML Schema 主要有如下特点：

(1) XML Schema 针对将来的额外内容是可扩展的。

(2) XML Schema 内容比 DTD 丰富，作用也更大。

(3) XML Schema 是以 XML 语言编写而成的。

(4) XML Schema 支持数据类型。

(5) XML Schema 支持名称空间(namespaces)。

3. XSL

XSL 是通过 XML 进行定义的，遵从 XML 语法规范，是 XML 的一种应用。它由两个部分组成：第一部分描述了如何将一个 XML 文档进行转换，转换为可浏览或可输出格式；第二部分则规定了格式对象。XSL 语言可以将 XML 转换为 HTML，可以过滤和选择 XML，并能够格式化 XML 数据。

XSL 在网络中的应用大体分为两种模式。

1) 服务器端转换模式

在服务器端可以使用动态方式和批量方式进行转换。动态方式指当服务器接到转换请求时再实时转换，这种方式无疑对服务器要求较高。批量方式是事先用 XSL 将一批 XML 文档转换为 HTML 文件，接到转换请求后直接调用转换好的 HTML 文件即可。

2) 客户端转换模式

这种方式将 XML 和 XSL 文件都传送到客户端，需要浏览时由浏览器实时进行转换，前提是浏览器必须支持 XML+XSL 的工作方式。

4. Xlink

Xlink 是说明如何在网络上做到标识、定址及链接的规范。它扩展了 HTML 链接的功能，可以支持更加复杂的链接。通过 Xlink，不仅可以在 XML 文件之间建立链接，而且可以建立其他类型数据之间的链接。Xlink 还为文件内部定位提供了全新的方式，允许链接的建立者利用文件结构指定文件内部资源片断。Xlink 有一个重要功能就是建立 [topicmaps]，这是一种依据 metadata 链接到各种不同网络资源的方式。topicmaps 允许不同的资料有外在的注释。因此，可以说 topicmaps 是有结构性的 metadata，而依据各特性关联主题，可以链接到不同的网络资源。

6.3.4 动态网页技术

1. ASP

ASP(Active Server Pages)的使用非常广泛，很多大型的站点都是用 ASP 开发的。ASP 程序运行在服务器端，它对客户端没有任何特殊的要求，只要有一个普通的浏览器即可。

ASP 文件就是在普通的 HTML 文件中嵌入 VBScript 或 JavaScript 脚本语言，它所编写出的网页是一种动态网页。当客户请求一个 ASP 文件时，服务器就把该文件解释成标准的 HTML 文件发过去。ASP 在服务器端运行的好处有：可以不受客户端浏览器的限制；可以很方便地和服务器交换数据，如读取数据库。

ASP 提供了几个内部对象和内部组件，利用它们可以很方便地实现表单上传、存取数据库等常见功能。除此之外，还可以使用第三方组件解决如发送 E-mail、文件上传等功能。如果还有特殊的需要，可以利用 VC、VB、Delphi 等开发自己的组件。因此可以说 ASP 几乎可以实现任何功能。

任何事物都有它的优点和缺点，ASP 也不例外，概括如下。

1) ASP 程序的优点

(1) ASP 所使用的 VBScript 脚本语言直接来源于 VB 语言，秉承了 VB 简单易学的特点，学习起来非常容易。

(2) 把脚本语言直接嵌入 HTML 文档中，不需要编译和连接就可以直接解释运行。

(3) 利用 ADO 组件轻松存取数据库，轻松实现留言板、论坛、新闻系统等需要数据库支持的网页。

(4) 面向对象编程，可扩展 ActiveX Server 组件功能，可以使用第三方组件或自己开发 ActiveX Server 组件。从理论上说，在网络上可以实现任何功能。

(5) 不存在浏览器兼容的问题，由于 ASP 程序是在服务器端运行的，当客户端浏览器浏览 ASP 网页时，服务器会将该网页文件重新解释一遍，并将生成的标准 HTML

文件发送给客户端浏览器，由于送出的是标准的 HTML 文件，也就不会有浏览器兼容的问题了。

(6) 可以隐藏程序代码，在客户端仅可看到由 ASP 输出的动态的 HTML 文件，而不是原始的程序代码，因此可以做到保护隐私。

2) ASP 程序的缺点

(1) 运行速度比起 HTML 程序来较慢，因为服务器端接收到客户端的请求时，需要对 ASP 程序解释执行，最后再送出标准的 HTML 格式文件给客户端，从而影响了运行速度。不过，随着服务器硬件技术的更新和网络速度的提高，这种影响更可以忽略不计了。

(2) ASP 程序不能跨平台，有的网络操作系统不支持 ASP。一般来说，利用 ASP 开发的 Web 程序，需要选用 Windows 系列的操作系统。

微软目前已经推出了 ASP 的升级版本 ASP.NET，与 ASP 相比，它增加了很多特性，功能也更为强大。

2. PHP

PHP(Hypertext Preprocessor，超级文本预处理语言)是一种 HTML 内嵌式的语言，是一种在服务器端执行的嵌入 HTML 文档的脚本语言，语言的风格类似于 C 语言。

PHP 最初是 1994 年由 Rasmus Lerdorf 创建的，开始是一个用 Perl 语言编写的简单的程序，用来统计 Rasmus 自己网站的访问者。后来又用 C 语言重新编写，包括可以访问数据库。当时只是作为一个个人工具，仅提供留言本、计数器等简单的功能。后来逐渐传开，Rasmus 又重写了整个解析器，并命名为 PHP v1.0，当然功能还不是十分完善。此后其他程序员开始参与 PHP 源码的编写，经过多次重新编写解析器，功能基本完善，逐步发展到今天流行的 PHP5。

PHP 程序可以运行在 UNIX、Linux 或者 Windows 操作系统下，对客户端浏览器也没有特殊要求，不过它的运行环境安装比较复杂。PHP、MySQL 数据库和 Apache Web 服务器是一个比较好的组合。

PHP 独特的语法混合了 C、Java、Perl 以及 PHP 自创新的语法。它可以比 CGI 或者 Perl 更快速地执行动态网页。用 PHP 做出的动态页面与其他的编程语言相比，PHP 是将程序嵌入到 HTML 文档中去执行，执行效率比完全生成 HTML 标记的 CGI 要高许多；PHP 还可以执行编译后代码，编译可以达到加密和优化代码运行，使代码运行更快。PHP 具有非常强大的功能，所有的 CGI 的功能 PHP 都能实现，它基本上可以完成目前网络上的大部分功能，包括表单上传、存取数据库、图像处理等。

3. JSP

JSP(Java Server Pages)是由 Sun Microsystems 公司倡导、许多公司参与一起建立的一种动态网页技术标准。JSP 技术有点类似 ASP 技术，它是在传统的网页 HTML 文件(*.htm，*.html)中插入 Java 程序段(Scriptlet)和 JSP 标记(tag)，从而形成 JSP 文件(*.jsp)。用 JSP 开发的 Web 应用是跨平台的，既能在 Linux 下运行，也能在其他操作系统上运行。

JSP 的最大优点是开放的、跨平台的结构。它可以运行在几乎所有的服务器系统上，包括 Windows 98、Windows NT、Windows 2000、Windows XP、UNIX、Linux 等。当然，需要安装 JSP 服务器引擎软件。SUN 公司提供了免费的 JDK、JSDK 和 JSWDK 供 Windows 和 Linux 系统使用。JSP 也是在服务器端运行的，对客户端浏览器要求很低。

6.3.5 虚拟现实造型语言

虚拟现实造型语言(Virtual Reality Modeling Language，VRML)是一种用来描述 WWW 页面上三维交互环境的文件格式。VRML 的基本原理同 HTML 的基本原理一样简单，都是用一系列指令告诉浏览器如何显示一个文档，它们都是描述 WWW 页面的描述语言。它与 HTML 不同的是，以 HTML 为核心的 WWW 浏览器浏览的是二维世界，而以 VRML 为核心的 WWW 浏览器浏览的是三维世界，可以使用鼠标器在这个世界里到处“逛一逛”，而不是像在二维世界里“一页一页”地显示。

体验三维世界需要有能接收和再现 VRML 文件的浏览器。目前有两种类型，一种是插入型，把 VRML 浏览软件插入到 HTML WWW 浏览器；另一种是单独的 VRML 浏览器。

6.4 Dreamweaver 的使用

其实 Web 程序对制作软件的要求并不高，可以这么讲，“只要是能进行文字编辑的都可以制作出网页”，如记事本、Word、Excel、PowerPoint 等都可以做网页。但它们的缺点也很明显，如使用记事本手工编写源代码也能做出网页，但这需要对编程语言相当了解，并不适合广大的网页设计爱好者。目前可视化的网页设计工具越来越多，使用也越来越方便，所以设计网页已经变成了一件轻松的工作。常用网页设计工具有 Microsoft Frontpage(新版本中已经改名为 SharePoint Designer) 、Adobe Dreamweaver 。其中 Adobe 出产的四个软件 Flash、Dreamweaver、Photoshop、Fireworks 相辅相成，是设计网页的首选工具，Dreamweaver 用来排版布局网页，Flash 用来设计精美的网页动画，Photoshop 和 Fireworks 用来处理网页中的图形图像。本节将对 Dreamweaver 进行简要介绍。

6.4.1 Dreamweaver 简介

Dreamweaver 是创建网站和应用程序的专业之选。利用 Dreamweaver 还可以轻松开发基于 ASP、ASP.NET、PHP 等动态网页。它组合了功能强大的布局工具、应用程序开发工具和代码编辑支持工具等。Dreamweaver 的功能强大而且稳定，可帮助设计人员和开发人员轻松创建和管理任何站点，如图 6-10 所示为 Dreamweaver CS5.5 中文版工作界面。

和以前的版本相比，Dreamweaver CS5.5 的界面操作更简洁，在界面中可以看到更多的设计元素。另外，Dreamweaver CS5.5 以下(简称 Dreamweaver)的工作区非常灵活，用户完全可以根据自己的习惯进行设定。在启动 Dreamweave 时，首先进入的是起始页面，在起始页中，将 Dreamweaver 能完成的任务都集中地放在了一个页面中，如“打开最近的项目”、“新建”、“主要功能”等，如图 6-11 所示。

图 6-10　Dreamweaver CS5.5 中文版工作界面

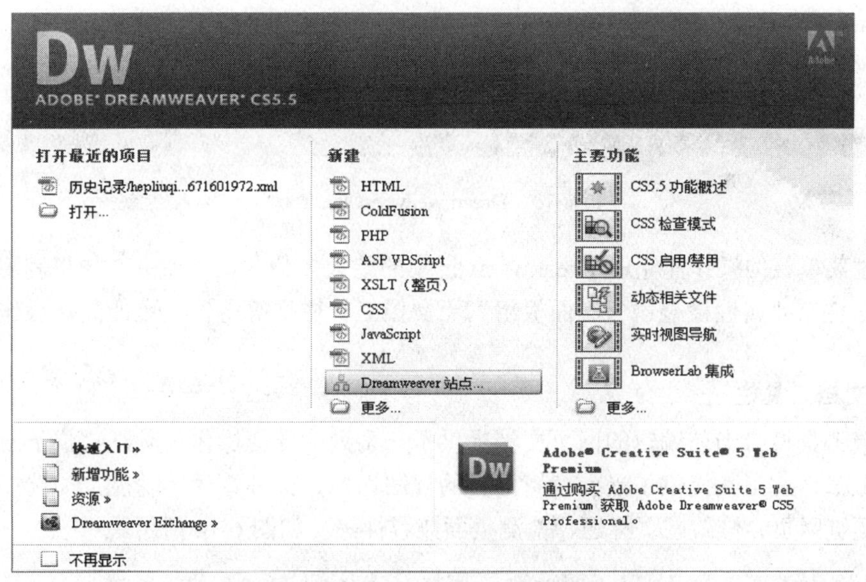

图 6-11　Dreamweaver 起始页面

如果启动 Dreamweaver 后没有进入起始页面，可以选择“编辑”→“首选参数”命令，打开“首选参数”对话框，然后在“常规”类中选中“显示欢迎屏幕”即可。

在起始页中选择“新建”中的“HTML”，这样便进入了 Dreamweaver 的工作窗口，并建立起了一个网页页面，其工作界面如图 6-12 所示。

文件(F) 编辑(E) 查看(V) 插入(I) 修改(M) 格式(O) 命令(C) 站点(S) 窗口(W) 帮助(H)
Untitled-2
代码 拆分 设计 实时代码 实时视图 检查 多屏幕 标题: 无标题文
Adobe BrowserLab
CS Live

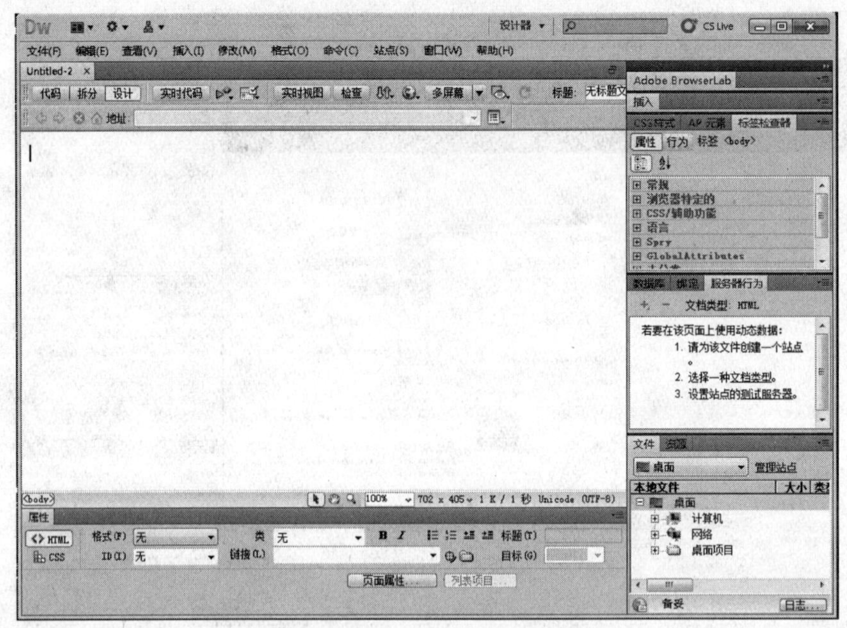

图 6-12 Dreamweaver 的工作界面

工作界面中主要包括“菜单栏”、“文档工具栏”、“插入窗口”、“属性检查器”、“状态栏”、“面板组”、“文档编辑区”等几个部分，如图 6-13 所示。

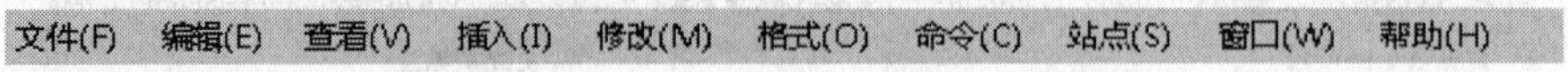

文件(F) 编辑(E) 查看(V) 插入(I) 修改(M) 格式(O) 命令(C) 站点(S) 窗口(W) 帮助(H)

图 6-13 Dreamweaver 的菜单栏

通过菜单栏的操作能完成 Dreamweaver 中的绝大多数的操作命令，如果利用其提供的“插入栏”、“属性检查器”、“面板组”、“文档工具栏”等组件，更能简化操作，提高工作效率。

1. 文档工具栏

文档工具栏给当前编辑的网页文档提供了一系列的便捷操作工具，它位于网页编辑窗口的上部，此工具提供了当前编辑网页的视图切换、文件管理等功能。如选择不同的浏览器预览网页、修改网页标题、检测页面兼容性等。如图 6-14 所示。

代码 拆分 设计 实时代码 实时视图 检查 多屏幕 标题: 无标题文档
地址:

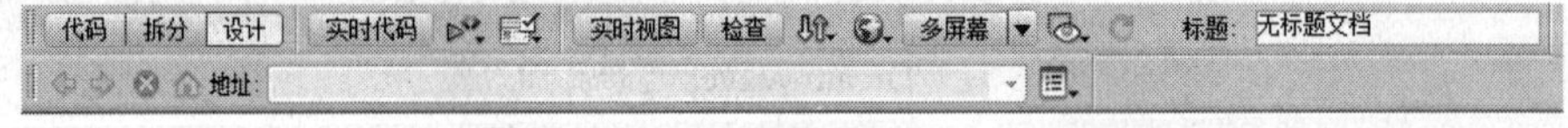

图 6-14 Dreamweaver 的文档工具栏

2. 插入栏

以前版本的 Dreamweaver 的插入栏均位于菜单栏的下方，而 CS5.5 版本将其整合在面板组中，使用起来更为灵活，同时也增加了文档编辑区的空间，如图 6-15 所示。

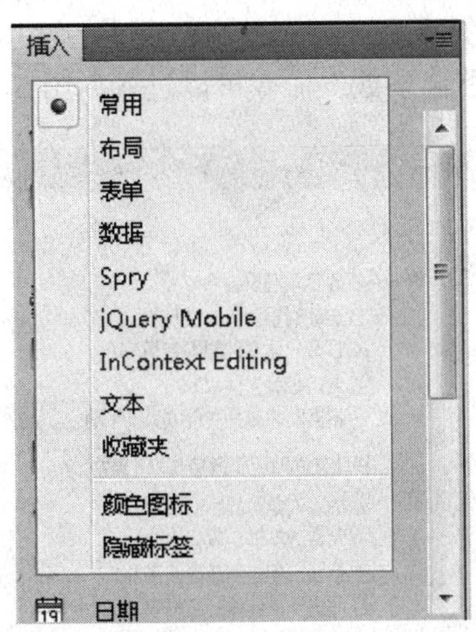

图 6-15 Dreamweaver CS5.5 的插入栏

插入栏中按类别可分为“常用”、“布局”、“表单”、“数据”、“Spry”、“InContext Editing”、“文本”、“收藏夹”、“颜色图标”和“隐藏标签”。这样可以通过插入栏“常用”选项完成在文档中插入常用的网页元素、通过“布局”选项完成控制网页布局的元素如 Div 标签、Spry 菜单栏和表格等、通过“数据”选项完成在文档插入 Spry 数据集、记录集等操作。

3. 属性检查器

属性检查器位于工作区的底部边缘，也可以将其取消停靠并使其成为工作区中的浮动面板，如图 6-16 所示。

图 6-16 Dreamweaver 的属性检查器

属性检查器中以 HTML 方式显示的属性面板可以设置“格式”、ID、“CSS 样式”、“链接”、“文本格式”、“列表”、“编号”、“缩进”、“凸出”和“页面属性”等。以 CSS 方式显示的属性面板可以直接选择 CSS 样式的“目录规则”，并可对 CSS 规则进行编辑，以及快捷打开 CSS 面板。同时，可以显示已选元素的“字体”、“大小”、“颜色”、“文本格式”和“对齐方式”等，也可以设置页面属性。

4. 面板组

Dreamweaver 将各种工具面板集成到面板组中，包括“插入”、“CSS 样式”、“行为”、“框架”、“文件”和“历史”等面板。可以在菜单栏中选择“窗口”命令，在弹出的下拉菜单中选择显示或隐藏某项面板。

6.4.2 Dreamweaver 参数设置

使用 Dreamweaver 时，可能默认的环境不符合我们的使用习惯，如没有欢迎屏幕等，这个时候就需要进行定制。在 Dreamweaver 中，所有的环境设置都通过“首选参数”进行设置。选择“编辑”→“首选参数”命令可以进入如图 6-17 所示的界面。

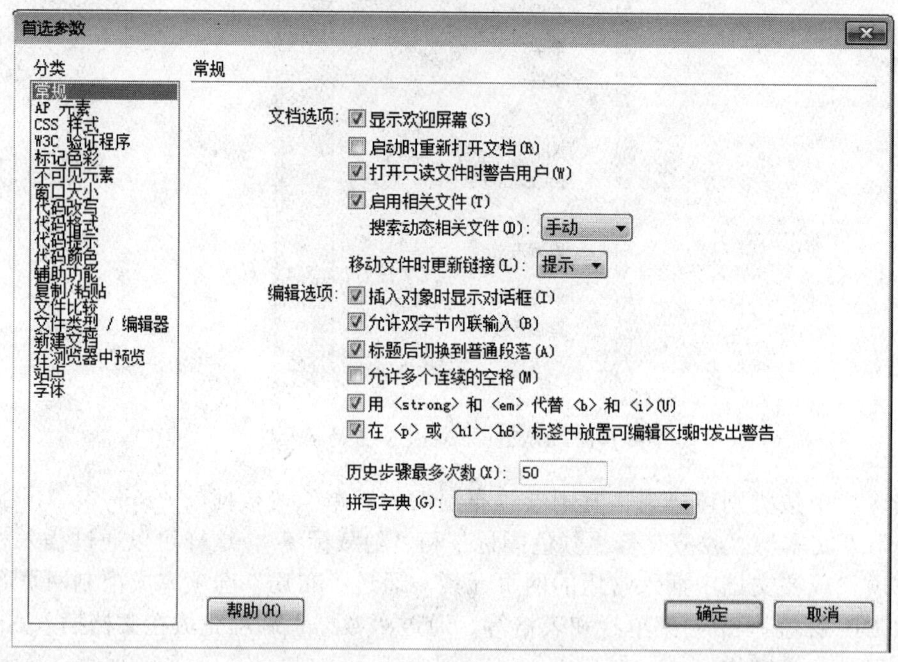

图 6-17 “首选参数”设置界面

在使用的过程中，如果感觉 Dreamweaver 的代码视图中的字体显示太小，则可以在图 6-17 所示的界面中选择“字体”选项卡，对字体及大小进行修改，如图 6-18 所示。

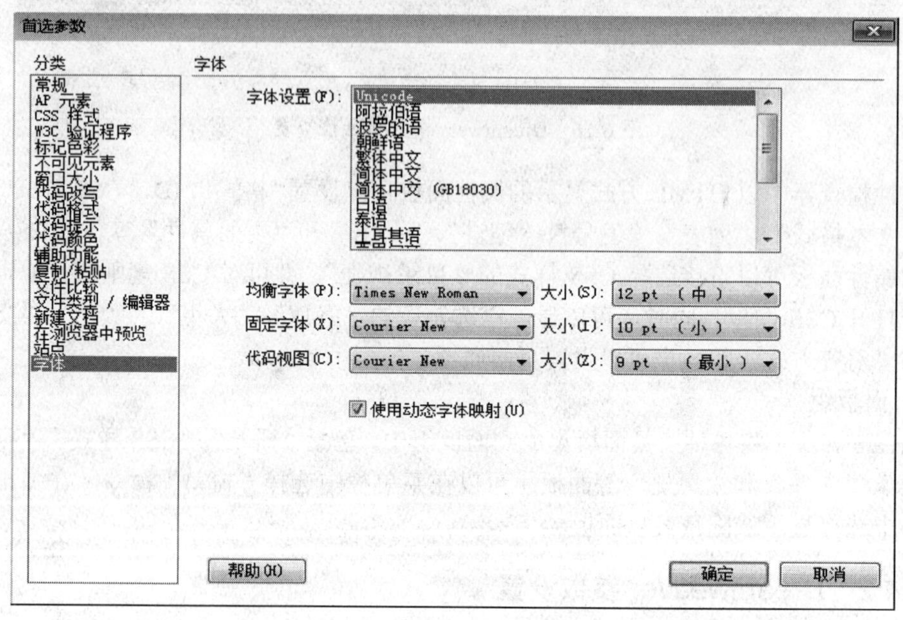

图 6-18 “字体”参数设置

在“首选参数”中，还可以设置代码颜色、AP 元素、CSS 样式等参数，从而使 Dreamweaver 的操作环境符合平时的操作习惯。

6.4.3 建立和管理站点

Dreamweaver 作为网页制作工具，它不仅仅是用于网页的设计，更是提供了大量和网站建立、管理、维护相关的功能，能够对网站中的多种资源进行统一管理，使得网站的设计变得简单、方便。

在 Dreamweaver 中设计网站，首要工作就是建立网站站点，然后通过 Dreamweaver 的相关功能对站点资源按设计者的要求进行组织和管理。

1. 建立 Dreamweaver 站点

所谓站点是网站设计软件中提供的一种组织网站资源的一种方法。在 Dreamweaver 中站点通常有远程站点和本地站点两种。远程站点是指可以在互联网上访问的站点，这些站点文件都存储在在互联网的服务器上。直接在服务器上建立或者调试站点都会有很多困难，所以通常情况下都是在本地机器上建立本地站点，再通过 FTP 传至到网络服务器。

创建一个本地站点的步骤如下。

(1) 启动 Dreamweaver，通过选择“站点”→“管理站点”命令，打开定义站点对话框，定义一个网站，取名为“教学资源”，如图 6-19 所示。

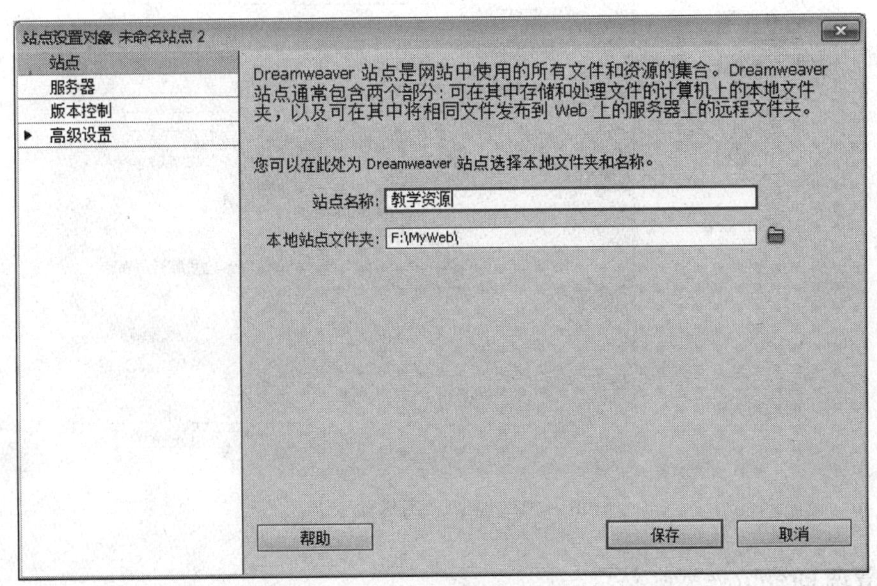

图 6-19 站点定义

如果不需要在服务器中调试，仅仅是为了管理站点，直接单击“保存”按钮即可完成站点的定义。

(2) 如果要使用远程服务器，且使用服务器技术调试动态网页，则选择“服务器”，然后添加服务器地址信息即可。如图 6-20 所示。

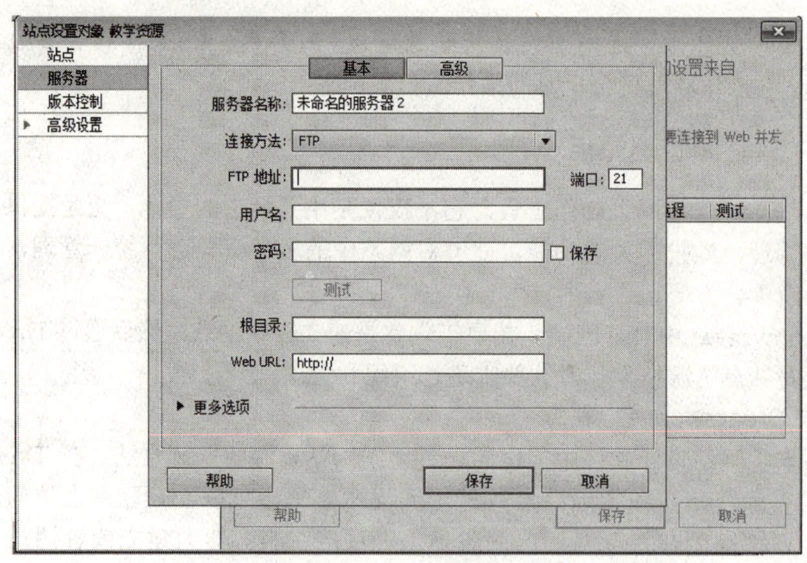

图 6-20 设置服务器

(3) 如果对站点设置比较熟悉，也可以选择“高级设置”对站点进行设置，“高级设置”界面如图 6-21 所示。

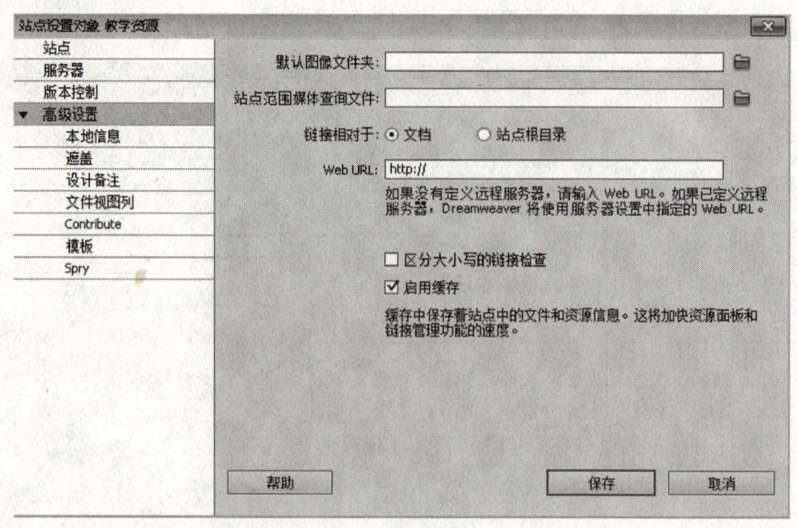

图 6-21 站点“高级设置”

2. 管理 Dreamweaver 站点

在 Dreamweaver 中，可以通过“站点管理”命令，对网站站点进行编辑管理。

在 Dreamweaver 主窗口中，选择“站点”→“站点管理”命令打开站点管理对话框，如图 6-22 所示。

在此对话框中可以完成对站点的如下设置：

新建：新建一个站点。

编辑：选择对话框中的已有站点进行编辑。

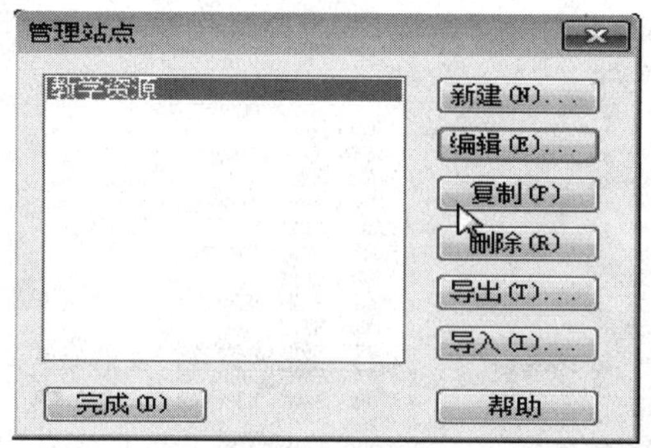

图 6-22　管理站点

复制：选择对话框中的已有站点，复制出一个新的站点。

删除：选择对话框中的已有站点，删除该站点。

导出：选择对话框中的已有站点，其配置文件可以“.ste”格式保存。

导入：将“.ste”格式的配置文件导入。

3. 编辑站点

单击站点管理对话框的“编辑”按钮，打开如图 6-19 所示“站点设置对象”对话框，打开“高级”类，可以对站点信息进行设置。

6.4.4　网页文件的基本操作

Dreamweaver 为处理各种 Web 文档提供了灵活的环境。除了 HTML 文档以外，还可以创建和打开各种基于文本的文档，如 ColdFusion 标记语言(CFML)、ASP、JavaScript 和层叠样式表(CSS)。还支持源代码文件，如 Visual Basic、.NET、C#和 Java。

Dreamweaver 为创建新文档提供了若干选项。可以创建以下任意文档：

(1) 新的空白文档或模板。

(2) 基于 Dreamweaver 附带的其中一个预设计页面布局(包括 30 多个基于 CSS 的页面布局)的文档。

(3) 基于某现有模板的文档。

此外，设置文档首选参数，例如，如果经常使用某种文档类型，可以将其设置为创建的新页面的默认文档类型；

可以在“设计”视图或“代码”视图中轻松定义文档属性，如 meta 标签、文档标题、背景颜色和其他几种页面属性。

本节将借助一个实例，练习网页文档的设计过程，从而进一步熟悉 Dreamweaver 的网页设计的基本操作。

1. 新建、保存和关闭网页

1) 新建网页

在 Dreamweaver 主窗口中，选择“文件”→“新建”命令，打开“新建文档”对话框。选择 HTML 空白页，如图 6-23 所示。

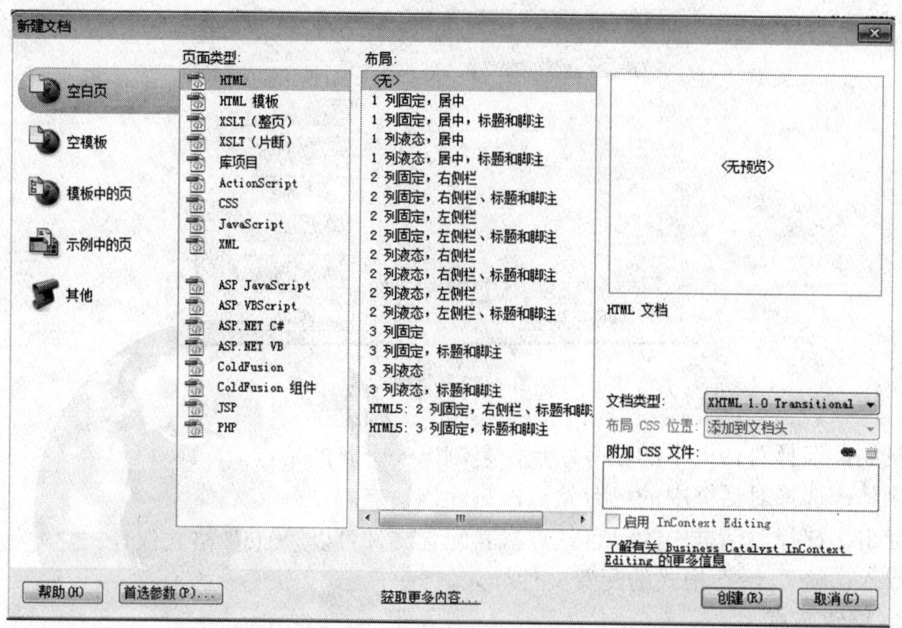

图 6-23　新建 HTML 空白文档

使用快捷键 Ctrl+N 也可快捷新建文档，熟练使用快捷键，能极大地提高工作效率。

欢迎屏幕可以通过选中窗口下方的“不再显示”复选框进行隐藏，若要将其显示，可在菜单栏中选择“编辑”→“首选参数”→“常规”命令，选中“显示欢迎屏幕”复选框，然后单击“确定”按钮即可。

2) 保存网页

页面编辑完成后，需要把之前的页面保存下来，选择“文件”→“保存”命令或者选择“文件”→“另存为”命令，选择保存路径，即可在对应路径中生成 HTML 文件保存下来。如图 6-24 和图 6-25 所示。

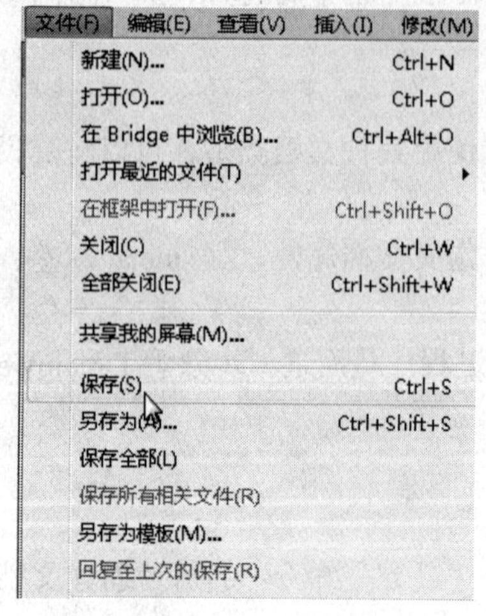

图 6-24　保存文档

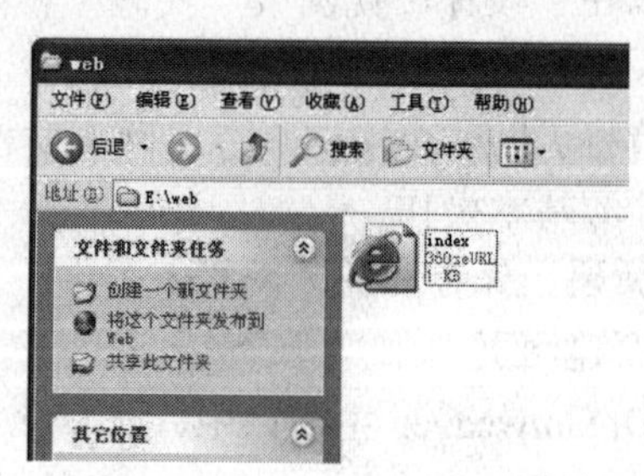

图 6-25　生成 HTML 文档

3) 关闭网页

关闭文档的操作分为两种。如图 6-26 所示。

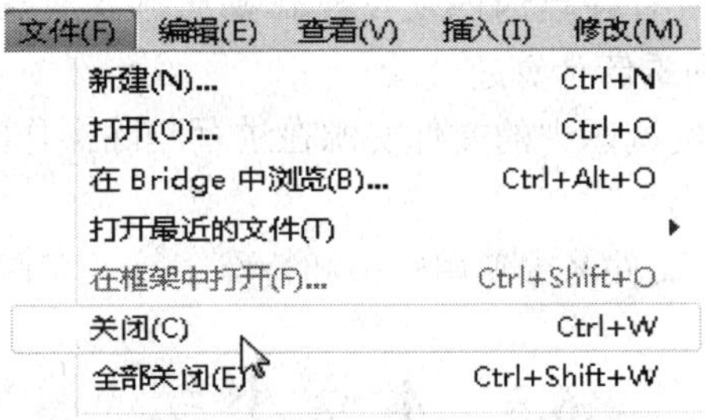

图 6-26　关闭网页

(1) 关闭。关闭当前操作文档。选择“文件”→“关闭”命令，或使用快捷键 Ctrl+W 关闭文档。

(2) 全部关闭。一次性将所有在工作界面打开的文档全部关闭，选择“文件”→“全部关闭”，或使用快捷键 Ctrl+Shift+W。

4) 运行网页

网页保存后，选择“浏览器上预览”→“调试”命令就可以在 IE 中运行了。如图 6-27 所示。

图 6-27　选择预览浏览器

也可以直接双击站点目录下的 HTML 文件图标，即可使用默认浏览器运行这个网页文件。

2. 创建文件和文件夹

一个网站中要创建哪些文件夹，通常是根据所设计网站的结构图而定的，文件夹代表的是站点的各个栏目或是版块，每一个栏目或版块都有自己对应的文件夹。建立站点的文件夹结构的原则是层次少，结构清，访问易。

一个网站站点结构通常是通过“文件”面板来管理操作，如图 6-28 所示。

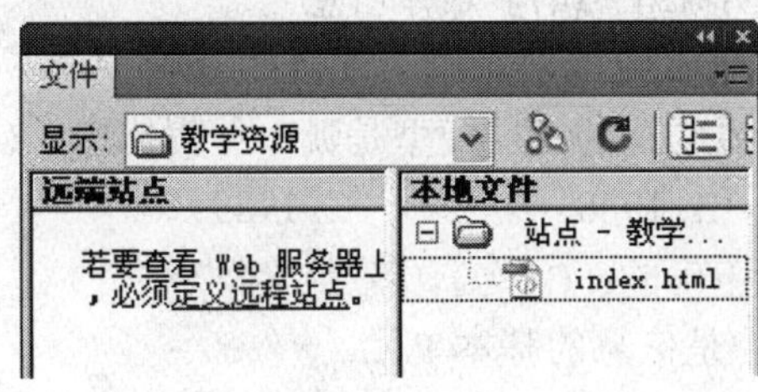

图 6-28　站点文件面板

在“文件”面板中，可以根据实际需要随时调整站点文件夹、文件的组织结构，但是在组织这些对象的过程中需要遵循如下几条规则：

(1) 在建立站点后，所有站点内的文件操作都必须在“文件”面板中进行，否则Dreamweaver将无法更新和重新计算超链接。

(2)“文件”面板站点结构图中的文件资源在进行删除操作时一定要慎重，一旦删除将无法恢复。

(3) 不要在文件夹名和文件名中使用空格和特殊字符，文件名也不要以数字开头。

6.5 本章小结

随着多媒体技术和Web技术的发展，包括图像、音频、视频等信息的多媒体数据大量涌现，对大量的多媒体数据进行全方位管理的需求越来越迫切。如何像人类思维那样通过“联想”来确定不同信息之间的关联已成为多媒体领域的重要研究内容。本章在介绍超文本与超媒体的基本概念的基础上，重点介绍超文本与超媒体的概念、体系结构、超文本标记语言、Web程序设计等相关内容，同时对Dreamweaver的基本操作作了简介，Dreamweaver详细的操作还可以参见配套实践教程。

【思考题与习题】

一、思考题

1. 超文本的核心思想是什么？
2. 超文本的组成要素与操作工具有哪些？
3. 超媒体多媒体之间的区别是什么？
4. 超文本和超媒体中的数据库层与传统的数据库有何区别？
5. 用HTML语言设计多媒体个人主页包括音频、视频，并写出播放动画HTML语句。
6. 常见的动态网页设计技术有哪些？分别说出它们的特点。
7. 如何理解超文本的文献模型？

二、选择题

1. 在超文本和超媒体中不同信息块之间的连接是通过(　　)连接。

   A.节点　　B. 字节　　C. 链　　D. 字

2. 超文本的三个基本要素是：(　　)

   (1)节点　(2)链　(3)网络　(4)多媒体信息

   A. (1)(2)(4)　　B.(2)(3)(4)　　C. (1)(3)(4)　　D.(1)(2)(3)

3. 超文本和超媒体体系结构的三层模型是哪一年提出的？(　　)

   A. 1985　　B. 1988　　C. 1989　　D. 1990

4. 下列的叙述哪些是正确的：(　　)

   (1) 节点在超文本中是信息的基本单元

   (2) 节点的内容可以是文本、图形、图像、动画、视频和音频

(3) 节点是信息块之间连接的桥梁

(4) 节点在超文本中必须经过严格的定义

A. (1)(3)(4)　　B. (1)(2)　　C. (3)(4)　　D. 全部

5. 超文本是一个(　　)结构。

A. 顺序的树形　　B. 非线形的网状

C. 线形的层次　　D. 随机的链式

6. 超文本和超媒体的主要特征是(　　)。

(1) 多媒体化　(2) 网络结构　(3) 交互性　(4) 非线性

A. (1)(2)　　B.　(1)(2)(3)　　C. (1)(4)　　D.　全部

7. 超文本和超媒体体系结构主要由三个层次组成，它们分别是(　　)

(1)用户接口层　(2)超文本抽象机层　(3)数据库层　(4)应用层

A. (1)(2)(4)　　B. (2)(3)(4)　　C. (1)(2)(3)　　D. (1)(3)(4)

8. HTML 是指(　　)。

A. 超文本标识语言　　B. 超文本文件

C. 超媒体文件　　D. 超文本传输协议

三、填空题

1. 超文本的三个基本要素是__________，__________，__________；在超文本和超媒体中不同信息块之间的连接是通过__________连接的。

2. 要创建网站，可以先设置一个本地文件夹，然后对本地站点进行定义。选择__________→__________菜单命令可以打开定义新建站点对话框。

3. 在 Dreamweaver 中预览网页的快捷键是__________。

4. HAM 模型于 1988 年提出，其思想是把超文本系统划分为三个层次：__________、__________、__________。

5. SGML 称为__________，英文全称为__________。

第 7 章　多媒体网络技术

音/视频(A/V)在网络上的应用越来越多，由于 A/V 文件一般都比较大，在网络上下载常常要花数分钟甚至数小时，面对有限的带宽和拥挤的网络，越来越多的人期望通过网络实现实时地获得数据和视频等多媒体信息。为了在网络上迅速、流畅地播放这些文件，需要一种新的文件格式来组织它们，因此流媒体及流媒体技术也就应运而生。流媒体的出现，使得在窄带互联网中传播多媒体信息成为可能。

【学习目标】

(1) 了解流媒体技术的概念。

(2) 理解流媒体传输的基本原理和流媒体系统的主要解决方案。

(3) 了解流媒体常见的文件格式。

(4) 了解流媒体技术的应用。

(5) 了解无线多媒体通信技术。

7.1　流媒体技术概述

7.1.1　什么是流媒体技术

流媒体技术是一种新兴的网络传输技术。流媒体是指采用流式传输的方式在网络上传输的媒体格式，如音频、视频或多媒体文件。流媒体技术不同于下载，下载需要多媒体文件完全从服务器上下载之后才能播放，而流式传输中，声音、影像或动画等时基媒体由音、视频服务器向用户计算机连续、实时传送。由于数据发送过程中几乎立即开始播放，因些解决了下载时间问题。流媒体的数据流随时传送随时播放，只是在开始时有些延迟，其最大优点是不会占用本地的硬盘空间。对于用户来说，观看流媒体文件与观看传统的音视频文件在操作上几乎没有任务差别。唯一有区别的就是在影音品质上，由于流媒体为了解决带宽问题以及缩短下载时间，较高压缩比的有损压缩，因此用户感受不到很高的图像和声音质量。但随着网络带宽的不断增加，以及压缩算法的不断改进，用户最终可以欣赏到满意的效果。

实际上，流媒体技术是网络音视频发展到一定阶段的产物，是一种解决多媒体播放网络带宽问题的“软技术”。流媒体技术会涉及流媒体数据的采集、压缩、存储、传输以及网络通信等多项技术。

7.1.2　流媒体技术的实现

流媒体技术不是一种单一的技术，它是网络技术及视/音频技术的有机结合。在网络上实现流媒体技术，需要解决流媒体的制作、发布、传输及播放等方面的问题，而这些问题则需要视/音频技术及网络技术来解决。

1. 流媒体制作技术方面需解决的问题

在因特网上传输文件时，传输的文件越大，传输的效率越低，而普通的多媒体文件容量很大，在现有的窄带网络上传输则需要花费很大的时间，因此，在网上传播音/视频文件时，所传输的文件必须制作成适合流媒体传输的流媒体格式文件，也就是说对需要进行流媒体格式传输的文件应进行预处理，预处理主要采用先进高效的压缩算法，将多媒体信息进行压缩。压缩后的编码数据可以进行多路传输，并且放在能够实现流的文件结构中，然后再在客户端进行解码。

2. 流媒体传输技术方面需解决的问题

目前在因特网上的文件传输大都是建立在TCP等协议的基础上的，但采用这些传输协议都不能实现实时方式的传输，因此，流媒体在传输技术方面需要注重于传输速度的协议。流媒体传输一般都是采用建立在UDP(User Datagram Protocol，用户数据报协议)上的RTP/RTSP实时传输协议。

UDP和TCP在实现数据传输时的可靠性有很大的区别。TCP协议中包含了专门的数据传送校验机制，当数据接收方收到数据后，将自动向发送方发出确认信息，发送方在接收到确认信息后才继续传送数据，否则将一直处于等待状态。而UDP协议不同，UDP协议并不提供数据传送的校验机制。从发送方到接收方的数据传输过程，UDP协议本身并不能做任何校验。由此可以看出，TCP协议注重传输质量，而UDP协议注重于传输速度。因此，对于传输质量要求不是很高，而对传输速度则有很高要求的音视频流媒体文件来说，采用UDP协议则更合适。

3. 在流媒体的传输过程中需要缓存的支持

流媒体传输过程中需要缓存。因为对于一个实时的音/视频源或音/视频文件，在网络传输中要被分解成许多包，由于网络是动态变化的，各个包选择的路由不同，则到达客户端的时间延迟也可能发生改变，甚至先发的数据包出现后到的现象。因此，必须采用缓存技术来纠正由于数据到达次序发生改变而产生的混乱状况，利用缓存对到达的数据包进行正确排序，从而使音/视频数据能连续正确地播放，而不会因为网络暂时拥塞使播放出现停顿。缓存中存储的是某一段时间内的数据，数据在缓存中存放的时间是暂时的，缓存中的数据也是动态的、不断更新的。在播放流媒体文件时并不需要占太大的缓存空间，因为缓存可以使用环形链表结构来存储数据。流媒体在播放时不断读取缓存中数据进行播放，播放完后该数据便被立即清除，缓存可以腾出空间用于存放后续尚未播放的数据。

4. 浏览器对流媒体播放的支持

流媒体播放需要浏览器的支持。通常情况下，浏览器是采用MIME来识别各种不同的简单文件格式的，所有的Web浏览器都是基于HTTP协议的，而HTTP协议都内建有MIME。所以Web浏览器能够通过HTTP协议中内建的MIME来标记Web上众多的多媒体文件格式，包括各种流媒体格式。

7.1.3 流媒体技术的原理

流式传输的过程一般是这样的：用户选择某一流媒体服务后，Web浏览器与Web服务器之间使用 HTTP/TCP 交换控制信息，以便把需要传输的实时数据从原始信息中检索出来。然后客户机上的 Web 浏览器启动 A/V Helper 程序，使用 HTTP 从 Web 服务器检索相关参数对 A/V 客户程序初始化。这些参数可能包括目录信息、A/V 数据的编码类型或与 A/V 检索相关的服务器地址。

A/V 客户程序及 A/V 服务器运行实时流控制协议 RTSP，以交换传输所需的控制信息。与光盘播放机或 VCR 所提供的功能相似，RTSP 提供了操作播放、快进和录制等命令的方法。A/V 服务器使用 RTP/UDP 协议 将 A/V 数据传输给 A/V 客户程序，一旦 A/V 数据抵达客户端，A/V 客户程序即可播放输出。其流式传输的基本原理如图 7-1 所示。

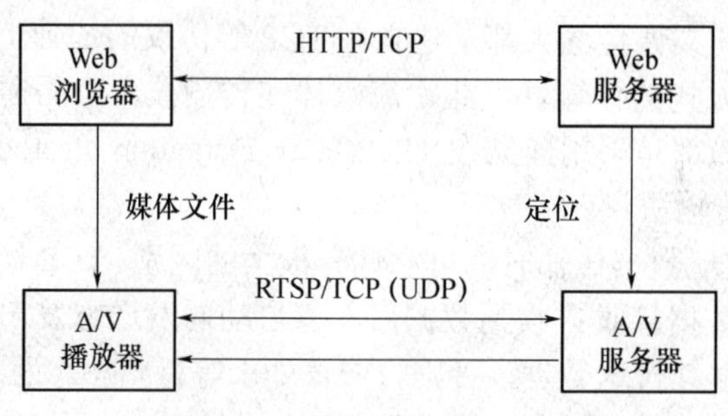

图 7-1 流式传输基本原理

7.2 流媒体传输

7.2.1 流媒体传输协议

流式传输的实现有特定的实时传输协议，只有采用合适的协议才能更好地发挥流媒体的作用，保证传输质量。其支持流媒体传输的协议，主要包括以下协议。

1. 实时传输协议(Real-time Transport Protocol，RTP)

RTP 是用于网络上针对于多媒体数据流的一种实时传输协议，它提供了交互式音频和视频的传输服务，其目的是提供时间信息和实现流同步。RTP 是运行在 UDP 上的传输层协议，以便利用 UDP 的多路复用、检查和服务。RTP 本身不能提供任何保证及时提交的机制，也不提供其他服务质量保证，而是依靠 RTCP 提供这些服务。

2. 实时传输控制协议(Real-time Transport Control Protocol，RTCP)

多媒体网络应用把 RTCP 和 RTP 一起使用，提供流量控制和拥塞控制服务。当从一个或者多个发送端向多个接收端广播声音或电视时，也就是在 RTP 会话期间，每个参与者周期性地向所有其他参与者发送 RTCP 控制信息包。因此，服务器可以利用这些信息动态地改变传输速率，甚至改变有效载荷类型。RTP 和 RTCP 配合使用，可以有效地反馈和最小地开销使传输效率最佳化，因而特别适合传送网上的实时数据。

3. 实时流协议(Real Time Streaming Protocol，RTSP)

RTSP 解决了一对多应用程序如何有效地通过 IP 网络传送多媒体数据的问题。RTSP 在体系结构上位于 RTP 和 RTCP 之上，它使用 TCP 或 RTP 完成数据传输。

4. 资源预订协议(Resource Reserve Protocol，RSVP)

RSVP 是网络控制协议，使用 RSVP 预留一部分网络资源，使得在因特网应用传输数据流时能够获得特殊服务质量。

5. MMS 协议(Microsoft Media Server Protocol)

MMS 协议称为微软媒体服务器协议，是 Windows Media 的流媒体协议，用来访问并流式接收 Windows Media 服务器中的流媒体文件。

7.2.2 流媒体传输方式

在网络上传输音/视频等多媒体数据，目前主要有下载和流式传输两种方案。A/V 文件一般比较大，由于网络带宽的限制，这种方法延迟也很大。而流式传输可以实时传送，用户不必等到整个文件全部下载完毕。所以我们说，流媒体实现的关键技术就是流式传播。流式传播定义很广泛，现在主要指通过网络传送媒体(如音频、视频)的技术总称。其特定含义为通过因特网将影视节目传送到 PC。实现流式传播有两种方式：顺序流式传输和实时流式传输。

1. 顺序流式传输

顺序流式传输是顺序下载，在下载文件的同时用户可观看在线媒体，在给定时刻，用户只能观看已下载的那部分，而不能跳到未下载的前面部分。在不需要其他特殊协议的情况下，标准的 HTTP 服务器就可完成相应的工作。因此，这种传输方式经常被称为 HTTP 流式传输。

顺序流式传输比较适合高质量的短片段，如片头、片尾和广告，由于该文件在播放前观看的部分是无损下载的，这种方法可保证电影播放的最终质量。但它不适合长片段和有随机访问要求的视频，如讲座、演说与演示。它也不支持现场广播，严格说来，它是一种点播技术。

2. 实时流式传输

实时流式传输是实时传送，它保证了媒体信号带宽与网络连接匹配，使媒体可被实时观看到的媒体传输方式。实时流式传输与顺序流式传播不同，它可以在传输期间根据用户连接的速度做出调整，它需要专用的流媒体服务器与传输协议。其流媒体服务器，如 QuickTime Streaming Server、RealServer 或 Windows Media Server，这些服务器可以对媒体发送进行更多级别的控制，因而系统设置、管理比标准 HTTP 服务器更复杂，可进行多点广播实时传输，可靠性更高。而传输协议，如 RTSP 或 MMS。实时流式传输特别适合实况转播和现场事件，支持随机访问。用户可以像使用录像机那样用快进键或后退键重复观看前面或后面的内容。

7.3 流媒体系统

7.3.1 流媒体系统的组成

流媒体系统一般由五个部分组成，这五部分有些是网站需要的，有些是客户端需要的，针对不同的流媒体标准和不同公司的解决方案会在某些方面有所不同。

1. 编码器

流媒体编码器负责将原始的音频、视频文件转换为流媒体文件，以便在互联网上传播。编码时要尽可能保证文件原有声音影像质量的情况下尽量降低文件的数据量，还需要按照容错格式将转换后的文件打包，避免数据传输时发生丢失。

2. 流媒体数据

流媒体数据存放在服务器上，客户端可以通过网络进行调用。

3. 服务器

流媒体服务器用来存放和控制流媒体的数据。文件在编码之前，被存放在流媒体服务器上，流媒体服务器处理来自客户端的请求，除了要响应播放器，还必须及时处理新接收的实时广播数据，并将其编码。

4. 网络

适合多媒体传输协议以及流式传输协议的网络。

5. 播放器

流媒体播放器是一种能够与流媒体服务器通信的软件，这种软件能够播放或丢弃收到的媒体流。流媒体播放器通常都提供对流的交互式操作，如播放、暂停、快放等。某些播放器还提供一些额外的功能，如录制、调整音频或视频等。

7.3.2 流媒体技术的硬件组成

流媒体技术需要一定的硬件设备支持，流媒体技术涉及的硬件主要有以下六种。不同的用户所采用的硬件也不同。

(1) 视频源，包括摄像机、电视机、录像机或其他设备。

(2) 数字化、编码设备，主要是指流媒体视频采集卡，如 Osprey 等。

(3) 编码工作站，制作广播的流媒体或需要进行实时压缩和播放时，对计算机的要求较高，一般要求双 CPU 或以上、内存较大的计算机。

(4) 服务器，用于发布流媒体。

(5) 用户接入设备，主要有 Modem、网卡等。

(6) 用户终端设备，主要有计算机、手机、PDA 等终端。

7.3.3 流媒体系统的主要解决方案

一个流媒体系统一般由三部分组成：流媒体开发工具、流媒体服务器组件和流媒体播放器。其中流媒体开发工具用来生成流式格式的媒体文件，流媒体服务器组件用来通过网络服务器发布流媒体文件，流媒体播放器用于客户端对流媒体文件的解压和播放。到目前为止，使用较多的主流网络流媒体系统有 Real Networks 公司开发的 Real System，Microsoft 公司的 Windows Media Technology 和 Apple 公司开发的 QuickTime。

1. Real System

Real Networks 公司是最早开展流媒体应用的公司，1995 年推出了第一个流式产品，随着公司的不断发展，研制的 Real System 也提供从制作端(Real Producer)、服务器(Real Server)到客户端的所有流式媒体产品。其流媒体文件包括 Real Audio(RA 格式)、Real Video(RM 格式)、Real Presentation 和 Real Flash 4 类文件，分别用于传送不同的文件。

Real System 的工作流程是：利用开发工具 Real Producer 编码软件将录像机、录音机、摄像机和影像节目等普通格式的音频、视频通过压缩转换为流格式文件，也就是 Real System 的编码器；再利用流媒体编辑工具 Real Media Editor 编辑 RM 文件等，并通过其服务器软件 RealServer 进行流式传输；最后在客户端的软件 RealPlayer 播放器上观看。RealPlayer 播放器已广泛应用，它可以实现音频、视频和三维动画的回放等。

2. Windows Media Technology

Windows Media Technology 简称为 WMT，是微软公司公司提出的流媒体方案，能适应多种网络带宽条件的流式多媒体信息的发布平台，其制作、发布、播放软件和管理的一整套解决方案，并与 Windows 系列操作系统集成在一起，免费使用，无需单独购买。此外，还提供了开发工具包(SDK)供二次开发使用。

WMT 的流媒体视频文件格式包括(Advanced Streaming Format，ASF)和 WMV 两种。而 WMT 由三个部分组成：一系列帮助用户生成和编辑流媒体文件的创建工具和编辑工具，创建工具主要用于生成流媒体文件，编辑工具主要用于对 ASF 或 WMV 格式的多媒体流信息进行编辑与管理；Windows Media Player 媒体播放器，集中在 Windows 操作系统中；Windows Media Server 流媒体服务器，对外提供流媒体文件的网络发布服务。

3. QuickTime

Apple 公司开发的 QuickTime，是一种应用比较广的流式系统，它几乎支持所有主流的个人计算平台和各种格式的静态图像文件、视频和动画格式，具有内置 Web 浏览器插件技术，支持 IETF 流标准以及 RTP、RTSP、SDP、FTP 和 HTTP 等网络协议。QuickTime 包括服务器 QuickTime Streaming Server、带编辑功能的播放器 QuickTime Player、制作工具 QuickTime 4 Pro、图像浏览器 Picture Viewer 以及使因特网浏览器能够播放 QuickTime 影片的 QuickTime 插件。

7.4 流媒体的文件格式

无论流式的还是非流式的多媒体文件格式，在传播与播放时都需要进行一定比例的压缩，以得到品质与尺寸的平衡。在压缩过程中多媒体文件中的数据信息进行了重新的编排，在使其重新恢复到原有状态时需要进行解压缩。多媒体文件格式可以分为三类：媒体文件压缩格式、媒体文件流式格式和媒体文件发布格式。

7.4.1 媒体文件压缩格式

媒体文件压缩格式的目的是为了使文件被处理得更小，但它和原来的媒体文件包含了相同的描述声音和图像的信息，只是改变了原来数据信息重新进行了编排。在压缩媒体文件再次成为媒体格式之前，数据需要解压缩。压缩或解压缩的过程都可以用软件或硬件实现。不同的公司都依据自己的标准制定了很多压缩解压缩的标准，常用的视频、音频文件格式有 MOV、MPG、MP3、 WAV 和 AVI 等。

1. MOV

MOV 是 Quick Time 影片格式，它是 Apple 公司开发的一种音频、视频文件格式，用于存储常用数字媒体类型。MOV 具有跨平台的优点，支持 MacOS 也能支持 Windows 操作系统，它的存储空间要求小，并支持多种音视频压缩算法和较完美的视频清晰度等技术特点，越来越被众多的多媒体编辑及视频处理软件所青睐，所以用 MOV 格式来保存影片是一个非常好的选择。当选择 QuickTime 作为“保存类型”时，动画将保存为“.mov”文件。

2. AVI

AVI 称为音频视频交错格式，也就是说它可以将视频和音频交织在一起进行同步播放。这种视频格式由 Microsoft 公司发布，是这种应用最广泛的格式。它的优点是图像质量好，可以跨多个平台使用，其缺点是体积过于宠大。

3. MPEG

MPEG 称为动态图片专家组，是当今最流行的音频、视频压缩技术之一，由国际标准组织 ISO 就压缩专题而建立。MPEG 包括 MPEG-1、MPEG-2 和 MPEG-4 等多种视频格式。其中 MPEG-1 主要应用在 VCD 的制作和一些视频下载，可以说 99%的 VCD 是使用 MPEG-1 格式压缩的。MPEG-2 则是应用在 DVD 的压缩制作和一些高清晰电视广播编辑等方面，其图像质量等性能比较好。MPEG-4 是一个适用于低传输速率应用的方案，与 MPEG-1 和 MPEG-2 相比，它更加注重多媒体系统的交互性和灵活性。

4. WAV

WAV 文件是音质最好的格式，在 Windows 平台下，所有音频软件都能够提供对它的支持。适应于多媒体开发、保存音乐和音效素材。

5. MP3

MP3 即 MPEG Layer-3 Audio，它具有不错的压缩比，听感上已经非常接近 WAV 文件。但由于 MP3 编码是有损的，多次编辑后，音质会急剧下降，因此，它不适合保存素材。MP3 是目前应用最广的有损编码之一，网络上可以找到大量的 MP3 资源，MP3 播放器已成为一种时尚，VCD、DVD 和手机都可以播放 MP3。

7.4.2 媒体文件流式格式

媒体文件流式格式是经过特殊编码的，但它的目的又和文件压缩格式不一样，多媒体文件中的数据信息重新的编排是为了适合在网络上边下载边播放，而不要等到整个文件下载完成才能播放。目前，在流媒体领域中，主流网络流媒体公司主要有三个：微软公司、RealNetworks 公司和 Apple 公司。相应的产品为 Windows Media、Real System 和 QuickTime。本节主要介绍这三个公司的产品中所分别使用的流媒体文件格式。

1. 微软公司的 ASF 格式

(Advanced Streaming Format，ASF)称为高级流格式，ASF 格式的文件是微软公司为了和 Real Player 竞争而发展出来的一种可以直接在网上观看视频节目的文件压缩格式。它使用了 MPEG-4 的压缩算法，则压缩率和图像的质量都很不错。ASF 不但最适于通过网络发送多媒体流，也适于在本地播放。

2. RealNetworks 公司的 RM、RA、RP 和 RT 格式

RM 的全称为 Real Media，是 RealNetworks 公司开发的一种流媒体视频文件格式，可以根据网络数据传输的不同速率制定不同的压缩比率，从而实现低速率的因特网上进行视频文件的实时传送和播放。

RA 的全称是 RealAudio，是 RealNetworks 公司成熟的音频格式，它是一种可以在网络上实时传送和播放的音乐文件，是目前网络上比较流行的流媒体技术。

RP 的全称是 RealPix，是 RealMedia 文件格式的一部分，是允许直接将图片文件通过因特网流式传输到客户端，通过将其他媒体如音频、文本等捆绑到图片上可以制作出为了各种目的用途的多媒体文件。

RT 的全称是 RealText，也是 RealMedia 文件格式的一部分，发布这种格式是为了让文本从文件或直播源流式发放到客户端，RT 文件可以是单独的文本，也可以是文本的基础上加上多媒体，何种形式完全由需要决定。它可以用 Real Player 流式播放。

3. Apple 公司的 MOV

MOV 格式可以作为媒体文件压缩格式和视频流格式在网上传播，是一种较好的视频编码格式。

7.4.3 媒体文件发布格式

流媒体文件发布格式是指以特定方式安排压缩好的流媒体文件。媒体文件发布格式不是压缩格式，也不描述影音数据，它们的作用在于以特定的方式安排影音数据的播放。简单来说，可以把它理解为播放列表，它可以将不同媒体内容集中在一起，按用户所指定的任意顺序播放，也就是说位于多个不同的存储地点的流媒体文件，可以由流媒体发布文件中的信息控制这些流媒体的播放。虽然流媒体发布文件在流媒体播放的过程中并不是必需的，但使用流媒体发布非常有利于流式多媒体的发展及使用。常见的流媒体文件发布格式有 ASF、ASX、RAM、RPM、SMI/SMIL 和 XML 等。

7.5 流媒体技术的应用

7.5.1 视频会议

视频会议是流媒体技术的一个商业用途，通过流媒体可以进行点对点的通信。只需两端都安装一套视频会议终端，接上电视机、摄像头、麦克风等附件，再接入相应的宽带网络，即可实现视频、音频、数据的实时传送，从而真正实现天涯共一室的梦想。这种不受地域限制、建立在宽带网络基础上的双向、多点、实时的视音频交互系统就称为远程视频会议系统。

视频会议的优势在于节约会议的经费、时间，提高开会的效率；对于某些交通状况不好，特别是地处山区、边疆的城市，视频会议将带来极大的方便；视频会议可当做高质量的可视电话，连线两方诉说心情，也可多人多点参加形成会议。

随着现代视频压缩技术，尤其是宽带网络的日益完善和发展，实时视频通信已成为宽带网络中除电视、数据之外的第三大服务内容。

7.5.2 在线直播

随着因特网技术的发展和普及，网络上传输的信息不再局限于文字和图形，有许多的视频应用需要在网上直播，如世界杯现场直播、重大庆典等，也有很多厂商希望通过网上直播的形式将自己的产品和活动传遍全世界，这些需要促成在因特网直播的形成。但是网络的带宽问题一直阻碍了网上直播的发展，随着流媒体技术的不断改进，它实现了在低带宽环境下提供了高质量的音视频信息，可以保证不同连接速率下的用户能够得到不同质量的音视频效果。中央电视台的网络视频直播如图 7-2 所示。

图 7-2　中央 1 台的网络视频直播

7.5.3　视频点播

视频点播(VOD)，即根据观众的要求播放节目的视频点播系统，把用户的所单击或选择的视频内容，传输给所请求的用户。最初的视频点播应用于卡拉 OK 点播，随着计算机技术的发展，VOD 技术逐渐应用于局域网及有线电视网。采用流媒体技术的视频点播 VOD 是一种交互式业务，用户可以挑选自己喜欢的节目，受到了人们的欢迎。

流媒体经过了特殊的压缩编码后很适合在因特网上传输，客户端采用浏览器方式进行点播，基本无需维护，采用先进的机群技术可以对大规模的并发点播请求进行分布式处理，使其能适应大规模的点播环境。随着宽带网和信息家电的发展，流媒体技术越来越广泛地应用于视频点播系统。现在网上很多的在线影院基本上都是采用 Real Networks 公司的 Real System 或微软公司的 Windows Media System。

7.5.4　远程教育

随着多媒体技术和因特网技术的快速发展，给远程教育带来了新的机遇。远程教育是指在远程教学过程中，将传送的信息从一端传到另一端，需要传送的信息可能是多元的，如视频、音频、文本和图片等。信息在因特网上的传送，受到了当前网络带宽的限制，而流式传输是最佳选择。学生在家通过一台计算机、一条电话线和一个调制解调器就可以参加远程教学。

目前，能够在因特网上进行多媒体交互教学的技术多为流媒体技术，如 Real System、

Flash 和 Shockwave 等技术就经常被应用到网络教学中。远程教育系统与传统学校教育相比，突破了时空限制，增加了学习机会，有利于扩大教育规模，提高教学质量，降低教学成本。为学习者在空间和时间上都提供了便利。目前，许多大学都已经采用流媒体技术实现了远程教育，如北京邮电大学就采用采用了 Cisco 公司的 IP/TV 流媒体系统进行远程教育。

7.6 无线多媒体通信技术

无线通信能实现在任何时候、任何地方，可以和任何人进行通信。近年来，无线通信技术的发展进入了空前活跃的历史时期，移动多媒体通信是当今多媒体通信发展的重要方向。

7.6.1 无线多媒体通信网的系统结构

无线多媒体终端具有多媒体终端和无线通信的功能。一个典型的无线多媒体终端包括信源编码器、信道编码器、RF 调制器和功率放大器。

在无线多媒体通信系统中，基站和常规的移动通信基站一样，主要负责管理无线网络资源、小区资料管理、功率控制、定位和切换等的网络单元，能实现与终端的双向通信和基站控制器的连接。

基站控制器是实现接入不同固定通信网络的重要设备，通过协议转换等方式完成介入功能。一个基站控制器通常控制几个基站收发台，其主要功能是进行无线信道管理、实施呼叫和通信链路的建立和拆除，并为本控制区内移动台的过区切换进行控制等。目前国内主要有 GSM 和 CDMA 两类基站。

7.6.2 无线多媒体通信的关键技术

1. 无线多媒体信源编码技术

无线多媒体信源编码是指对输入信息进行编码，优化信息和压缩信息并且打包成符合标准的数据包。无线多媒体信源编码的作用是数据压缩和将信源的模拟信号转化成数字信号，以实现模拟信号的数字化传输。多媒体信息中的音频、视频等数据，它们的数字化数据量相当大，H.263、H.26L、MPEG-4、G.729 等国际标准提供了很好的压缩方法。

2. 无线多媒体信道编码和差错恢复技术

无线多媒体信道编码是为了与信道的统计特性相匹配，并区分通路和提高通信的可靠性，而在信源编码的基础上，按一定规律加入一些新的监督码元，以实现纠错的编码。也就是说，无线多媒体数字信号在传输过程中往往由于各种原因，使得在传送的数据流中产生误码，从而使接收端产生图像跳跃、不连续、出现马赛克等现象。为了支持多媒体通信，通过信道编码，对数码流进行相应的处理，使系统具有一定的纠错能力和抗干扰能力。

信道编码一般有自动重传和前向纠错两种方式。信道编码的任务是提高数据传输效率，降低误码率。其本质就是增加通信的可靠性。

现有的视频压缩标准，为了提高差错复原能力，以满足已发生差错环境下视频传输业务的要求，均采用了若干差错复原技术，并成为标准中的重要内容。在 MPEG-4 中定义了多种差错复原的工具，主要有重同步、数据分割等。在 H.263+中用于差错复原的编码选项有前向纠错编码模式、条带模式和参考图像选择等。

3. 无线多媒体信息传输技术

从视频技术的角度来看，无线多媒体信息传输技术并没有多大的发展，但新频段的开发和应用却从来没有停止。

从技术层面来看，3G 主要以 CDMA 为核心技术，4G 则以正交频分复用技术最为瞩目。

从应用的角度来看，无线多媒体信息传输中一个重要的方面就是同步，例如视频与音频的同步。由于无线信道的特性非常恶劣，容易造成信息的拥塞、丢失与延时，这对于视频传输来说是非常不利的，终端接收的视频质量很容易遭受损害，同步技术对于无线多媒体通信的最终商用非常重要。

7.6.3 无线多媒体通信新技术

1. 3G 移动通信

3G(3rd Generation，3G)移动通信技术，就是指第三代数字通信。1995 年问世的第一代模拟制式手机(1G)只能进行语音通话；1996 年—1997 年出现的第二代 GSM、TDMA 等数字手机(2G)便增加了接收数据的功能，如接收电子邮件或网页；第三代与前两代的主要区别是在传输声音和数据的速度上的提升，它能够要能在全球范围内更好地实现无线漫游，并处理图像、音乐、视频流等多种媒体形式，提供包括网页浏览、电话会议、电子商务等多种信息服务，同时也要考虑与已有第二代系统的良好兼容性。3G 开创了无线通信与多媒体整合的新时代。3G 的一个突出特色就是要在未来移动通信系统中实现个人终端用户能够在全球范围内的任何时间、任何地点、与任何人、用任意方式、高质量地完成任何信息之间的移动通信与传输。

国际电信联盟(ITU)确定 3G 通信的三大主流无线接口标准分别是宽频分码多重存取 W-CDMA、多载波分复用扩频调制 CDMA2000 和时分同步码分多址接入 TD-SCDMA。它能够处理图像、音乐、视频流等多种媒体形式，提供包括网页浏览、视频会议、手机电视等多种信息服务。为了提供这种服务，无线网络必须能够支持不同的数据传输速度。相对于移动多媒体业务数据量大的特点，有两个解决方法：一是采用更加先进的网络技术，从而提高网络的通信速率；二是采用较好的编码技术。另外，针对一些需要下载的多媒体业务对终端存储容量要求较高的问题，引入了流媒体技术，这样就不需要把所有的内容都下载下来，可以边下载边播放。当然，终端技术的发展，如彩屏、摄像头、音乐功能等，对移动多媒体业务的发展也会起到保障和推动作用。

2. 4G 移动通信

随着移动多媒体业务的发展，3G 已经不能满足人们的需要了。其一，3G 最高可支持 2Mb/s 的速率，而在高速移动环境下，却远远达不到这一速率；其二，3G 难以提供具有多种 QoS 及性能的各种速率的业务；其三，3G 移动终端难以实现不同频段的不同业务环境间的无缝漫游。所以人们希望通过 4G 移动通信来解决 3G 系统的局限性。

4G 是第四代移动通信及其技术的简称，是集 3G 与 WLAN 于一体并能够传输高质量视频图像以及图像传输质量与高清晰度电视不相上下的技术产品。4G 系统能够以 100Mb/s 的速度下载，比拨号上网快 2000 倍，上传的速度也能达到 20Mb/s，并能够满足几乎所有用户对于无线服务的要求。而在用户最为关注的价格方面，4G 与固定宽带网络在价格方面不相上下，而且计费方式更加灵活机动，用户完全可以根据自身的需求确定所需的服务。此外，4G 可以在 DSL 和有线电视调制解调器没有覆盖的地方部署，然后再扩展到整个地区。很明显，4G 有着不可比拟的优越性。

3. 超宽带无线技术

无线通信技术是当前发展最迅速、最具活力的技术领域之一，在这个领域中，各种新技术、新方法层出不穷。其中，超宽带(Ultra Wide Band，UWB)技术是在 20 世纪 90 年代以后发展起来的一种具有巨大发展潜力的新型无线通信技术，被列为未来通信的十大技术之一。UWB 是一种使用 1GHz 以上带宽的最先进的无线通信技术，但它不是一个全新的技术，实际上是整合了业界已经成熟的技术，如无线 USB、无线 1394 等。

超宽带与传统的窄带和宽带相比，其频带更宽。窄带是指相对带宽(信号带宽与中心频率之比)小于 1%。相对带宽为 1%~25%的被称为宽带。相对带宽大于 25%，而且中心频率大于 500MHz 的被称为超宽带。

UWB 性能具有以下特点：

1) 抗干扰性能强

UWB 信号在发射时将微弱的无线电脉冲信号分散在宽阔的频带中，输出功率甚至低于普通设备产生的噪声。接收时将信号能量还原出来，在解扩过程中产生扩频增益。因此，与 IEEE 802.11a、IEEE 802.11b 和蓝牙相比，在同等码速条件下，UWB 具有更强的抗干扰性。

2) 传输速率高

UWB 的数据速率可以达到几十兆比特每秒到几百兆比特每秒，有望高于蓝牙 100 倍，也可以高于 IEEE 802.11a 和 IEEE 802.11b。

3) 带宽极宽

UWB 使用的带宽在 1GHz 以上，并且可以和目前的窄带通信系统同时工作而互不干扰。这在频率资源日益紧张的今天，开辟了一种新的时域无线电资源。

4) 频谱利用率高，系统容量大

因为不需要产生正弦载波信号，可以直接发射冲激序列，因而 UWB 系统具有很宽的频谱和很低的平均功率，有利于与其他系统共存，从而提高频谱利用率，带来了极大的系统容量。

5) 发射功率低

由于 UWB 系统信号的扩频处理增益比较大，即使采用低增益的全向天线，也可使用小于 1mW 的发射功率实现几千米的通信。

6) 保密性好

UWB 保密性表现在两方面：一方面是采用跳时扩频，接收机只有已知发送端扩频码时才能解出发射数据；另一方面是系统的发射功率谱密度极低。用传统的接收机无法接收。

4. 移动多媒体广播

移动多媒体广播(MMB)是指通过卫星和地面无线广播方式，在手机、PDA、MP3、MP4、数码相机、笔记本等小屏幕、移动便携手持式终端上，实现随时随地接收广播电视节目收视与信息服务。从技术实现上来说，主要有两种模式：一种是通信方式，是基于移动通信的方式，通过无线通信网向手机点对点提供多媒体服务；另一种是广播方式，利用数字广播技术向手机、PDA 等小型接收终端提供广播电视节目的移动广播媒体。利用通信方式需要支付较高的通信费用，广播方式的覆盖率高，并有较高的带宽，而移动通信网络的盲区多，带宽不足。所以采用移动多媒体广播应该是未来发展的方向。

7.7 本章小节

多媒体通信是网络多媒体应用中比较重要的环节，多媒体信息在网络上的传输不仅需要传输速率快，还要使得传输的费用尽可能低，但由于 A/V 文件一般都比较大，在网络上下载常常要花数分钟甚至数小时，面对有限的带宽和拥挤的网络，越来越多的人期望通过网络实现实时地获得数据和视频等多媒体信息。本章讨论了流媒体的相关技术和原理，流媒体传输协议和方式，流媒体系统的组成、主要解决方案和常见文件格式；介绍了流媒体技术在视频会议、在线直播、视频点播和远程教育中的应用。近年来，无线通信技术的发展越来越快，无线通信能实现在任何时候、任何地方可以和任何人进行通信，移动多媒体通信是当今多媒体通信发展的重要方向。本章也讨论了无线多媒体通信的关键技术与新技术。

【思考题与习题】

一、简答题

1. 什么是流媒体技术以及它的基本原理？
2. 流媒体系统遇到的问题是什么，如何解决？
3. 流媒体常见的文件格式有哪些？
4. 顺序流式传输和实时流式传输有何区别？
5. 流媒体技术应用在哪些方面？
6. 无线多媒体通信的关键技术有哪些？
7. 3G 和 4G 的区别有哪些？

二、选择题

1. 数字图像处理是用计算机对__________进行处理的一门技术。

   A. 坐标信息　　B. 图形信息　　C. 图像信息　　D. 数字信息

2. 下列说法错误的是

   A. 在流媒体的传输过程中需要缓存的支持。

   B. RTP 是用于网络上针对于多媒体数据流的一种实时传输协议。

C. AVI 是 Quick Time 影片格式，它是 Apple 公司开发的一种音频、视频文件格式，用于存储常用数字媒体类型。

D. 流媒体传输一般都是采用建立在 UDP(User Datagram Protocol，用户数据报协议)上的 RTP/RTSP 实时传输协议。

3. 视频点播是根据观众的要求播放节目的视频点播系统，把用户所单击或选择的视频内容，传输给所请求的用户，它英文名为下列哪个？

A. VCD B. VOD C. GSM D. CDMA

三、填空题

1. 流式传输的主要包括__________、__________、实时流协议 RTSP 协议、资源预订协议 RSVP 和 MMS 协议。

2. 实现流式传播有两种方式：顺序流式传输和__________。

3. 一个流媒体系统一般由三部分组成：__________、流媒体服务器组件和__________。

4. 无线多媒体信道编码是为了使系统具有一定的__________和抗干扰能力。

5. RM 的全称为__________，是 RealNetworks 公司开发的一种流媒体视频文件格式，可以实现低速率的因特网上进行视频文件的实时传送和播放。

第 8 章　多媒体技术应用

多媒体技术的应用和推广，完全取决于多媒体应用系统的质量与数量。为了缩短多媒体应用系统开发周期，人们制作出各种多媒体应用系统创作工具。多媒体应用系统创作工具也称为多媒体开发平台、多媒体著作系统、多媒体写作系统或者多媒体编辑软件，其主要功能是将文字、图像、声音、动画和视频等多媒体素材按照需求结合，形成表现力强、交互性强，可在本地主机或网络上传输运行的多媒体应用系统。多媒体创作工具大致可分为多媒体素材编辑工具和多媒体著作工具两大类。本章介绍多媒体著作工具、讨论多媒体著作工具的定义、特点、分类以及常用的开发工具的优、缺点，选择多媒体著作工具的依据及测评指标。重点介绍多媒体应用系统的创作方法及过程，并通过示例介绍多媒体应用系统的开发过程及相应的步骤，引导学习者动手开发多媒体应用系统。

【学习目标】

(1) 掌握多媒体著作工具的概念。

(2) 了解几种常用的多媒体著作工具。

(3) 掌握多媒体应用软件设计原则及开发过程。

(4) 了解多媒体应用系统的特点。

(5) 了解个人网站的开发步骤。

8.1　多媒体著作工具

随着多媒体技术的迅速发展，人们能够通过计算机处理各种媒体信息，开发出适合不同领域的多媒体应用系统。多媒体应用系统的设计不仅要求利用计算机技术将文字、图形、图像、声音、动画及视频等多种媒体资源有机地融合为图、文、声、形并茂的应用系统，而且要进行精心的创意和精彩的组织，使其变得更加人性化和自然化。

多媒体编程语言可用来直接开发多媒体应用软件，不过对开发人员的编程能力要求较高。多媒体编程语言有较大的灵活性，适应于开发各种类型的多媒体应用软件。常用的多媒体编程语言有 Visual Basic、Visual C++、Delphi 等。多媒体/超媒体应用系统设计本身复杂，若用纯编程方法实现工作量大且难度高，非计算机专业人员莫属，而多媒体技术的复杂性以及对各种媒体处理与合成的高难度，通常多媒体应用系统的制作比一般计算机应用系统的开发要难得多。为了有效提高开发多媒体应用系统的质量和速度，人们把注意力放在适合各种开发需要的多媒体著作工具上，通过这些多媒体著作工具，使应用领域的开发人员能够高效率地制作出适合不同专业的多媒体应用系统。因此多媒体创作工具的研制和推广是十分必要的。更何况人们公认 20 世纪 90 年代以后是软件工具盛行的时代，不掌握软件工具的人就难以开发高级的应用。世界上商品化的多媒体著作工具目前已有 80 多个，其中最流行的有 Asymetrix 的 Tool Book 系列，Macromedia 的 Director 和 Authorware，PowerPoint 以及可视编程语言 Visual Basic(VB)。常用的多媒体创作工具有 PowerPoint、Authorware、ToolBook 等。

在开发多媒体应用的过程中，多媒体著作工具起着关键的作用。多媒体著作工具提供给设计者一个自动生成程序代码的综合环境，使设计者将文本、图形、图像、动画、声音等多种媒体组合在一起形成完整的节目(title)或一个完整的应用系统。

多媒体著作工具就是指能够集成处理、统一管理多媒体信息，使之能够根据用户的需要生成多媒体应用系统的工具软件。多媒体著作工具是电子出版物、多媒体应用系统的软件开发工具，它提供组织和编辑电子出版物和多媒体应用系统各种成分所需要的重要框架，包括图形、动画、声音和视频的剪辑。使用多媒体著作工具可以建立具有交互式的用户界面，并能在屏幕上演示的电子出版物及制作好的多媒体应用系统并且可以将各种多媒体成分集成为一个完整而有内在联系的系统，也有人称它为多媒体创作工具或多媒体写作工具等。多媒体著作工具实质是程序命令的集合。它不仅提供各种媒体组合功能，还提供各种媒体对象显示顺序和导航结构，从而简化程序设计过程。目的是为多媒体/超媒体应用系统设计者提供一个自动生成程序编码的综合环境。因此，多媒体著作工具应包括制作、编辑、输入/输出各种媒体数据，并将其组合成所需要的呈现序列的基本工作环境。

8.1.1 多媒体著作工具应有功能

由于应用目标和使用对象的不同，多媒体著作工具在功能上往往会有较大的差别。一般认为，多媒体著作工具应有以下功能。

1. 具有良好的、面向对象的编程环境

多媒体著作工具应提供编排各种媒体数据的环境，即能对媒体元素进行基本的信息和信息流控制操作，包括条件转移、循环、数学计算、逻辑运算、数据管理和计算机管理等。多媒体著作工具还应具有将不同媒体信息编入程序的能力、时间控制能力、调试能力、动态文件输入与输出能力等。

2. 具有超媒体链接功能

超媒体链接是指由一个静态对象去激活一个动作或跳转到一个相关的数据对象进行处理的能力。数据对象可以是静态数据类型，如文本、图表、图标、图形或图像等，也可以是动态数据类型，如语音、音乐、动画和视频图像等。为了返回到跳转的起点，多媒体著作工具还应具有可编程能力来设置空间标记，以便返回触发点。

3. 应用程序的动态链接功能

多媒体著作工具应能将外界的应用控制程序与所创作的多媒体应用系统连接。也就是由一个多媒体应用程序来激发另一个多媒体应用程序，并加载数据，然后返回运行的多媒体应用程序。当然最好能够实现对象链接与嵌入以及动态数据交换功能。

4. 采用模块化和面向对象的设计方法

多媒体著作工具应能让开发者编写具有模块化、目标化的独立片断，使其能“封装”和“继承”，让用户能在需要时独立使用，也可以成为大型系统工程的一个子模块，便于创作应用系统时进行分工协作，以便开发出较大型的综合应用系统。多媒体应用系统开发平台通常提供一个面向对象的编辑界面，使用时只需根据系统设计方案就可以方便地进行整合制作。所有的多媒体信息均可直接定义到系统中，并根据需要设置其属性。

5. 动画处理能力

多媒体著作工具可以通过程序控制，实现显示区的位块移动和媒体元素的移动，以制作和播放简单动画。另外多媒体著作工具应能播放由其他动画制作软件制作完成的动画作品，且通过程序控制动画中对象的运动方向和速度，以便制作各种过渡特技等。

6. 具有较强的多媒体数据 I/O 能力

多媒体数据一般由多媒体素材编辑工具完成，由于制作过程中经常要使用原有的媒体素材或加入新的媒体，因此要求多媒体著作工具软件也应具备一定的数据输入和处理能力。另外对于参与创作的各种媒体数据，可以进行即时呈现与播放，以便对媒体数据进行检查和确认。

7. 良好的界面、易学易用

多媒体著作工具应具有友好的人机交互界面。屏幕呈现的信息要多而不乱，能多窗口、多进程管理。应具备必要的联机检索帮助和导航功能，甚至包含指导该工具使用的教学软件，使用户在上机时尽可能不借助印刷文档，便可掌握基本使用方法。此外多媒体著作工具应操作简便，易于修改，菜单与工具布局合理。

8. 良好的扩充性

多媒体技术的发展非常迅速，因此要求多媒体著作工具有较强的适应能力，尽量考虑兼顾更多的标准，具有良好的兼容性与扩充性。向用户开放系统，提供必要的扩充接口，以利于用户开发多媒体应用系统。

8.1.2 多媒体著作工具的分类

根据多媒体著作工具的创作方法和特点的不同，可将多媒体创作工具划分如下几类。

1. 媒体素材集成创作工具

媒体素材集成创作工具按其集成方式又分为以下三类。

1) 基于描述语言或描述符号的著作工具

这类创作工具需提供一套脚本(Script)描述语言或描述符号，设计者用这些语句或符号象写程序那样组织、控制各种媒体元素的呈现、播放。为了便于创作，通常将脚本按页(Page)或卡片(Card)进行组织。工具系统根据脚本中对页(卡)的结构描述，将页成卡链结或指定的组织序列。

这类工具的典型代表是Macitosh上的Hypercard(超卡)及Asymetrix公司的Multimedia ToolBook，通常的设计方法是用创作工具中提供的脚本编辑器(如卡片编辑器)通过指令或符号建立脚本，再利用系统提供的预放(Previewer)系统进行播放，不满意再返回(切换)到脚本编辑器重新设计。为减轻设计者记忆描述语言的负担，一些系统把脚本编辑设计成填表或对话模板方式进行，设计者只需按格式填写。这类开发环境可以使设计者很容易地一面撰写脚本，一面播放，以观察制作效果。

使用脚本语言的优点是可在语句命令中提供变量功能，通过变量的算术运算和逻辑运算，使设计的系统有很大弹性。

2) 基于图标、流行的创作工具

在这类创作工具中，多媒体元素和交互作用提示及数据流程控制都在一个流程图(flowchart)中进行安排，即流程图为主干构造结构化的框架或过程(图 8-1)，流程图中上的流线(Line)是数据控制流程，流线上放置着不同类型的图标(ICON)。图标扮演着类似脚本指令的角色，打开每个图标，就是一个对话框，要求使用者输入内容。在流线上可对任一图标进行独立编辑和测试。这种也称为基于图标的事件驱动工具。流程图方式创作正好符合人的认知规律，可形象地表达大脑中信息加工的过程。

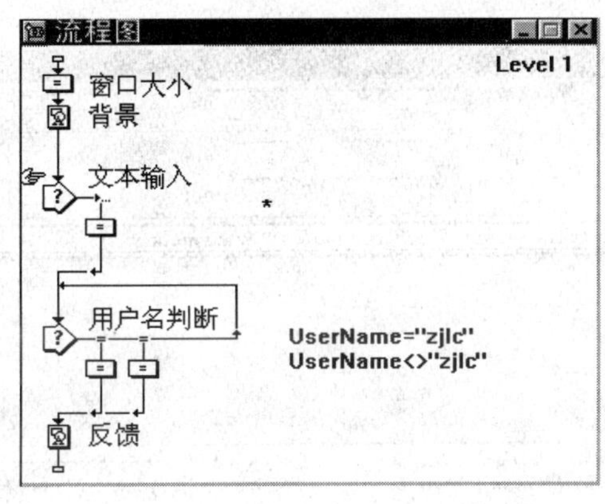

图 8-1 创作流程图

基于流程图的多媒体著作工具简化了项目的组织，并使整个设计框架通过流程图一目了然，因此这种编辑方式被称为 Visual Authoring，即可视化多媒体著作。而且流程图同时可在复杂的系统中作为导航手段，十分有用。这类工具也具有类似脚本指令的优点，可以制作出灵活多变的多媒体节目。Micro Media 公司推出的 Authorware Professional 是这类工具的典型代表，简称为 Authorware，是目前被公认为交互功能最强的多媒体著作工具。它比较成功的应用领域是计算机辅助教学和训练系统。Authorware 采用面向对象的创作，提供直观的图标界面，利用十多种功能图标逻辑结构的布局，体现程序运行的结构，并配以函数和变量完成数据操作，从而取代了复杂的编程语言。

流程图确保了加工过程的确定性，消除随意性，能确保按照流程图所规定的程序成功地解决问题。但流程图的缺点恰恰又在于其“确定性”。确定性能保证常规性问题的顺利解决，却不能保证创造性地用巧妙的新方法去解决问题。

3) 基于时间序列的多媒体著作工具

以时间序列为基础的多媒体著作工具是最常见的多媒体编辑软件，主要用来制作电影、卡通片等影视节目，即以看得见的时间线(timeline)来决定事件的执行顺序和对象演示的时段。时间线分辨率可高达 1/30 秒。这种创作过程除按时间序列安排节目的内容和流程外，还要进行各种媒体资料的同步控制，因此时间序列中可以包括多行道或多频道，以便安排多种对象同时呈现。在这类多媒体著作工具中都有一个控制播演的面板(Contrl/Panel)，它与录音机、录像机的控制板相似，含有播放、前进一步、向前、倒带、倒退一步停止等按钮。

这类多媒体著作工具适用于信息从头到尾顺序播放的影视应用系统创作。组织的图形帧按预定速度播放，其他媒体元素(如音频、动画等)在时间序列中给定时间和位置被激活。这类工具典型代表是 MacroMedia 公司的 Action 和 Director。以 Action 为例，要设计九种媒体元素同步控制呈现，只需在时间线 timeline 上将几个媒体对象的起始时间及长度进行安排即可。设计者可从时间线上清楚得看到当前时间点上有哪些对象出现及出现的位置(图 8-2)，若要改变某些媒体对象出现的起始时间及长度，只需在 Timeline 上做调整即可。由于将抽象的时间可视化，使得初学者易于掌握。一个 Action 的节目由类似 ToolBool 中 Page 的场景组成，设计者直接在场景中安排各对象的位置关系，用 timeline 按排媒体对象出场的先后次序或同步关系，而场景与场景之间关系则用场景排序器(scene sorter)或按钮实现。

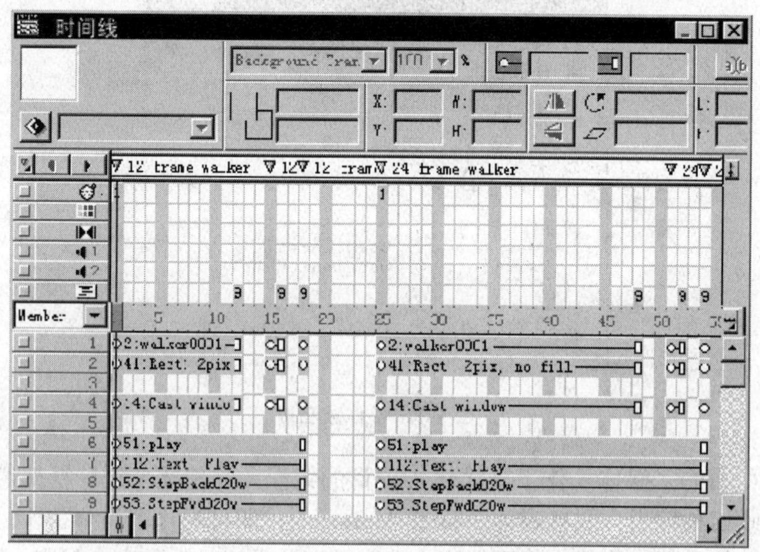

图 8-2 Director 基于时间线的多媒体著作窗口

虽然按时间序列在控制媒体的同步上有其独到之处，但对于交互式的操作及逻辑判断处理上都不如脚本描述和流程图方式那样直观，比较适合于制作交互性不强的商业广告及演示类的节目。

2. 多媒体演示工具

演示工具是专门用于制作演示讲稿的工具，通常以页或卡片为单位制作电子演示文稿，再将页或卡片按所需要顺序连接、集成为文稿。目前最普及的多媒体演示工具是 PowerPoint，它不仅能非常方便地制作各种文字、图形，还可以插入图像、声音、动画及视频文件，并根据需要设计各种演示效果。PowerPoint 提供了许多模板和媒体素材供设计者使用，通过使用 OLE 功能建立与其他应用程序之间的动态联系。

PowerPoint 的缺点是图像、动画制作能力较差，缺乏各种特殊效果和动态人机交互。但易学易用适合制作教学、学术及商业演示。

3. 网络多媒体多媒体著作工具

多媒体在网上越来越普遍，网络电话、网络视频会议、网络视频点播、网络医疗诊断、网络虚拟现实、网络教学等迅速发展，但网络多媒体应用系统多媒体著作的核心目前主要是进行网页制作、网站设计。最早的 Web 网页制作专业语言 HTML 编写，要求设计者具有编程能力。接着又有功能更强的 Java、VBScript 等编程语言出现。随着网络的普及，可视化网页开发工具成为重要的发展方向，如 FrontPage 、Dreamweaver、Homesite、WebBurst、Hyperwrite 等。

由于流媒体技术的应用，许多公司开发了采用流媒体技术的插件，允许开发者使用该类公司的多媒体著作工具来生成网页，并采用流媒体播放。如 Macromedia 公司开发的 Shockwave 插件就为 Flash、Authorware、Director、Dreamweaver 等提供这种支持。

4. 可视化编程环境

有编程经验的设计者，往往对多媒体多媒体著作工具的限制和依赖工具箱建立媒体对象的方式不易接受，而对于近年来在编程语言基础上发展起来的可视化编程环境情有独钟。在可视化编程环境中，设计者既可用传统语言撰写程序，发挥自己的特长，又可借助于开发好的文本绘图等工具箱，使这些工具箱内的编码(如绘图、按钮、窗体等)可直接取用成为可重用的编码，较为轻松地进行多媒体应用程序设计。目前使用较广泛的是 Visual Basic 和 Visual C++，C#等编程环境。

Visual Basic(VB)是微软公司所推出的在 PC Windows 环境下开发的编程语言，也是目前最流行的快速多媒体应用开发工具之一。由于 VB 的编程语言与一般 BASIC 非常相似，使学过 BASIC 语言的设计者很容易成为 VB 应用程序的设计者。VB 提供各式图形界面让设计者按下鼠标拉至基本窗口中。该基本窗口被称为主要界面(forms)，通过界面安排各种媒体对象以及菜单、文件、打开窗口对话框等，可快速、有效地生成应用系统的界面。VB 是面向对象的程序设计语言，程序的行为附着于对象内，在对象被调用或被用户激活时才被执行。而对象的产生可以通过各种图标工具。VB 可摄取剪贴板、动态数据交换和对象连接与嵌入(Object Linking and Embedding，OLE)等设备，并通过媒体控制界面使声音、视频、动画融入其中，还可将数据库文件引进使用且不破坏原数据库的文件数据。VB 具有 Web 应用开发等功能。

Visual C++是 Microsoft 公司所推出的在 PC Windows 下执行的编程环境，与 VB 类似，只是其语言结构由 C++扩展而来。因此对熟悉 C++编程的设计者，只要进一步学习 VC++中新加入的可视化工具及其功能，就可成为 VC++的用户。详细内容请参看有关书籍。

此外多媒体著作工具还可以按通用或专用分类，如专用于 CAD、CAI 设计的工具等。比如课件大师、方正奥思等，专用多媒体著作工具将是多媒体著作工具的发展方向之一。

8.1.3 多媒体著作工具的评测

对多媒体多媒体著作工具的评测主要从以下几个方面进行。

1. 性能指标

性能指标主要是评测该多媒体著作系统具备的功能。

1) 对媒体数据集成控制能力及编辑能力(编程环境的性能)

对有调试工具、串行处理工具、时序控制、动态文件输入/输出及应用程序编译能力的多媒体著作工具可评高分，特别是对编程环境中的工具集成，能协调一致并很好地与操作系统吻合者可评优。

2) 评测其超级链接能力

基本要求是必须具备程序跳转能力，而且必须能为用户提供空间标记的设置，使用户能返回到起跳点。对具有从静态单元跳到基于时间序列的数据单元的超级链接功能和能自动生成并管理超媒体结构的多媒体著作工具评高分。具有良好导航策略设计的(如动态导航、自适应航等)应评优。

3) 媒体数据的输入/输出能力

重点测试多媒体著作工具在处理静态和基于时间序列的媒体数据方面的能力，最基本要求是能处理两种或两种以上格式文件的能力，如位图的 BMP、PCX 格式等。若具有处理 MIDI 音频和视频文件的能力，并支持剪贴输入 ASCII 码文件或影视文件比如 AVI 格式文件，可给予高分。若能进行多种格式转换处理和自适应处理，可评为优。

4) 应用程序连接能力

主要评测多媒体著作工具对主、从多媒体应用程序的连接能力。对具有程序间通信的热连接(如目标链接嵌入等)的工具可给予高分。对实现网络上应用程序连接功能，并实现网络通信的多媒体著作工具应评为优。

5) 人机交互能力

重点评测人机交互功能是否友好，界面设计是否简单易学，有无灵活方便的联机帮助，是否易于实现用户的创意，评测直接组合、灵活调配媒体能力强弱。对易学易用并具有“所见即所得”风格，提供导航、回撤功能和以用户为中心的界面设计可给予高分。对能实现自适应人—机界面和智能界面，并提供用户界面管理程序或实现自然语言会话的人—机界面设计的工具可评为优。

6) 动画能力

主要评测多媒体著作工具在多媒体应用开发中程序控制移动位图的能力。对具有图形路径编辑和动画过渡特技(如淡入淡出、渐隐渐现、划入划出以及透视分层等)制作能力的较高水平的工具可给予高分。

2. 文档资料管理能力

对文档资料的评测主要是根据印刷文档资料与电子联机文档资料的数量和质量情况进行测评。基本要求是具有编程方法、媒体输入过程及有关功能检索的描述。对能进一步提供完整的参考手册、使用说明书、培训教材、应用实例及完全的功能检索文档可给予高分。对能提供联机超本文/超媒体组织的电子文档或电子教员，如 hypercard 中的 Help 及 Windows infor help 等应评为优。

3. 易学、易用性

易学性主要评测用户界面友好性、工具使用的容易程度以及能否提供较高水平的培训教材。易用性则评测工具在节省用户操作时间、便于用户使用的程度，即设计者在掌握了工具基本操作技能后使用该工具的难易程度。具体可评测编辑时修改的难易、媒体集成的难易、菜单和工具提供的是否方便得当、键盘操作的便易性及是否与用户水平相匹配等等。另外看能否为设计者提供较多自动生成功能。评测时应注意多媒体著作工具的功能复杂性和易学易用性的平衡度问题。

4. 技术支持

技术支持主要评测支持方针和支持服务内容两项。

国内尚未开展这方面的评测，无标准介绍。根据美国 Infoworld 测试中心对几个多媒体著作工具产品的评测标准，提出的对支持方针的基本要求是应能提供无限期免费技术支持。因此对有产品可用性担保、具有售后服务和退货保证的，给予较高评分；对免费服务期限小于三个月的，或不提供电话支持的厂商，在评测中扣分。

8.1.4 多媒体著作工具的选择

要高效地开发一个质量高、容易维护的多媒体应用程序，除了根据开发者本身素质和经验外，关键还在于要选择一个合适的开发工具，这里要考虑多方面的因素，如应用领域、开发时间、发行、技术特点、技术支持和应用软件运行的硬件环境等。如前所述，采用程序设计语言开发应用程序有其优势，但花的时间较长，如果时间比较紧迫就可以考虑采用创作系统来作为开发环境，如为了制作 一个训练用的演示软件，用 Authorware、Powerpoint 或 MultiBase 可能几天或更短的时间就可以完成，但用程序设计语言却需要领长的时间。

如果开发出的应用程序要大量发行，可以考虑用编程语言进行开发，这样就可以将一些新的硬件设备包含进去，而不必等待创作系统的开发商更新或升级了它们的系统以后再进行开发。如果用户要求开发的应用程序有一些独特的新功能或将一些不常用的特色综合起来，程序设计语言强大的功能和灵活性就显得尤为重要了。

如果开发者用程序设计语言开发应用程序的能力有限或技术资源有限，那么可以采用著作系统来开发应用程序可能是比较有效的，因为可以充分应用多媒体著作系统所提供的各种功能。而用编程语言开发的应用程序，其开发者就能解决可能出现的各种技术问题，在一定程度上可以弥补机器资源的不足。如果应用程序的用户有限，采用创作系统比较理想，但是如果应用程序的用户面较广，那么用程序设计语言具有更大的优势。

另外，在选择开发工具时要考虑开始与发展的过程，许多项目由于起初选择开发工具时只考虑到它的易用性，到后来可能会功能不够用，而出现项目半途受挫的不利局面。

还有值得一提的是，开发工具也在不断进化。程序设计语言增加了曾经是创作系统所擅长的图形界面的生成功能，创作系统也增加了对程序代码的支持，而一些新的工具也将不断地推出，这些将给开发者对开发工具的选择提供了更大的灵活性和实用性。

多媒体著作工具繁多，如何选择得根据时间、技术要求、适用范围、开发人员能力等诸多因素综合进行选择，也可以多种工具并用便于快速高效开发出多媒体应用系统，满足实际需求。

8.2 多媒体应用系统的特点和应用范围

多媒体应用软件主要为用户提供在各个具体领域中的辅助功能，它也是绝大多数用户学习，使用计算机时最感兴趣的内容。多媒体应用软件具有很强的实用性，专门用于解决某个应用领域中具体问题，因此，它又具有很强的专用性。由于计算机应用的日益普及，各行各业、各个领域的应用软件越来越多，正是这些应用软件的不断开发和推广，反过来推动计算机多媒体技术的发展。

多媒体应用系统就是多媒体应用软件，是由各种领域的专家或开发人员利用多媒体制作工具或者计算机语言制作而成的、直接面向用户的最终多媒体产品。目前多媒体应用系统所涉及的应用领域主要有网站建设、环境艺术、文化教育、电子出版、音像制作、影视制作、咨询服务、信息系统、通信和娱乐等领域。常见的多媒体应用软件有：各种信息管理软件；办公自动化管理软件；各种文字处理软件；各种辅助设计软件以及辅助教学软件；各种软件包，如数值计算程序库、图形软件包等。

1. 多媒体应用系统的主要特点

1) 集成性

多媒体应用系统一方面可以把文字、图形、图像、视频图像、动画和声音等多种信息集成，从而实现信息存储和表现的多样化和多维化；另一方面通过计算机可以对来自各种物理媒介和信息源的信息进行编组，即把计算机同音响、电视、通信技术等结合在一起，即媒体设备的集成。

2) 很强的控制性

多媒体计算机技术是以计算机为中心，综合处理和控制多媒体信息，并按人们的要求以多种媒体形式表现出来，同时作用于人的多种感官。多媒体应用系统的各种媒体表现形式及表现方式多方可控。

3) 友好的交互性

交互性是指向用户提供有效的控制和使用信息的手段，交互性可以增强对信息的注意和理解，延长信息保留的时间。多媒体技术的交互性具有多层含义：一是指多媒体计算机技术利用图形交互界面和窗口技术以及屏幕触摸，使人们能通过十分友好的人—机交互界面来操纵控制多媒体信息的处理和显示；二是指多媒体技术为用户提供了视觉、听觉和触觉等多种交互手段。另外，对每一媒体进行程度不同的抽象，就是对该媒体内容程度不同的理解，对图形、图像、声音、动画和视频影像等信息媒体内容进行处理，以达到更新层次的理解，也就是更高层的交互。

交互性是多媒体应用有别于传统信息交流媒体的主要特点之一。传统信息交流媒体只能单向地、被动地传播信息，而多媒体技术则可实现人对信息的主动选择和控制。

4) 非线性特征符合人类思维特性

多媒体应用系统的另一特征是非线性。它将改变人们传统循序性的读写模式。以往人们读写方式大都采用章、节、页的框架循序渐进来获取知识，而多媒体技术将借助超文本链(Hyper text link)的思想，以一种更灵活、更具变化的方式呈现给读者。

5) 实时性

当操作人员给出操作命令时，相应的声音、图形、图像以及视频都得到实时控制，能更好地进行个体服务，满足用户不同的需求。

6) 信息使用的方便性

用户可以按照自己的需要、兴趣、任务要求、偏爱和认知特点来选择信息和使用信息的表现类型。

7) 信息结构的动态性

用户可以按照自己的目的和认知特征重新组织信息，改变节点的内容，增加、删除或修改节点，重新建立链接。

2. 多媒体应用系统具备的基本功能

(1) 对系统的不同层次和基本流具有良好的控制能力，以适合用户多角度的不同应用需求。

(2) 提供良好的人—机界面，方便用户进行交互式操作。

(3) 具有多种媒体的信息处理能力，能将声音、图像和动画有机的结合于一体，并能进行同步的综合演示。

(4) 具有显示和处理不同种类文字的能力。

(5) 有良好的容错能力和自我维护能力。

(6) 是一个与设备无关的系统。

(7) 系统包含一些对层次嵌套单元的操作。

8.3 多媒体应用软件的设计原则和开发过程

多媒体应用系统是利用多媒体著作软件开发的、在多媒体操作系统的支撑下工作的多媒体产品。随着计算机的迅猛普及，多媒体计算机已经逐渐渗透到社会的各个领域。人们对多媒体需求越来越大，对多媒体应用系统的要求也越来越高。在教育培训、商业展示、信息咨询、电子出版、科学研究和家庭娱乐等诸多领域多媒体应用系统得到了广泛的应用。特别是当多媒体技术和网络通信技术相结合后，网络远程教育、远程医疗、视频会议系统等多媒体应用系统展示着非常诱人的市场前景。

8.3.1 多媒体创作的一般过程

1. 软件工程设计方法

从程序设计角度看，多媒体应用设计仍属计算机应用软件设计范畴，因此可借鉴软件工程开发方法进行。软件工程是一种用系统的方法来开发、操作、维护及报废软件的过程。这一全过程被称为软件的生命周期(Life Cycle)，传统的软件生命周期通常也称为瀑布式(Waterfall)生命周期，如图 8-3 所示。

其优点在于：

(1) 便于控制开发的复杂性。

(2) 便于验证程序的正确性。

其缺点在于：

(1) 太强调规格说明。

(2) 设计者早期必须设计出每个细节。

(3) 需求规格说明文档编写不仅费力，且一致性、充分性和完整性不能保证。

(4) 需增加交互性和互动性。

鉴于瀑布式生命周期的缺点，科学家布恩(Boehm)提出了称为螺旋式生命周期(Spiral LifeCycle Model)的模型和概念，如图 8-4 所示。

螺旋式生命周期模型采用面向对象的程序设计方法(Object Oriented Programming，DOP)与瀑布模型相比较。

区别是：

(1) 以演示代替传统说明方式。

(2) 非常适合逻辑问题与动态展示的多媒体设计；

优点是：

(1) 开发周期短，效率高。

(2) 软件产品可重用性、移植性好。

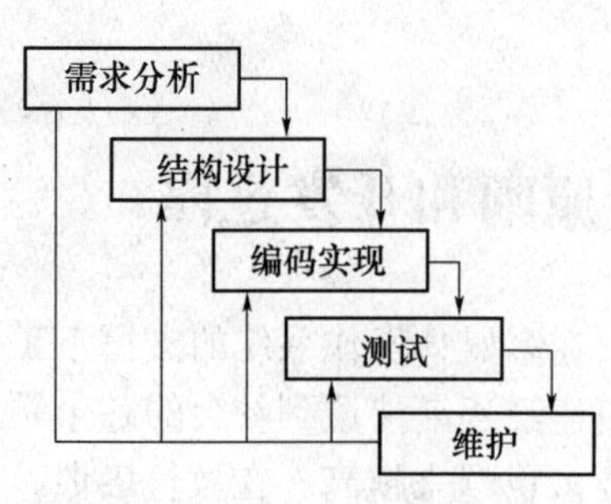

图 8-3　瀑布式生命周期模型图

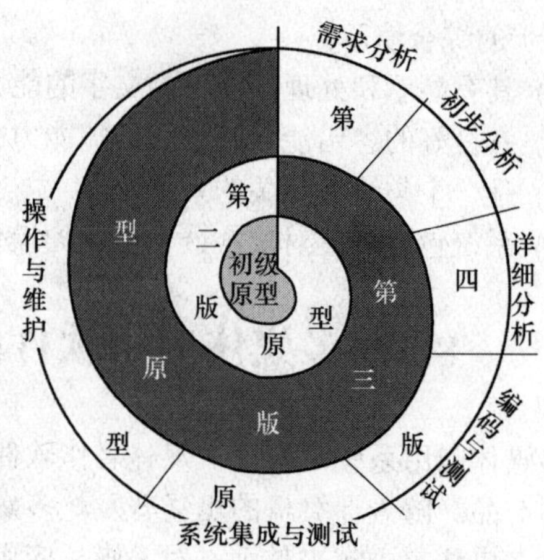

图 8-4　螺旋式生命周期模型

(3) 版本升级方便。

采用螺旋生命周期再配合面向对象的程序设计方法，是开发多媒体应用设计的主流。

采用面向对象设计程序应符合两个条件：

(1) 对象为包含具有状态(State)与功能(Function) 的集合。

(2) 对象只有在其功能被激活时才能被处理。

采用螺旋生命周期模型开发多媒体应用系统的步骤简单归纳如下：

(1) 通过访问、面谈或调研后获得用户需求意见。

(2) 基于已知的需求分析很快设计一个应用系统原型。

(3) 将原型交给最终用户，让其使用。

(4) 从最终用户那里获得反馈，更改用户需求。

(5) 建立下一个原型，加入新的用户需求。

(6) 重复上述过程，直到该应用软件完成或报废。

从第(1)步到第(2)步便是一个版本，从第(6)步可构成循环，整个生命周期便是一个不断革新的原型(Evolutionary Prototyping)。每一个原型都有同一系统设计流程，螺旋模型系统设计流程如图 8-5 所示。

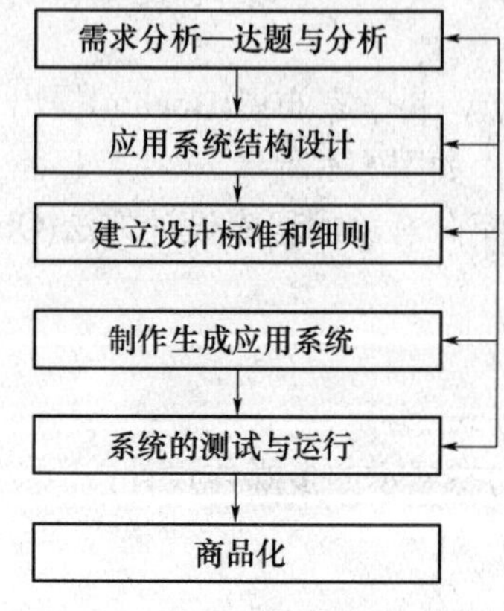

图 8-5　系统设计流程图

2. 多媒体应用设计的选题与分析报告

多媒体应用应是经过精心创意设计的应用软件，因此多媒体设计的选题和评估可行性是十分重要的一项工作。

多媒体应用系统选题范围是没有限制的，但必须经过严格思考后，方可确定。主题确定以后，应该编写选题报告和计划书。选题报告计划书中，应包括如下的几项分析报告：

1) 用户分析报告

(1) 基本用户。

(2) 使用场合。

(3) 用户计算机应用水平。

(4) 扩展用户。

(5) 用户一般特点和使用风格的分析。

2) 设施分析报告

(1) 硬件基本装备。

(2) 辅助设备。

(3) 多媒体软件。

(4) 软件环境。

3) 成本效益分析报告

(1) 系统管理效益、经济效益、市场潜力。

(2) 人力投入、资金预算。

(3) 时间花费。

(4) 资源消耗、资金来源。

(5) 信息的使用价值；

(6) 使用频率(指要使用的多媒体数据)。

4) 系统内容分析报告

(1) 系统总体设计流程。

(2) 多媒体元素系统的组织结构。

以上分析报告的目的是：确定使用对象和要求；确定应用系统设计结构；建立设计标准。要提的是这些分析报告中包括的哪些问题必须是主题选择过程中要求考虑的。

3. 多媒体脚本设计

在分析报告完成后，经过论证决定进行应用系统设计后，便制定课题计划，开始进行脚本设计。

多媒体脚本设计应做到如下几点：

(1) 规划出各项内容显示的顺序和步骤。

(2) 描述期间的分支路径和衔接的流程。

(3) 兼顾系统的完整性和连贯性。

(4) 既要考虑到整体结构，又要善于运用声、画、影、物的多重组合达到最佳效果。

(5) 注意交互性和目标性。

(6) 根据不同的应用系统运用相关的领域知识和指导理论。

4. 媒体设计中要注意的问题

1) 媒体的选择

创造性地使用多媒体环境将会使应用程序功能大大增强。要做到这一点，需从以下两方面考虑:

(1) 媒体的功能。没有任何一种媒体在所有场合都是最优的，每种媒体都有其各自擅长的特定范围，各种媒体功能参考如下。

① 文本：在表现概念和刻划细节时可用其表现。

② 图形：擅长表达思想轮廓及蕴含与大量数值数据内的趋向性信息，在空间信息方面有较大优势。

③ 动画：可用来突出整个事物，特别适于表现静态图形无法表现的动作信息。

④ 视频影像：适于表现其他媒体所难以表现的来自真实生活的事件和情景。

⑤ 语音：能使对话信息突出，特别是在与影像、动画集合时能传递大量的信息。

⑥ 姿态与动作：在与别的媒体结合时具有较强的信息引用能力，可以在相关信息之间建立起时间、空间以及逻辑上的联系

(2) 媒体选择的结合与互补。脚本设计可根据内容需要分配表达的媒体，这里要特别注意媒体间的结合与区别。不同媒体选择原则如下。

① 人们在问题求解过程中的不同阶段对信息媒体有不同需要。一般在最初的探索阶段采用能提供具体信息的媒体如语音、图像等，而在最后的分析阶段多采用描述抽象概念的文本媒体。而一些直观的信息(图形、图像等)介于两者之间，适于综合阶段。

② 媒体种类对空间信息的传递并没有明显的影响，各种媒体各有所长。

③ 媒体结合是多媒体设计中需要研究的新课题。媒体之间可以互相支持，也会互相干扰。多种媒体应密切相关，扣紧一个表现主题，而不应把不相关的媒体内容拼凑在一起。

④ 目前,媒体结合在技术上主要通过在一个窗口中提供多种媒体的信息片段(空间结合)和对声音、语音、录相等随时间变化的动态媒体加以同步实现(时间序列组合)。

⑤ 媒体资源并非越多越好，如何在语义层上将各种媒体很好地结合以更有效地传递信息，是要探索的研究课题，也是应用系统人机界面设计的关键问题。

2) 脚本内容顺序及控制路径的设计

根据应用系统设计内容，从交互性、用户友好性着眼，设计脚本节目顺序，确定调度方式，即控制路径。

(1) 编排节目顺序。根据具体任务进行设计。

(2) 控制路径。多媒体计算机与电视、电影的最大不同在于与用户之间的交互性。多媒体应用系统能根据用户的输入要求随时改变节目控制流程，可通过菜单、热键按钮及超级链接的链路提示。对应用系统不同控制的复杂程度也各异。脚本编写完后，应组织有关专家和用户进行评议，进行修改完善，进行下一步的创意设计。

8.3.2 多媒体软件设计原则

与传统的软件相比，多媒体应用程序之所以有巨大的诱惑力而成为今天世界范围内的—个热门话题. 主要是其丰富多彩的多种媒体的同步表现形式和直观灵活的交互功能。

因此，创意设计要在媒体“呈现”和“交互”这两项上作文章，在屏幕设计和人—机交互界面上下功夫。另外创意设计应包括各种媒体信息在时间和空间上的同步表现，即对计算机屏幕进行空间划分，在空间与时间上进行立体构思，完成和谐的设计蓝图。

在创意设计上，不要站在应用软件设计的开发轨道上，而是要用应用软件开发的方法和技术进行类似影视作品的编剧和导演工作，甚至包括具体的术语，如脚本、编号、剪接、分镜头等都要借用。创意设计中对屏幕设计乃至交互设计中的背景、标题、描述(文字、图像、动画)、各种控制方式(按钮、热字、热涩)等的空间组成，以及背景、音乐、解说词、动作出现的时间序列都应勾描出多种草图或场景、反复对比，择优选择确定。进行创意设计要充分考虑到该应用系统设计所采用的编程环境或创作工具的功能与特点。特别是计算机资源，以免创意脱离实际的应用设计水平。创意设计要注意：

(1) 对图像、动画、音乐及效果设计，尽量与专业人员互相讨论，互相沟通。同时应重视发挥创作组集体的智慧，召开不定期不受拘束的研讨会，群策群力，从每个人的脑子里激发出各种解决问题的方式或表现某个问题的方法与构思，各种奇怪的点子，甚至不成立的思维，刹那间的灵感与思想火花，都有可能形成非常稻彩的创意设计。

(2) 创意设计首先要注意扣紧主题，对准设计目标，而不可一味追求新、奇、特。要注意系统的应用环境和气氛。例如，一个用于教学的系统画面设计不能采用商业气氛强的画面、美女头像以及—些娱乐性噱头，更不能过多使用刺激性强的配乐音响，以及过多使用与主题无关的冗余媒体，而应突出其科学性和严肃性，注意营造适合学生心理的学习环境和氛围。

8.3.3 建立设计标准和细则

与出版书籍一样，确保多媒体设计具有一致的内部设计很重要，即屏幕画面、字体和字型的一致，各种媒体元素的融合和整体性。通常要考虑如下几项设计标准：

(1) 主题设计。当把表现的内容分为多个相互独立的主题或屏幕时，应当使声音、内容和信息的广度保持一致的形式。例如，决定是要用户在一个主题中移动屏幕的方法来阅读信息，还是限制每个主题的信息量使其在标准窗口中显示。

(2) 字体的使用。选择文本字体是保证项目的易读性和美观的重要因素。虽然Windows 提供了灵活的选择字型、字体大小和字体颜色的能力，但字体选择不当或设计不一致，将会造成信息内容的损失或影响学习效果。

(3) 声音的运用。声音运用要注意内容易懂，音量不可过大或过小，并与其他声音在质量上保持一致。设计人员要花时间理解与之相关的问题，并判定相应的规则。

(4) 图像和动画的使用。选用图像，一定要在设计标准中说明其用途，同时要说明图像如何显示及其位置，是否需要边框，颜色数，尺寸大小及其他因素。动画采用则一定要突出效果。

在开发应用系统之前制定高质量的设计标准，需要花费一定时间。但按照精心制定的标准工作，不仅会使项目的外观更好，也使它更易于使用和推广。

人—机界面(HCI)设计涉及到计算机科学的很多领域。与过去传统的应用软件系统设计相比，人—机界面变得越来越重要，以致评价一个系统更多地取决于其人—机界面而不是它的功能。一个低劣的界面破坏了一个本来非常好的系统实例不少。多年来，人—

机通信一直局限于文本方式，这严重限制了人本来所具有的通信技能，大大降低了通信效率。近年来多媒体技术的出现从技术上为在人—机交互中全面采用人本身具有的通信技能提供了可能性，为建造高效友好的人—机界面带来希望、但多媒体信息、多模式通信的复杂性也对人—机交互、人—机界面设计提出许多新的挑战性的课题。其设计不仅要考虑用户及任务本身，更多的是要考虑和规划信息空间结构、媒体的时间基，即不是光如何提供多媒体信息，而是在什么情况下采用什么样媒体以及如何集成。以提供最优组合交互处理手段，并优化显示质量。因此，人—机界面设计不仅借助计算机技术，还依托于心理学、认知科学、语言学、通信技术及戏剧、音乐、美术等多方面的理论和方法，以下就人—机界面中的屏幕设计原则、类型选择等方面进行介绍。

1. 设计原则

根据现阶段计算机的持点，人—机界面的设计原则如下。

(1) 用户原则。人—机界面必须适合人的需要，所以人—机界面设计首先要确立用户类型。用户类型可有多种，例如，根据对计算机熟悉的程度可分为从未使用过计算机的外行型、略有使用经验的初学型、可熟练操作的熟练型和计算机专业的专家型，还可按职业、普通人与残疾人等分类。确定类型后，要针对其持点预测他们对不同界面的反应。这就要对各类用户有一基本度量、如对计算机使用的频率、用户思维能力、用户生理特点和技能等方面进行分析。

(2) 信息最小量原则。由于记忆是人们进行信息处理过程中的关键因素，所以人—机界面设计要尽量减少用户记忆负担，采用有助于记忆的设计方案。

(3) 帮助和提示原则。要对用户的操作命令作出反应，帮助用户处理问题。系统要设计有恢复出错现场的能力，在系统内部处理工作要有提示，尽量把主动权让给用户。

(4) 媒体最佳组合原则。多媒体界面的成功并不在于仅向用户提供丰富的媒体，而应在媒体功能、媒体选择方法基础上，在相关理论指导下，在语义层上将各种媒体有机地结合起来以更有效地传递信息，要持别注意处理好各种媒体间的关系，恰当选用。

2. 界面分析与规范

在人—机界面设计中，首先应进行界面设计分析，即收集有关用户及其应用环境信息之后，进行用户特性分析、用户任务分析，记录用户有关系统的概念、术语，这项工作可与多媒体应用系统分析结合进行。分析任务中对界面设计要有界面规范说明，选择界面设计类型，并确定设计的主要组成部分。

界面分析要分析使用该界面的用户类型，要调查用户使用系统的频率、用途，并对用户的综合知识和智力进行测试，这些均是用户分析中的内容。在此基础上产生任务规范说明，进行任务设计。任务设计的目的在于重新组织任务规范说明以产生一个更有逻辑性的编排。设计应精心地分别给出人与计算机的活动，使设计者较好地理解在设计一个界面时所遇到的问题，这样形成系统操作手册、训练文件和用户指南。在考虑用户工作方式反系统环境支持等因素情况下，进行任务设计。

3. 人—机界面类型的选择

任务设计之后，要决定界面类型。目前有多种人—机界面设计类型，各有不同的品质和性能，因此设计者要了解每种类型的优点和限制。大多数界面使用一种以上的设计类型。对其使用的标准主要考虑使用的是学习的难易程度、操作速度(即完成一个操作时、在操作步序，击键和反应时间等方面效率有多高)、复杂程度、控制能力及开发的难易程度。表 8-1 列出了常用界面类型的优缺点。

表 8-1　人—机界面类型优缺点

界面类型	优点	缺点	适合对象及说明
问答型(Y/N) 问题(Y/N)	容易使用	对话复杂度被严格限制，使用速度不高	早期的会话系统用户、外行和初学者
菜单、按钮按层次组织多选择的逻辑访问通路、显示按钮	易学、易用、易编程	大系统中使用速度慢，超过 9 个选项后搜索时间增加，且每幅菜单选择项的传输开销较大	初学者、没有经验的编程者简单对话类型，一般用做访问机制
图标、用图像代表功能	非常容易学习、易用(鼠标操作)、语言独立性强、编程较容易	占据屏幕可观的空间，表达抽象概念描述力差，需文字解释，需图形硬件和软件支持	初学者，有形成国际语言的趋势
表格填写	使用速度快、易用、容易掌握	仅适合于数据输入，不高级	数据录入中用得最广泛的对话类型，用于显示和恢复界面，编辑初始界面
命令语言(单字命令到复杂语法的命令)	使用功能强、灵活，是界面可控制系统的高级方法，对屏幕空间使用十分经济	学习困难(学习代码和语法条款)，用户要有系统功能的某些知识，使用困难，研制界面工作量大	会作用复杂命令界面的熟练用户，用户发起和控制对话
自然语言	自然地交流，不需学习	难于编程实现，语言识别困难，会出现二义性，输入慢	在有限制的问题中使用，可用于用户发出的会话

界面设计必须“以人为本”，因此选择界面设计类型要全面考虑。一方面要从用户状况出发，决定对话应提供的支持级别和复杂程度，选择一个或几个适宜的界面类型；另一方面要匹配界面任务和系统需要，对交互形式进行分类。若用户需求和系统功能之间发生冲突，则要折中解决。由于界面类型常常要在现有硬件基础上进行选择，限制了许多创新的方法，所以界面类型也将随着硬件环境及计算机技术的发展而丰富。

一旦考虑了所有因素，界面类型也已选定，即可将界面分析结果综合成设计决策。在一些系统设计中交互需求影响很大，如医疗咨询系统，必须要有会话交谈。而另一些进行数据输入的系统要用表格填充以及菜单或图标选择。还有一些商用图形系统则需图形显示或交互图像界面。这时，系统的功能就支配了可能使用的界面类型选择。

4. 界面内容设计

界面内容设计主要包括界面的对话设计、数据输入设计和控制设计。

1) 界面对话设计

界面对话设计是以任务顺序为基础的，但要考虑如下信息设计。

(1) 反馈(Feed back)：随时将正在做什么的信息告知用户，尤其是在响应时间长的情况下。

(2) 状态(Status):提示用户正处于系统的位置，避免用户在错误环境下发出语法正确的命令。

(3) 脱离(Escape):允许用户终止一种操作，且能脱离该选择，避免用户死锁发生。

(4) 默认值(Default):只要能预知答案，尽可能设置默认值，以节省用户工作时间。

(5) 尽可能简化对话步骤：尽量使用略语或代码来减少用户击键次数。

(6) 帮助(Help)：尽可能提供联机在线帮助，若能提供细节操作的灵敏帮助，更受欢迎。

(7) 复原(Undo)：在用户操作出错时，可返回并重新开始。

对话设计中应尽可能考虑以上原则，媒体设计对话框有许多标准格式供选择。另外，对界面设计中的冲突因素应进行折衷处理。

2) 界面数据输入设计

数据输入往往占终端用户的大部分使用时间，也是计算机系统中最易出问题的部分之一。其总目标为简化用户的工作，并尽可能降低输入出错率，还要容忍用户错误。设计实现可以应用如下原则：

(1) 尽可能减轻用户记忆负担，采用列表选择方式。例如，对共同输入内容设置默认值；使用代码和缩写等；系统自动填入用户已输入过的内容如姓名、学号等。

(2) 使界面具有预见性和一致性。用户应能控制数据输入顺序并操作明确，如采用合乎逻辑的布局和表格设计，采用与系统环境(如 Windows 操作系统)一致性。

(3) 防止用户出错。在设计中可采取确认输入(只有用户按下键才确认)、明确地移动(使用 Tab 键或鼠标)、明确地取消等措施，另外对删除必须再一次确认，对致命错误要警告并退出。对不太可信的数据输入要给出建议信息，防止误操作。

(4) 提供反馈。要使用户能查看他们已输入的内容，并提示有效的输入回答或数据范围；按用户速度输入和自动格式化；用户应能控制数据输入速度并能进行自动格式化，如避免用户输入多余的数字、输入空格能被接受等。

(5) 允许编辑。理想的情况，在输入后能允许编辑且采用风格一致的编辑格式。数据输入界面可通过对话设计方式实现，若条件具备尽可能采用自动输入。

3) 界面控制设计

人—机交互界面遵循的原则是让用户具有控制的主动性而又避免错误操作方式，即尽可能为用户提供控制权，使其易于访问系统的设备、进行人—机交互。

(1) 设计原则。

① 有清晰明确的动作指令。

② 与用户通信时，给出反馈和状态信息。

③ 按用户的步调和主动性设计会话，并尽可能基于用户模型进行会话。

④ 每个功能对应单个命令。

(2) 设计任务。

界面控制设计的主要任务是设计控制会话、菜单、图标和按钮、直接操纵界面、窗口、命令语言及自然语言界面等。

① 控制会话设计。设计时要注意每次只有一个提问，以免增加用户记忆负担；在需

要几个相关联的回答时，应重新显示前一个回答，以免记忆出错；要注意保持提问序列的一致性。

② 菜单设计。设计时要注意各级菜单中的选项不但可用数字或字母应答键也可使用空格键、Tab 键进行选择，还可以用鼠标按键定位选择。

多级菜单结构中，除将功能项与可选项正确分组外，还要对用户导航作出安排，例如，菜单级别及正在访问的子系统状态应在屏幕顶部显示；利用回朔工具改进菜单路径跟踪；利用单键能回到上页菜单等。总之，要解决用户时常发生的“我在哪里？”和“我曾经到过哪儿？”的问题。

另外，在多级菜单的深度和宽度方面应有一个权衡，即应设置多少级菜单，每级菜单有多少选项。每级菜单少，查询快，但各级路径探索时间长；反之在选项查询时间上花费多，要有最优折中方案。一般认为每级 7 项～9 项选择较合适。还可将选项分组以提高菜单的效益。Windows 系统初始主界面菜单层次分明，能使用户很快了解其树结构。单击分层直接选择快捷方便，所以受到广泛欢迎。

③ 图标和按钮设计。图标和按钮被越来越多地用来表示对象和命令。图标的突出优点是逼真，但随着概念的抽象，图标的表达能力衰弱，并有含义不明确的问题。如何设计好的图标目前还缺乏一个准则，只能提供以下建议：让用户测试图标的含义；设计的图标尽可能逼真；图标应有清晰的轮廓，以利于辨别；对操作命令，在图标下给出操作动作说明；避免使用符号。

另外对图标尺寸也要注意，以小些为宜。按钮可视为专用图标，用来进行超链接、分支转移，通常在其下给出操作动作说明。

④ 窗口设计。窗口把屏幕划分成几部分 ，在屏幕上可同时进行不同的操作。窗口有不重叠和重叠两类，窗口可动态地创建和删除。窗口有许多用途，在会话中间可根据需要动态呈现需要的窗口，并可在不同窗口中运行多个程序。这种多窗口，多任务为用户提供许多方便，特别是用户利用窗口自由地进行任务切换 。但要注意窗口不可开得太多，以免使屏幕杂乱无章，分散人们的注意力，特别是查询时间随窗口的复杂程序而增加，窗口的使用仍是研究课题之一。

⑤ 直接操作界面。直接操纵思想引伸出“所见即所得”的设计风格，意指用户动作结果能立即在显示器上明显可见，用户不必记住格式控制命令，这是更重要，更吸引人的用户界面。该界面设计的主要特点是用户能看到并直接操纵对象的代表 ，而不像命令或菜单那样通过中间代码访问对象，其优点是计算机系统能比其他形式的界面更直接地模拟日常操作。直接操作界面的特点是：有明确的动作，用户直接指定并操作对象；立即反馈，即动作的结果立即可见；用户的动作有一模拟顺序的尺度，如对象随用户鼠标移动而连续移动；直观的交互作用，只允许合法的交互产生效果，系统的复杂度能按层逐渐增加；用可逆的倒回操作顺序可复原所有动作。

前面介绍的图标窗口和菜单都是直接操纵界面的组成部分，但图标法受逼真性限制，系统复杂时会有多义性。窗口提供多个视域，但过多会导致混乱，应注意使用。

⑥ 命令语言界面设计。这是潜在的最强有力的控制界面，被预言为最终的人—机会话。其突出优点是可直接对目标和功能 存取，但命令语言分析与设计较难掌握，无论是关键词和参数设计，还是基于语法语言的设计，都很复杂。特别是自然语言设计。理解

自然语言的机器仍是计算机科学所面临的最严峻的挑战之一。实际上自然语言界面尚处于起步阶段。

5. 人—机交互设计遵循的认知原则

根据用户心理学和认知科学，提出了如下基本原则指导人—机界面交互设计。

(1) 一致性原则。即从任务、信息的表达、界面控制操作等方面与用户理解熟悉的模式尽量保持一致。一个界面与用户预想的呈现、操作方式越一致，就越容易学。一致性不仅能减少人的学习负担。而且可以通过提供熟悉的模式来增强认识能力。因为人是模式识别的机器，模式越一致，需要学的东西就越少，界面使用越容易。界面设计者的责任就是使界面尽可能与用户原来的模式一致，若原来没有模型，就应给出一个新系统的清晰结构. 并使用户尽可能容易地适应。例如，目前市场上商业化的多媒体软件，为吸引消费者，尽管界面花哨，各有持点，但在与用户的交互性却尽量跨越单种应用程序的限制，格式力求一致。

(2) 兼容性。在用户期望和界面设计的现实之间要兼容，要基于用户以前的经验。人的个别差异的存在是一种事实，应受到重视。在认知心理学中也待别强调这一差异，因此在多媒体应用设计上，应尽量让不同的用户均能获得自己所需要的使用方法。

(3) 适应性。用户应处于控制地位，因此界面应在几个方面适应用户，即适应用户的工作速度，不强迫其连续不断地集中注意力。界面设计也要适应用户个人的特点、技术水平等。在不违背兼容性的原则基础上还要照顾一致性。

(4) 指导性。界面设计应通过任务提示和反馈信息来指导用户，应依据用户的命令以用户的步调来运行，这也就是常说的“以用户为中心”，而不是用计算机来控制用户。这里涉及到两点：一是预测性，即能从用户当前状态预测到用户下一步该做什么；二是返回性，即在用户发生错误时能按照其愿望回溯。

(5) 结构性。界面设计应是结构化的，以减少复杂度。结构化应与用户知识结构相兼容，并不要记忆负担过重。因此信息组织的要求是用一种简单方法只把相关信息提供给用户，超文本结构能较好实现这项功能。

(6) 经济性。该原则并不是基于心理学，而是说界面设计要用最少的步骤来实现—个操作，并尽可能减少用户的工作。

在上述基本原则指导下，对界面设计及屏幕设计提出以下方法供参考。

(1) 由具体到抽象。即首先通过多媒体界面给用广提供具体的对象，让用户真实而肯定地掌握到其所见所学的内容。然后从具体的对象、内容中让学习者归纳出抽象的概念或原理、或用模拟系统来引导出抽象的原理。

(2) 由可视化的内容显示不可见的内容。通过视觉学习不仅易于理解，而且会留下深刻印象，因此尽可能利用数字、图解、动画、色彩等清晰爽目的对象显示原理、公式或抽象的概念。

(3) 由模拟引导创新、计算机多媒体应用系统的交互性特点，使得它比单向传播信息的电视、电影有极大的优越性。因此就要突出人机交互，尽量启发用户的积极思维和参与，并激起用户的学习和创造欲望，而不仅仅是被动接受和简单模仿。尽管人们的行为相当一部分是模仿而来的，但人们又有很强的创造发明的欲望，所以认知心理学认为，既要让学习者有样板可学，但更应保留一部分空间给他们，让其自由发挥。当然要注意提供适当的线索和良好的环境，切记不要让学习者陷入极度思考，或者误导用户过分考验自己能力，产生挫折感，以至失去学习信心。

(4) 合理运用再认与再忆，减少用户短期记忆的负担。许多情况下，多媒体应用设计的人机交互是用于测试用户学习效果。一种模式是从系统给定的几个可能答案中要用户选择一个正确的或最好的，这就是再认。而另一种则是要求用户输入正确的答案或关键字，这就是再忆。人的记忆功能中再认比再忆容易，因此要掌握测试难易度，同时应注意减轻用户的短期记忆负担。根据认知心理原则，人的短期记忆大多只能容下七个左右的项目而已，而且用户常常只记得一些找寻数据的方法，都无法记得确定的数据项目，例如，要用户打开文件，要用户记住文件名及附带参数是比较困难的。若用户需要打开文件时，系统会自动弹出一个窗口，列出所存文件名，让用户在其中选择，则用户感到使用轻松方便，因而它降低了记忆的负担。

6. 屏幕设计

1) 布局

屏幕布局因功能不同考虑的侧重点不同。各功能区要重点突出，功能明显。无论哪一种功能设计，其屏幕布局都应遵循如下五项原则。

(1) 平衡原则：注意屏幕上下左右平衡。不要堆挤数据，过分拥挤的显示也会产生视觉疲劳和接收错误。

(2) 预期原则：屏幕上所有对象，如窗口、按钮、菜单等处理应一致化，使对象的动作可预期。

(3) 经济原则：即在提供足够的信息量的同时还要注意简明，清晰。特别是媒体，要运用好媒体选择原则。

(4) 顺序原则：对象显示的顺序应依需要排列。通常应最先出现对话，然后通过对话将系统分段实现。

(5) 规则化：画面应对称，显示命令、对话及提示行在一个应用系统的设计中尽量统一规范。

在屏幕布局中，还要注意到一些基本数据的设置。按照以上原则，进行屏幕设计，应做到：

(1) 按功能将屏幕分成几个区域，通常为：标题区，工作区，提示和出错处理区，以及其他。

(2) 用户界面应包含所有所必需的信息。

(3) 屏幕的使用密度应当适当，防止过稀或过密。

2) 文字与用语

文字和用语除作为正文显示媒体出现外，还在设计题头、标题、提示信息、控制命令，会话等功能时展现。对文字与用语设计格式和内容应注意如下：

(1) 要注意用语简洁性。避免使用计算机专业术语；尽量用肯定句而不要用否定句；用主动语态而不用被动语态；用礼貌而不过分的强调语句进行文字会话；对不同的用户，实施心理学原则使用用语；英文词语尽量避免缩写；在按钮、功能键标示中应尽量使用描述操作的动词；在有关键字的数据输入对话和命令语言对话中采用缩码作为略语形式；在文字较长时，可用压缩法减少字符数或采用一些编码方法。

(2) 格式。在屏幕显示设计中，一幅画面不要文字太多，若必须有较多文字时，尽量分组分页，在关键词处进行加粗、变字体等处理，但同行文字尽量字型统一。英文词除标语外，尽量采用小写和易认的字体。

(3) 信息内容。信息内容显示不仅采用简洁、清楚的表达，还应采用用户熟悉的简单句子，尽量不用左右滚屏。当内容较多时，应以空白分段或以小窗口分块，以便记忆和理解。重要字段可用粗体和闪烁吸引注意力和强化效果，强化效果有多样，针对实际进行选择。

3) 颜色的使用

颜色的调配对屏幕显示也是重要的一项设计，颜色除是一种有效的强化技术外，还具有美学价值。使用颜色时应注意如下几点：

(1) 限制同时显示的颜色数。一般同一画面不宜超过 4 种或 5 种，可用不同层次及形状来配合颜色，增加变化。

(2) 画面中活动对象颜色应鲜明，而非活动对象应暗淡。对象颜色应尽量不同，前景色宜鲜艳一些，背景色则应暗淡。

(3) 尽量避免不兼容的颜色放在一起，如黄与蓝，红与绿等，除非作对比时用。

(4) 若用颜色表示某种信息或对象属性，要使用户懂得这种表示，且尽量用常规准则表示。

总之，屏幕显示设计最终应达到令人愉悦的显示效果，要指导用户注意到最重要的信息，但又不包含过多的相互矛盾的刺激。

8.4 多媒体应用软件开发案例

8.4.1 多媒体教学课件的制作

PowerPoint 是微软 Office 套件中提供的专门用于制作演示类多媒体课件(俗称投影幻灯片)的工具(国外称为多媒体简报制作工具)，也是最为常见的 CAI 创作平台。由于它具有可适性和普及性，因而几乎被所有计算机支持的多媒体教室采用，供教师自行编制课件，并在课堂上播放。

1. PowerPoint 的结构功能

PowerPoint 中包含有 100 多种模板(Template)，这些模板是专家设计演示的，一般教师制作课件时，可以选择一个模板作为幻灯片的基础，并根据自己的需要作些修改，再输入演示的教学内容。它以页为单位制作演示课件，然后将制作好的页集成起来编辑，形成一个完整的课件。利用 PowerPoint，可以非常方便地制作各种文字，绘制图形，加入图像、声音、动画、视频影像等各种媒体信息，并根据需要设计各种演示效果。既可以将其制成的幻灯片直接在计算机屏幕上联机播放，充分利用计算机的功能，如标注、定时、动画效果、加配声音、视频剪辑等，同时还能在校园网、互联网上播放，也可以将其打印成黑白(或彩色)透明胶片，以便在不能直接用计算机演示的场所供幻灯机或投影仪使用。上课时，教师只需单击鼠标，就可以播放出制作好的一幅精美的文字和画面，也可以事先安排好时间自动连续播放。

2. 需求分析

需求分析确定课件的教学内容、教学对象、教学用途及教学环境。PowerPoint是Office办公软件包中的一员，它集文字、图形、图像、功画、声音等多媒体元素于一体，利用它能方便、简单地制作出图文并茂、生动形象的多媒体幻灯片，并在计算机上实现动态演示。

3. 教学设计

教学设计包括目标分析、学习者特征分析、知识结构设计、教学策略设计、教学媒体设计、诊断评价设计、文字脚本设计等内容。教学设计的任务是：划分教学单元，确定课件设计的基本策略，确定课件的结构，选择课件的教学模式和课件使用的教学媒体。

下面对案例进行教学设计。

1) 目标分析

目标分析的任务是：确定教学内容，进行教学目标分析和学习目标分析。

(1) 确定教学内容。案例课件“PowerPoint 的使用介绍”的教学内容是 PowerPoint 的入门知识介绍，包括 PowerPoint 简介、PowerPoint 操作界面说明、一个简单电子教案的制作步骤等，教学内容属于“事实”类型。课件的教学内容划分成三个单元：简述 PowerPoint、PowerPoint 操作界面介绍和制作一个简单电子教案的步骤。

(2) 案例课件的教学目标为“使学生通过学习达到对 PowerPoint 的使用有一个简单的认识”，教学内容分解为 PowerPoint 简述、操作界面介绍和简单电子教案制作步骤三个知识点，三个教学单元的教学目标都属于认知须域的识记类型。

(3) 学习目标分析。本案例课件的学习目标是想让学生通过课件的学习后，对 PowerPoint 的使用有一个初步认识，为以后进一步的学习奠定基础，而不是要学生马上就掌握 PowerPoint 的使用，属于“知道”层次。

2) 学习者特征分析

由于 PowerPoint 应用广泛，所以学习使用 PowerPoint 的人水平层次不可能很整齐。本课件主要以计算机基础知识比较薄弱的学习者为教学对象。 在这些学习者中，可能有些是小学生，有些是中学生，有些是大学生，还可能是一些年龄较大的成年人。而在成年人中，可能使用 PowerPoint 的教师较多。对于不同的年龄段的人，在选择素材、使用媒体、课件风格的选择时要区别对待。

结论：根据对 PowerPoint 课程的需求，本课件的教学对象主要以计算机基础知识比较薄弱的成人为主，因此学生能独立自主地进行学习，其学习风格为“抽象—随机”类型。

3) 知识结构设计

案例的第一单元“了解 PowerPoint”、第二单元“PowerPoint 使用界面”和第三单元“制作一个简单的电子教案”之间的关系属于并列结构，其中第一单元和第三单元各包含一个知识点，第二单元包括分别讲解标题栏、菜单栏、常用工具栏、格式工具栏、工作区、视图转化 / 幻灯片播放按钮、状态栏等内容的七个并列结构的知识点。

案例知识点之间的关系如图 8-6 所示。

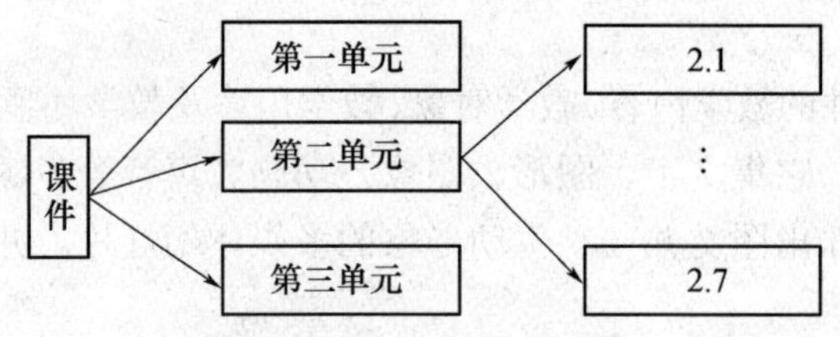

图 8-6 案例知识点间的关系

由于案例的各个知识点都是知识性讲授，所以对每个知识点都采用个别指导教学模式，知识点内容的表现选用相应的文字、图片媒体，知识点的表现顺序安排采用菜单方式。

4) 教学策略设计

因本案例课件的教学内容属于“知识讲授”类型，而课件的结构以“帧型结构”为主，因此采用个别指导型教学模式。

5) 教学媒体设计

媒体的选择要依据课件所讲授的内容来确定，要为内容服务。在讲解 PowerPoint 操作界面的具体操作时，可以使用视频录像来展现操作过程；在说明原理时，通常采用文字叙述，这时可以增加声音旁白，用以激发学生的学习兴趣；对于一些用语言描述不是很简洁或不能描述清楚的地方，适当使用图片以便给出形象的说明。

6) 诊断评价设计

由于本案例是一个讲授为主的小课件，对学习效果的评价可以通过学生自主练习、测试完成，因此未专门做诊断评价设计

7) 文字脚本设计

这个小课件的内容较少且简单，此处略去文字脚本设计。

4. 课件系统设计

课件系统设计需要做的工作是进行课件的系统结构与主要模块的分析、整体风格设计、课件结构设计、封面设计、屏幕界面设计、交互方式设计、确定导航设计策略、制作脚本设计等。

1) 系统结构与主要模块分析

课件系统为模块结构，主要有封面(PowerPoint 使用简介)、了解 PowerPoint、PowerPoint 使用界面和制作一个简单的电子教案四个模块，而“PowerPoint 使用界面”又分成标题栏等七个子模块，图 8-7 是课件的系统框架结构、主要的教学内容以及主要模块功能和内容的概略示意图。

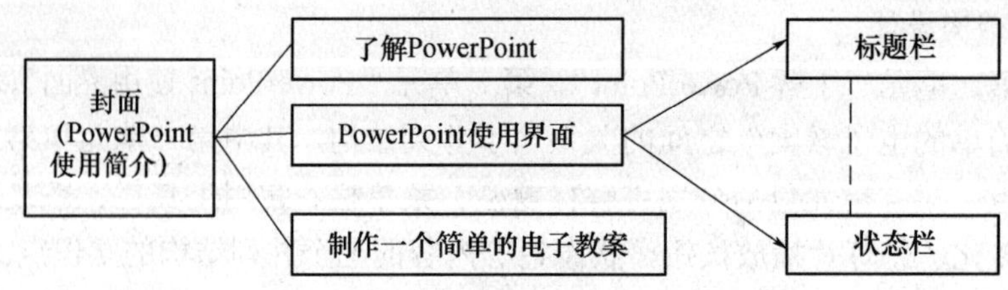

图 8-7 课件的系统框架结构与主要模块

2) 总体风格设计

本案例课件的教学对象以成人教师，或商业人士为主体，应适合成人学生的特点，课件要有较强的知识性和科学性，多媒体信息适合成年人品位，操作应简单便捷。

3) 课件结构设计

由于课件讲授内容是 PowerPoint 的使用介绍，讲授的顺序即是 PowerPoint 的使用顺序，所以课件的结构以帧型结构为主。但课件采用网页形式，因此课件以超文本结构提供给学生，在一个网页内的教学内容为帧型结构，与学习者的交流方式采用网页标准形式，除封面外每一层都有返回上一层的热链接。

4) 封面设计

封面仅介绍讲授的三个单元的题目，设计采用内容简介的形式。

5) 屏幕界面设计

根据教学内容较为简单的情况，本案例课件的屏幕界面主要由文字、菜单、按钮、对话框等元素组成，屏幕总体布局简单明了，对话框在屏幕中部，返回按钮在右下方。

6) 交互方式设计

本案例课件的人—机交互方式采用直接操作方式，人—机交互的设备为鼠标、键盘。

7) 确定导航设计策略

本案例课件的导航设计采用员简洁、最方便快捷的直接导航方式，通过导航按钮完成导航。

8) 制作脚本设计

为直观简单起见，本例课件的制作脚本采用图片型；因篇幅有限，省略了卡片头等内容；所有页面的背景统一使用图片 BACK.jpg。制作脚本如图 8-8～图 8-18 所示。

5. 素材准备

完成课件的脚本设计之后，需要进行素材的准备工作，即使用媒体制作软件将脚本中使用到的多媒体素材制作出来。

本案例课件的素材种类有文本、声音、图片。下面介绍声音、图片素材的制作。

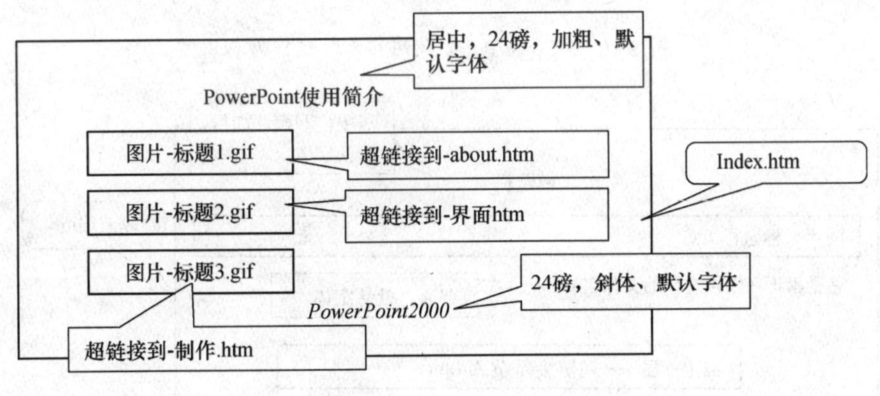

图 8-8 “封面”制作脚本

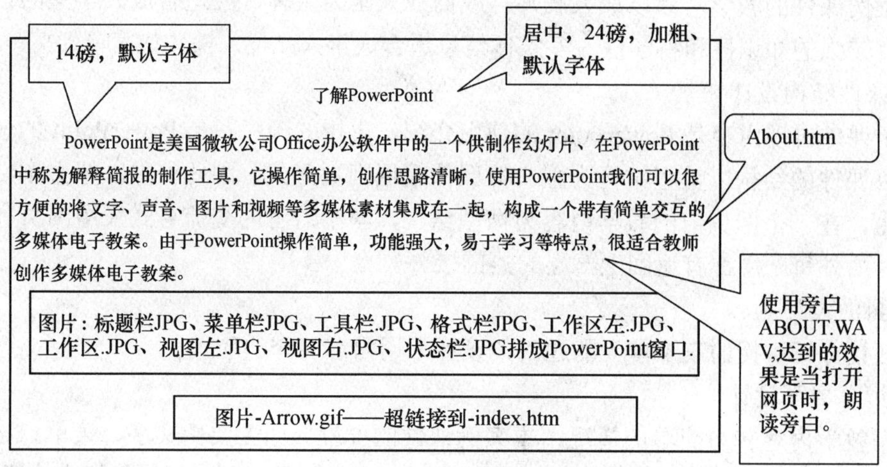

图 8-9 “了解 PowerPoint”制作脚本

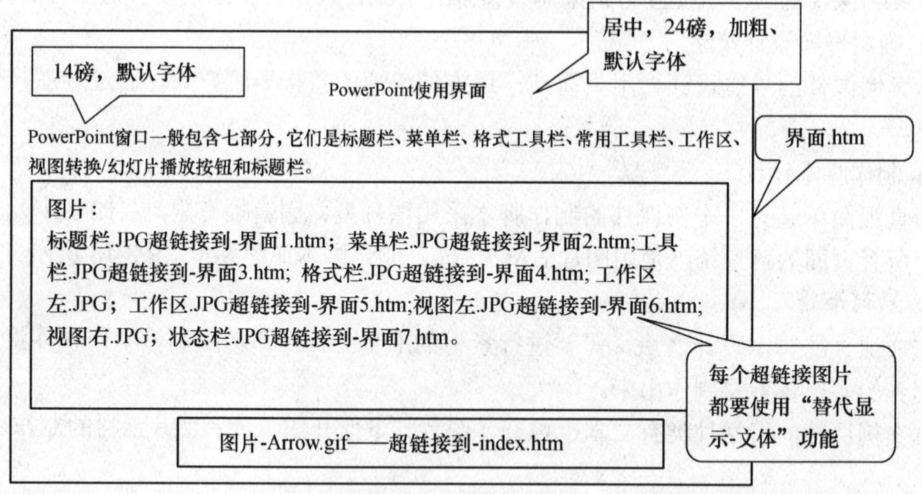

图 8-10 “PowerPoint 使用界面”制作脚本

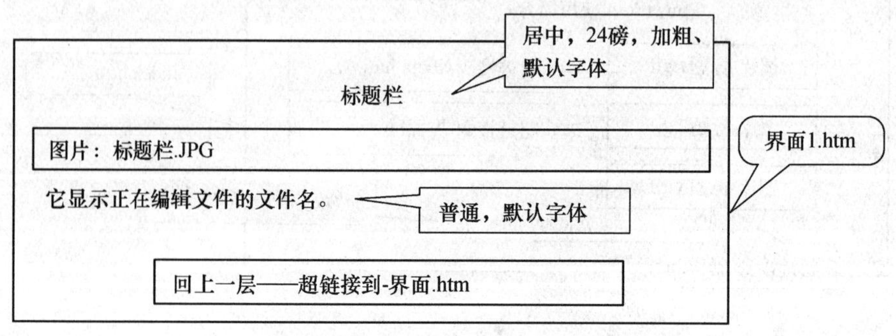

图 8-11 “标题栏”制作脚本

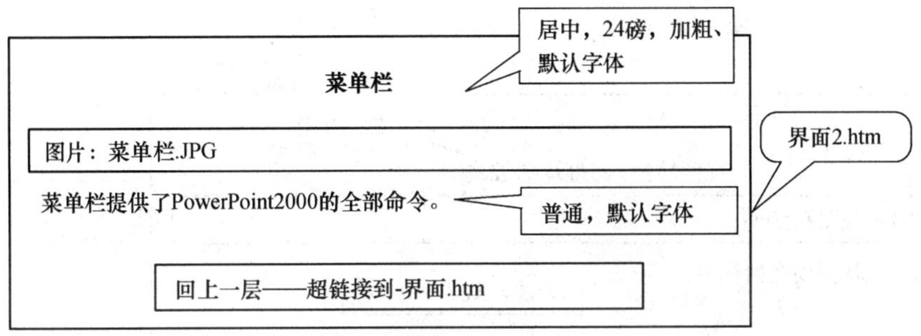

图 8-12 “菜单栏”制作脚本

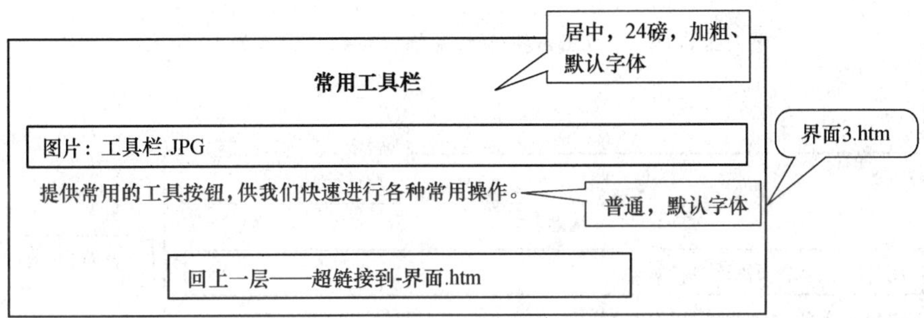

图 8-13 “常用工具栏”制作脚本

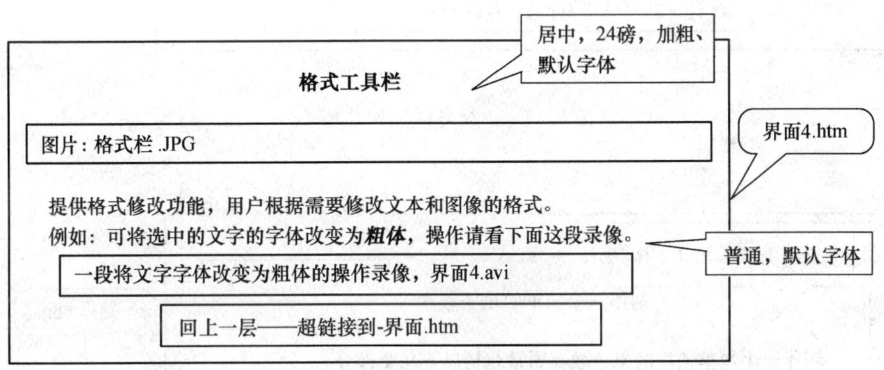

图 8-14 “格式工具栏”制作脚本

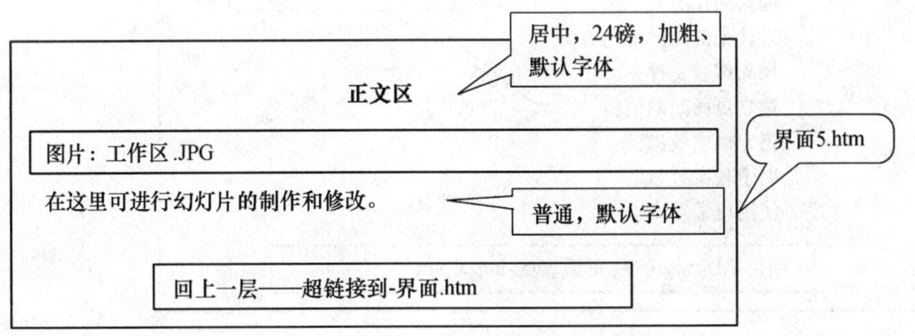

图 8-15 “工作区”制作脚本

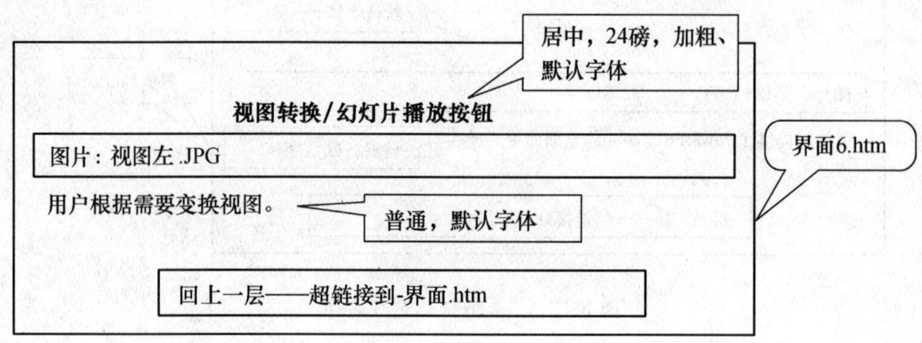

图 8-16 “视图转换/幻灯片播放按钮”制作脚本

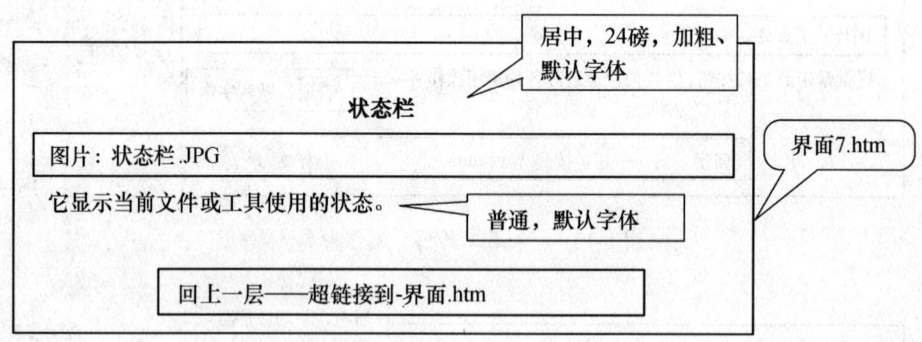

图 8-17 “状态栏”制作脚本

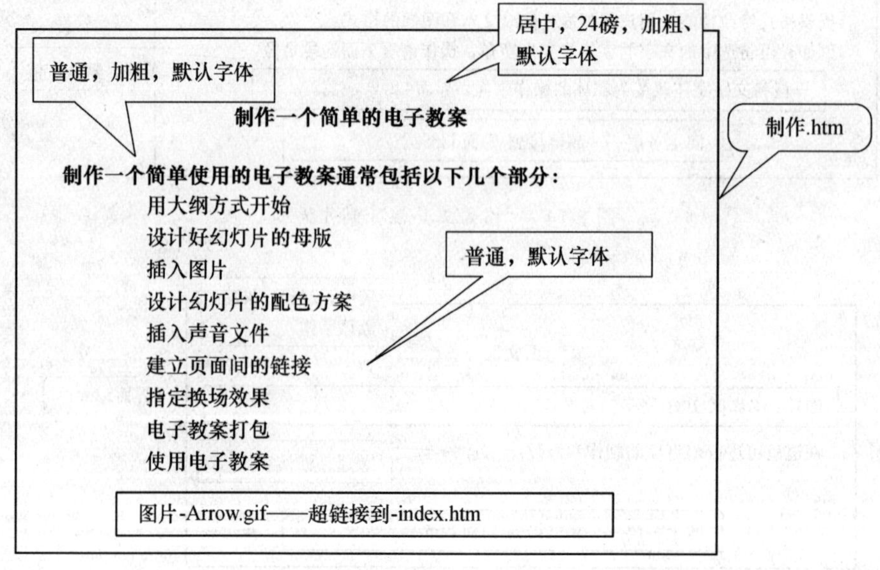

图 8-18 “制作一个简单电子教案”制作脚本

1) 形成声音文件

声音文件 ABOUT.WAV 可以使用 Windows 自带“录音机”录制，也可使用其他一些声音处理软件录制和剪接。本案例课件的声音素材制作使用的是“Cool Edit Pro”声音处理软件录制的。

2) 图片制作

图片的制作分为两类处理；

① 直接从已有素材中直接选用。如 ARROW.GIF 和 BACK.JPG。

② 自己制作，在案例课件中，标题栏“.JPG”、菜单栏“.JPG”、工具栏“.JPG”、格式栏“.JPG”、工作区左“.JPG”、工作区“.JPG”、视图左“.JPG”、视图右“.JPG”、状态栏“.JPG”都需要自己制作。

制作过程简述如下：

- 首先将比 PowerPoint 打开，使用键盘“Print Screen”键，抓取屏幕。
- 打开 Photoshop，执行“文件”→“新建”命令，再执行“编辑”→“粘贴”命令将抓取的 PowerPoint 界面粘贴在新建文件中，进行编辑。
- 使用“矩形选择工具”，选择所需要的标题栏、菜单栏等部分，执行“编缉”→“复制”命令。
- 再新建新的文档，执行“编辑”→“粘贴”命令，将所选择的内容粘贴下来。
- 执行“文件”→“存储副本”命令，将文件分别存储为标题栏“.JPG”、菜单栏“.JPG”等。

也可以直接采用专门的截屏软件，如 HyperSnap 6，截屏后保存为所需要的文件。

6. 课件制作实现

课件的实现方法有编程语言实现、著作工具实现、利用积件系统实现等方法。

此处 FrontPage 创作本实例的课件，只需按照制作脚本的要求完成设计就可以了。Frontpage 是一种网页制作工具，可以方便地创建并发布自己的主页。选择 Frontpage 作为开发工具，主要考虑本案例课件很小，用 Frontpage 方便简单、省时且效果不错。

7. 测试评价

测试评价的工作首先要测试课件，排除课件中的显式错误，然后提交给评价组织进行评价，评价的具体内容详见后面附录的评价体系。经过评价后，再根据评价意见和鉴定意见，进行评价后调试、修改完善课件。

8. 课件发行

课件经过评价以后，只有在认定该课件具有一定的教育价值后才可以公开发行。公开发行之前需要的工作有传播载体的选择、编写课件的使用手册。

现在假定本案例课件被认定可以公开发行，则要进行如下工作：

1) 选择传播载体

本案例是网页型课件，文件小，采用光盘为传播载体。

2) 编写课件使用手册

使用《PowerPoint 使用简介》。

(1) 使用对象。案例适合计算机基础知识比较薄弱的成年教师以及商业人士。

(2) 教学目标。案例课件讲解 PowerPoint 的界面以及介绍简单电子教案的制作过程，使学习者通过课件的学习后，对 PowerPoint 的使用有一个初步认识，为以后进一步的学习奠定基础。

(3) 课件特点。案例使用网页形式表现内容，包括声音、视频、图片、文字等多媒体信息，使用简单方便，只要会使用浏览器就可以进行本课件的学习，不需额外的训练。

(4) 系统结构与主要模块。课件的系统结构为层次结构。

课件的主要的教学内容是 PowerPoint 的入门知识介绍，包括 PowerPoint 简介、PowerPoint 的操作界面说明和一个简单电子教案的制作步骤等。课件的主要模块功能有："封面(PowerPoint 使用简介)"、"了解 PowerPoint"、"PowerPoint 使用界面"和"制作一个简单的电子教案"；其中，"PowerPoint 使用界面"又包括"标题栏"、"菜单栏"、"常用工具栏"、"格式工具栏"、"工作区"、"视图转化幻灯片播放按钮"、"状态栏"等七个子模块。

(5) 课件的运行环境。案例课件运行环境要求：Windows 系统，IE6.0 以上，CPU 主频 200MHz 以上。

3) 教学应用

案例课件只是象征性地介绍 PowerPoint 的使用，但课件可以应用于学生的个别化学习，也可以应用于教师以及商业人士的群体教学，还可作为学生自学的辅助教材。教学应用中的教学目标是使学生对 PowerPoint 有一个初步的了解。在实际群体教学过程中，教师可以根据需要对课件内容进行补充。教学的实际应用表明，使用本课件基本可以达到教学要求。

8.4.2 多媒体网站的设计

网络与多媒体作为当今空前繁荣和不断发展的两大新兴技术，它们之间的差别已经越来越小。两种技术彼此融合、彼此不断借鉴、共同发展。多媒体技术丰富了网络空间、加大了作为媒体形式的网络的传播功能，同时网络又为多媒体提供了更为广阔的发展空间。现在提到网络，人们除了想到其巨大的信息容量与迅捷的传播速度之外，还想到的就是动人的画面、动听的音乐以及丰富多彩的动画效果。似乎一夜之间，网络中到处都遍布了多媒体的印记。多媒体技术在网络中的应用也逐渐深入人心，并成为了当今网络技术发展的一个显著特点。网站设计越来越追求精美的画面和丰富的动画效果。

1. 网络多媒体技术面面观

网络中的多媒体技术种类很多，从广义上讲，凡是有别于传统的单一文字链接型的网站都可以列为新型的多媒体网站范畴之内。这包括在网页设计中使用精美的图片、眩目的动画效果、动听的音乐、全新的交互方式、虚拟的三维技术等。

2. 规划"个人主页类的网站"

本例将以制作一个肿瘤医生的个人主页制作为主线，系统、详细地介绍了个人主页的制作全过程。整个准备过程中的流程如下：分析客户需求→制作网站策划→准备所需素材→创建网页布局→创建 CSS 样式→制作首页模板→案例扩展分析→测试上传 。

1) 需求分析

应客户余医生的要求，为她建立一个个人网页，作为一个互动的平台用以与患者之间进行交流，也可以随时发表一些自己的生活感悟和疾病常识。

客户需要一个独立的域名和网站空间，对于界面主体色调，前期用户没有提出要求，图片要求以向阳花为主。

2) 网站策划

根据客户的要求，参照网上一些医生主页的样式 ，为该网站策划如下栏目。

(1) 个人介绍：介绍余医生的相关资历和职称等个人情况。

(2) 临床实践：介绍临床治疗中的一些案例及分析。

(3) 肿瘤知识：介绍关于肿瘤的一些常识。

(4) 生活感悟：记录生活中的些随感和心情。

(5) 健康问答：与患者交互的留言反馈平台。

网站的内容严肃而不失生动，网站界面采用 800×600 界面样式，色调以深粉色为主，为吸引浏览者停留，采用 CSS 样式、Flash 等技术进行网站的静态和动态页面设计优美协调的色调，再配以动听的背景音乐，能给浏览者留下深刻的印象。

3) 网站结构规划

在正式创建网站之前，先规划网站目录的结构，然后策划网页结构和布局，最后确定网页的内容编排，这样做可以方便站点的管理和维护。目录结构和网页文件名称如图 8-19 所示。

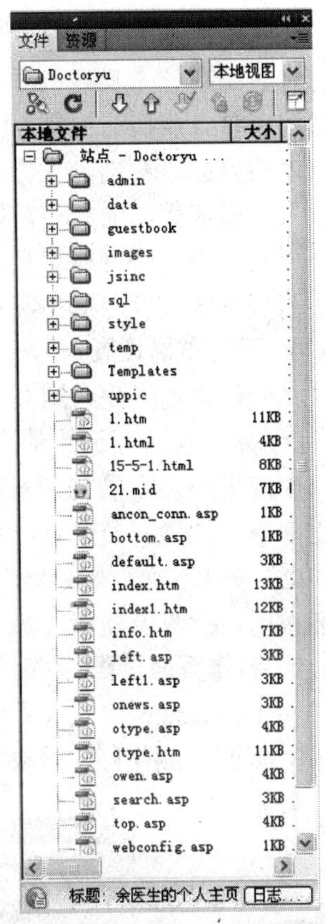

图 8-19 “余医生”网站中的目录结构和网页文件

4) 准备所需素材

在制作网站的过程中，需要图片、文字素材、声音素材和 Flash 动画素材。一般情况下，可以使用 Photoshop 制作各种图片，用 Flash 制作动画文件。制作好的图片及动画保存在 images 文件夹中，如图 8-20 所示。

图 8-20 制作好的图片及动画文件

3. 网站简介

该网站的主要作用是分享该医生经验以及发布关于肿瘤相关知识，目的是让余医生与患者之间有一个良好的互动平台，同时方便患者查询与肿瘤相关的资料，还可以及时获得关于自身疾病的答复。

本站界面以简洁、大方为主，应客户的要求，在网站的顶部图片用向阳花的图案，寓意永远追逐太阳的光芒，以其执著征服着人们的心，给人带来温暖、朝气。

整站采用一个网站模板，首页、子页、三级页面均采用大致相同的页面模板，这样加快网页下载速度，提高网页的打开速度。

4. 页面布局设置

在制作之前，先对网页布局进行设置。

(1) 本案例采用通用的上中下结构，头部分为两行，一行为导航条，另一行为Banner条；中间采用左右结构，左侧放置余医生的个人说明信息搜索及信息单击排行；右侧为正文部分，放置三类信息内容。

(2) 设计界面。规划好页面布局，就可以在Photoshop中设计界面的大致样图，且及时征求用户意见及建议。

5. 制作页面过程

在Photoshop中完成界面设计之后，需要在Dreamweaver中按照设计的效果切割成HTML页面。制作好的效果如图8-21所示。

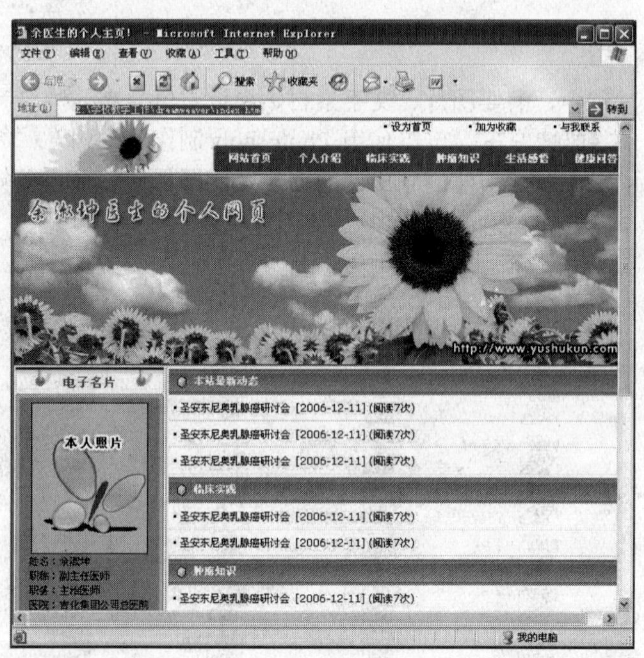

图 8-21 页面效果

1) 新建站点

在制作网页之前，先要建立一个该网站的站点，新建站点的具体操作步骤如下：

(1) 打开Dreamweaver在菜单栏中选择“站点”→“新建站点”命令，打开“站点设置对象”的对话框。

(2) 选择“高级”选项卡，设置“本地信息”类别中相关参数。设置站点为“余医生的个人主页”，设置本地文件夹和默认图像文件夹。其他设置保持默认值。

(3) 单击“确认”按钮，站点创建完成。

2) 建立站点文件夹

根据网页制作规范建立站点文件夹，先建立 images 、style 两个文件夹，网页文件放在根目录下，之后的文件夹在涉及时随时添加。

3) 新建网页

建立好站点和文件夹以后，在根目录下新建一个 index.htm 页。

(1) 打开“文件”面板，在站点目录空白处单击鼠标右键，在弹出的快捷菜单中，选择“新建文件”命令。

(2) 新建一个网页，将其命名 为“index.htm”。

(3) 双击文件名，即可进入文档视图进行编辑。

4) 设置标题栏

新建的网页的标题是“无标题文档”，在标题后的文本框中修改标题，或切换到代码视图，在“<title></title>”中间的代码中直接修改。如图 8-22 所示。

图 8-22　设置标题栏

5) 设置页面属性

按 Ctrl+J 键或在菜单栏中选择“修改”→“页面属性”对话框，选择右侧分类下面的列表项，可在相应的选项卡中设置相应的页面属性。

(1) 设置外观。选择“外观(CSS)”选项卡，在此设置页面的外观属性，整个页面用图像 images/bg_3.gif 填充。所有边距为 0。如图 8-23 所示。

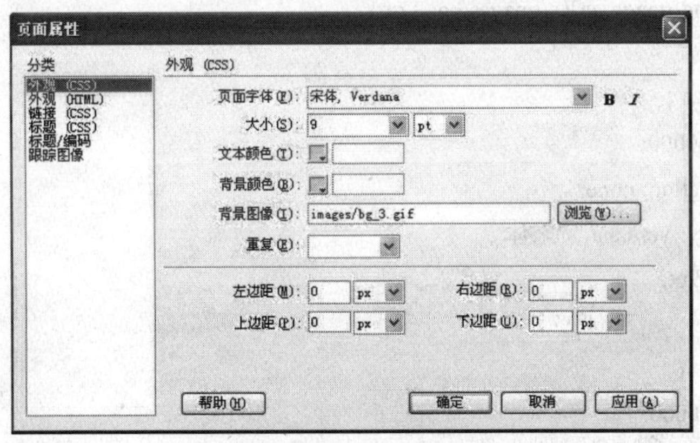

图 8-23　设置外观

(2) 设置链接。选择“链接(CSS)”选项卡，在此设置页面的链接属性，如图 8-24 所示。

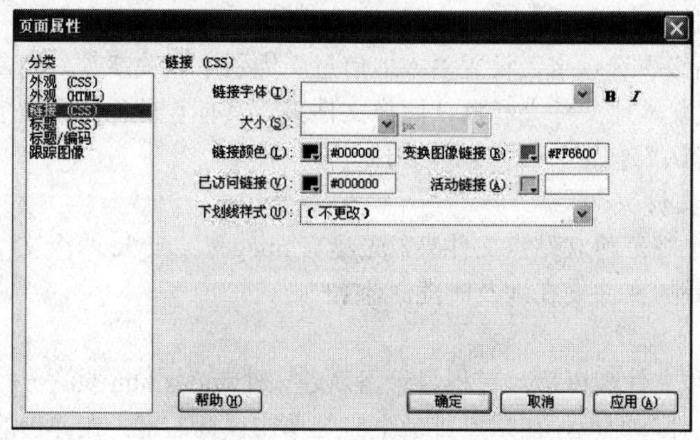

图 8-24 设置链接属性

(3) 设置标题/编码。选择“标题/编码”选项卡，在此设置页面的编码类型、文件类型。其余页面属性保持默认即可。

6) 创建 CSS 样式表

根据页面属性以及界面色调，将需要用到的样式创建到样式表 Style.css 文件中，保存在文件夹 style 中。代码如下 ：

```
body {
    FONT-SIZE: 9pt;
    FONT-FAMILY: "宋体", Verdana;
    PADDING-RIGHT: 0px;
    PADDING-LEFT: 0px;
    PADDING-BOTTOM: 0px;
    MARGIN: 0px;
    PADDING-TOP: 0px;
    background-image: url(../images/bg_3.gif);
}
a:link          {
    color: #000000;
    text-decoration: none;
    font-family: Verdana, "宋体";
    font-size: 9pt;
}
a:visited       {
    color: #000000;
    text-decoration: none;
    font-family: Verdana, "宋体";
    font-size: 9pt;
}
```

```
.td_dline {
	border-top-width: 1px;
	border-bottom-width: 1px;
	border-top-style: solid;
	border-bottom-style: solid;
	border-top-color: 666666;
	border-bottom-color: 666666;
}

a:hover		{
	color: #FF6600;
	text-decoration: none;
	position: relative;
	right: 1px;
	top: 1px;
	font-family: Verdana，"宋体";
	font-size: 9pt;
}
a:actived		{
	color: #000000;
	text-decoration: none;
	font-family: Verdana，"宋体";
	font-size: 9pt;
}
p{
	line-height: 120%;
	text-indent: 2em;
	font-family: Verdana，"宋体";
}

input{
	font-size:9pt;
	font-family: Verdana，'宋体';
	background-color: #FFFFFF;
	border: 1px solid #CCCCCC;

}
select{
	font-size:9pt;
```

```
        font-family: Verdana，"宋体";
        background-color: #FFFFFF;
        border: 1px 1 #CCCCCC;

}
.img {
        PADDING-RIGHT: 4px;
        DISPLAY: inline;
        PADDING-LEFT: 4px;
        PADDING-BOTTOM: 4px;
        MARGIN: 0px 7px 2px 0px;
        PADDING-TOP: 4px;
        border: 1px solid #999999;
}
.font {
        font-family: Verdana，"宋体";
        font-size: 9pt;
        color: #333333;
}

.news_title{
        font-family:   "宋体";
        font-size: 14px;
        color: #CC0000;
        text-align: center;
        font-weight: bold;
        line-height: 120%;
}
a.news_title:link          { color: #CC0000；text-decoration: none }
a.news_title:visited       { color: #CC0000；text-decoration: none }
a.news_title:hover         { color: #CC6600; text-decoration: none; position: relative; right: 1px; top: 1px }
a.news_title:active        { color: #CC0000；text-decoration: none }
.red {
        font-family: Verdana，"宋体";
        font-size: 9pt;
        color: #FF6600;
        text-decoration: none;
}
.news_content {
```

```
        font-family: Verdana，"宋体";
        font-size: 14px;
        line-height: 140%;
        text-indent: 2em;
}

.b_z {
        font-family: "宋体";
        font-size: 14px;
        color: #DE34A5;
        font-weight: bold;
        letter-spacing: 1px;
}
.white_b {
        font-family: "宋体";
        font-size: 12px;
        color: #ffffff;
        font-weight: bold;
}
.td_line {
        font-family: Verdana，"宋体";
        line-height: 24px;
        border-bottom-width: 1px;
        border-bottom-style: solid;
        border-bottom-color: eeeeee;
}

a.white_b:link          { color: #ffffff；text-decoration: none }
a.white_b:visited       { color: #ffffff；text-decoration: none }
a.white_b:hover         { color: #FDDFFD；text-decoration: none；position: relative；right: 1px；top: 1px }
a.white_b:active        { color: #ffffff；text-decoration: none }
.white {font-family: Verdana，"宋体";font-size: 12px;color: #ffffff;}
a.white:link            {font-family: Verdana，"宋体";font-size: 9pt；color: #ffffff；text-decoration: none }
a.white:visited         { font-family: Verdana，"宋体";font-size: 12px;color: #ffffff；text-decoration: none }
a.white:hover           { font-family: Verdana，"宋体";font-size: 12px;color: #FF99CC；text-decoration: none }
a.white:active          { font-family: Verdana，"宋体";font-size: 12px;color: #ffffff; text-decoration: none }
```

6. 制作页面头部

经过上面的准备，即可以正式制作网页了。网页的制作一般秉承从上到下、从左到右的原则，制作页面的同时也要同步创建适合页面的 CSS 样式，在此过程中，注意前面章节讲的规范。

1) 从外部引入 CSS 样式表

页面中的 CSS 样式可以添加到文档头部，但是该 CSS 样式仅应用于当前文档，如果想使整个站点网页文件都能通过一个 CSS 样式文件控制，则需要从外部引入 CSS 样式表，具体步骤如下：

(1) 打开“CSS 样式面板”，单击按钮或在空白处单击鼠标右键，在弹出的菜单中选择“附加样式表”命令。

(2) 弹出“链接外部样式表”对话框，在“文件/URL”下拉列表中设置要引入的样式表文件，在“添加为”栏选中“链接”单选按钮。

(3) 单击“确定”按钮，完成从外部引入 CSS 样式表的设置，如图 8-25 所示。

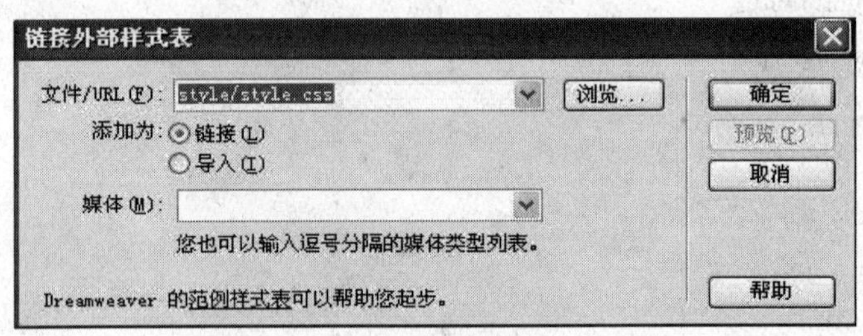

图 8-25 设置从外部引入 CSS 样式表

2) 建立头部表格

根据设计的界面的效果，在文档视图中先建立头部表格，具体操作步骤如下：

(1) 新建一个宽度为“739”、2 行 2 列的表格，表格的详细属性设置如图 8-26 所示。

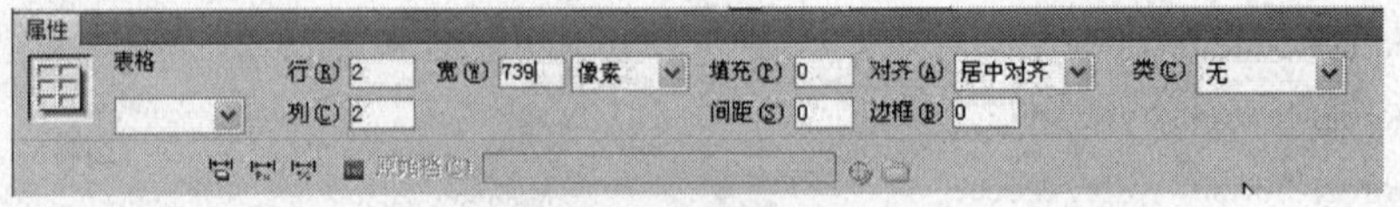

图 8-26 设置表格属性

(2) 合关第一列中的两个单元格，然后插入图片“images\1-1.jpg”。

(3) 设置第二列的两个单元格高度分别为“30px”和“32px”。

(4) 第二列第一列中插入一个宽为 60%的 1 行 3 列的表格，设置居右对齐，并在三个单元格中分别输入文本“设置为首页”、“加为收藏”和“与我联系”。

(5) 将“设为首页”设置为空链接“#”，再切换到代码视图，输入设为首页代码如下：

```
<a href="#" onclick="this.style.behavior='url(#default#homepage)';this.setHomePage
('http://www.yushukun.com'); ">设为首页</a></td>
```

(6) 设置“加为收藏”代码 。同样设置为空链接，切换到代码视图，输入加为收藏的代码如下：

```
<a href="#" onclick="window.external.addFavorite('http://www.yushukun.com', '余淑坤医生
的个人网页' )">加为收藏</a>
```

(7) 将“与我联系” 设为邮件链接，链接到该主页的企业邮箱：yushukun@yushukun.com，

代码如下：

```
<td>·<a href=“mailto:yushukun@yushukun.com”>与我联系</a></td>
```

设置完成的页面效果如图 8-27 所示。

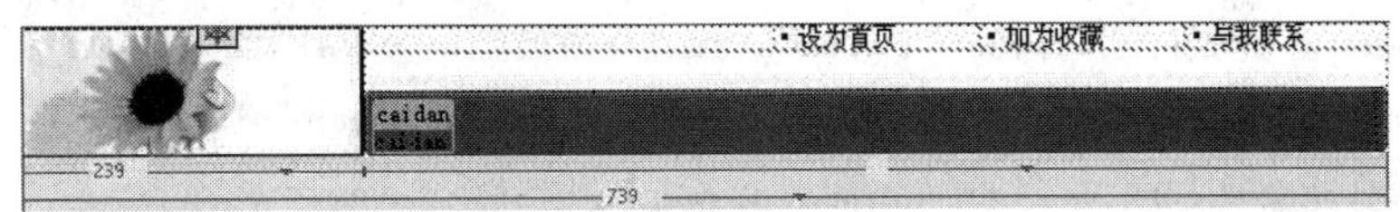

图 8-27 头部页面效果

3) 制作导航条

网站的导航条能让用户在浏览网页时很容易地到达站点的不同的页面，是网页元素中非常重要的部分，相当于一个网站的路标。

(1) 在第二列第二行插入一个宽度为 100%的 1 行 3 列表格，表格属性设置如图 8-28 所示。

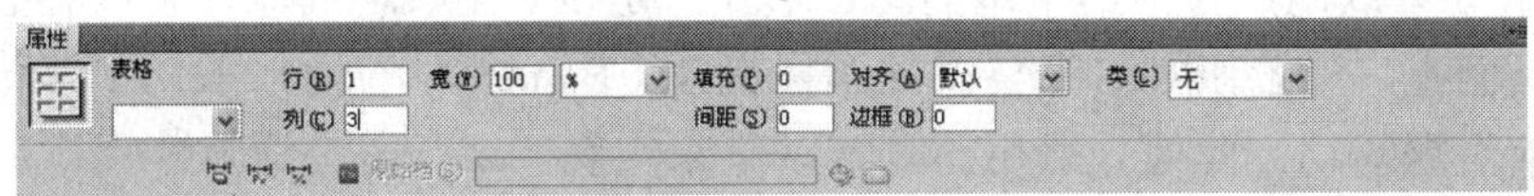

图 8-28 设置表格属性

(2) 将表格设置成导航条的背景，在第一列和第三列中插入两幅小图片，作为背景的边缘部分，第二列用背景图片填充。

(3) 表格代码如下：

```
<table width="100%" border="0" cellspacing="0" cellpadding="0">
    <tr>
        <td width="4"> <img src="images/cai_left.gif" width="4" height="32" /> </td>
        <td background="images/cai_bg.gif">
        <td width="5"> <img src="images/cai_right.gif" width="5" height="32" /> </td>
    </tr>
</table>
```

(4) 在表格第二列中再插入一个 100%的表格，按栏目分配表格的列，输入导航栏名称，并在两个名称之间插入一幅细长的图片，用于分隔各栏目。如图 8-29 所示。

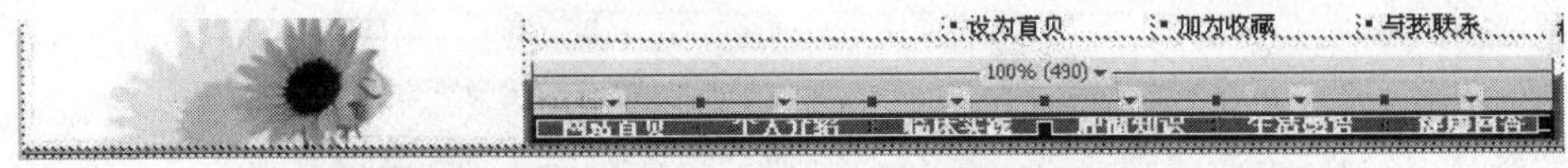

图 8-29 输入导航栏名称

(5) 为刚插入的对象设置链接，并设置合适的 CSS 样式。代码如下：

```
<table width="100%" border="0” cellspacing="0" cellpadding="0">
    <tr>
        <td align="center"><a href="default.asp" class="white_b">网站首页</a></td>
        <td width="2"><img src="images/cai_tiao.gif" width="2" height="13" /></td>
      <td align="center"><a href="otype.asp?owen1=个人介绍" class="white_b">个人介绍</a></td>
```

```
<td width="2"><img src="images/cai_tiao.gif" width="2" height="13" /></td>
<td align="center"><a href="otype.asp?owen1=临床实践" class="white_b">临床实践</a></td>
<td width="2"><img src="images/cai_tiao.gif" width="2" height="13" /></td>
<td align="center"><a href="otype.asp?owen1=肿瘤知识" class="white_b">肿瘤知识</a></td>
<td width="2"><img src="images/cai_tiao.gif" width="2" height="13" /></td>
<td align="center"><a href="otype.asp?owen1=生活感悟" class="white_b">生活感悟</a></td>
<td width="2"><img src="images/cai_tiao.gif" width="2" height="13" /></td>
<td align="center"><a href="guestbook/index.asp" target="_blank" class="white_b">健康问答</a></td>
  </tr>
</table>
```

4) 制作 Banner 部分

Banner 是互联网广告中最基本的广告形式，是将一个表现商家广告内容的图片放置在广告的页面上，一般使用 GIF 格式的图像文件。Banner 的位置一般用于宣传自己的网站或是当前主题活动，此处一般用图片或动画来实现，现在多是通过焦点广告的方式实现。制作步骤如下：

(1) 建立一个宽度为“739px”的 3 行 1 列的表格，间距和填充设置为 0，表格属性如图 8-30 所示。

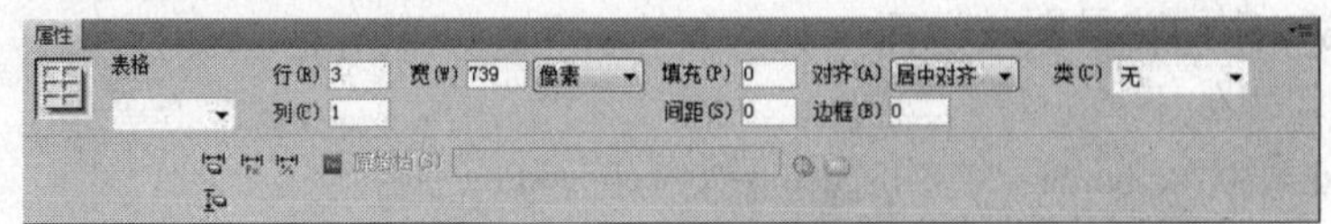

图 8-30　设置表格属性

(2) 设置第一行高度为 4，用背景图填充，代码如下：

```
<tr>
   <td height="4" background="images/1-2.gif"></td>
 </tr>
```

(3) 第二行插入设计好的 Banner 图片，再根据插入图片的大小设置所在单元格的高度和宽度，将其设置为单元格背景，然后将插入单元格的图片删除。此时的界面如图 8-31 所示。

图 8-31　设置背景图片后的界面

(4) 选中设计好的 Banner 背景的单元格，在菜单栏中选择“插入”→“Flash”命令，插入事先做好的动画文件。如图 8-32 所示。此时，在浏览器中显示的动画效果如图 8-33 所示。

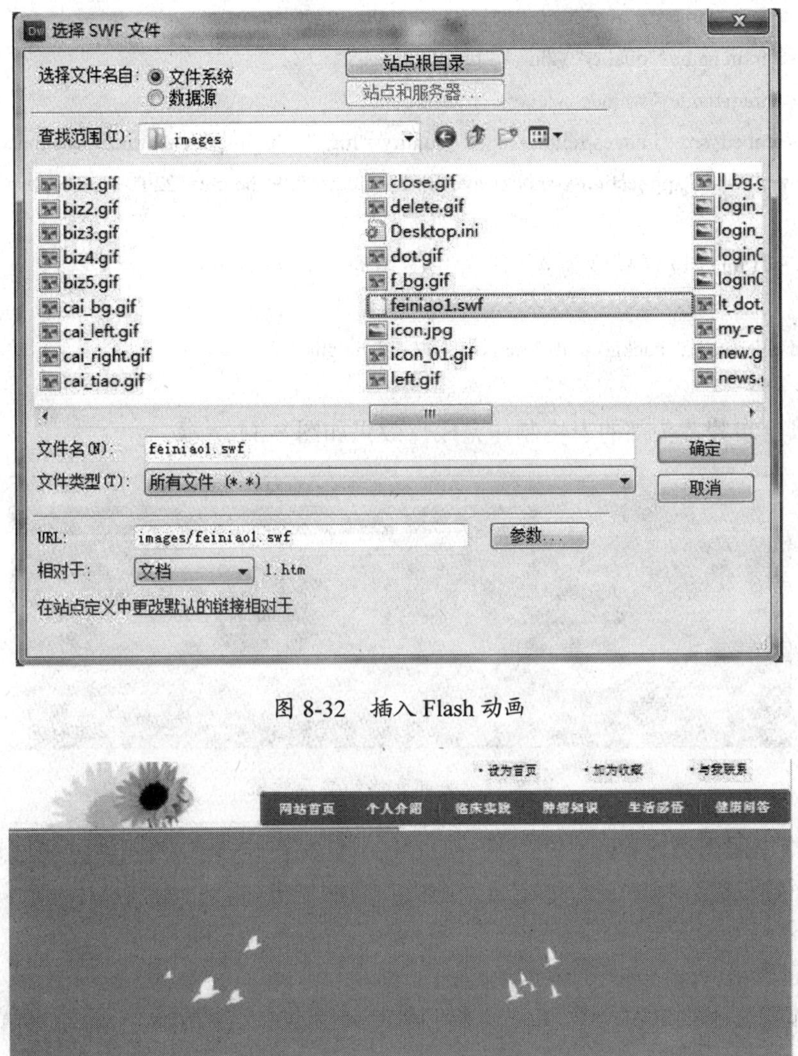

图 8-32　插入 Flash 动画

图 8-33　动画效果显示

(5) 从图 8-28 中可见，这并不是想要的结果，而需要将背景显示出来，这里只需设置当前的动画为透明即可。选中刚插入的动画，切换到代码视图，在“<param name="quality" value="high"/>”代码之后插入如下代码：

```
<param name="wmode" value="transparent" />
```

此代码可以让当前动画变为透明，显示出单元格中设置好的背景图片。这样，可以在设置好的背景图后直接引入动画，适合比较简单的应用，而且网格上也有很多透明的 Flash 动画可供下载。插入好的动画代码如下：

```
<object classid="clsid:D27CDB6E-AE6D-11cf-96B8-444553540000"
codebase="http://download.macromedia.com/pub/shockwave/cabs/flash/swflash.cab#version=7，0，19，0"
width="739" height="220">
        <param name="movie" value= “images/feiniao1.swf” />
        <param name="quality" value= “high” />
        <param name="wmode" value= “transparent” />
        <embed src="images/feiniao1.swf" quality="high" pluginspage="http://www.macromedia.com/
go/getflashplayer" type="application/x-shockwave-flash" width="739" height="220"></embed>
</object>
```

(6)第三行同样设置高度为 4，用背景图填充，代码如下：

```
<tr>
    <td colspan="2" background="images/1_07.gif" height="4"></td>
</tr>
```

通过以上步骤，头部的表格制作完成，效果如图 8-34 所示。

图 8-34　头部表格的显示效果

7. 制作中间表格内容

按界面的设计，将中间的正文部分分成左右两块分区，将侧栏设计在左侧，具体制作步骤如下。

1) 创建表格

在头部表格下面新建一个 1 行 3 列的表格，宽度为“739px”，其他设置如图 8-35 所示。

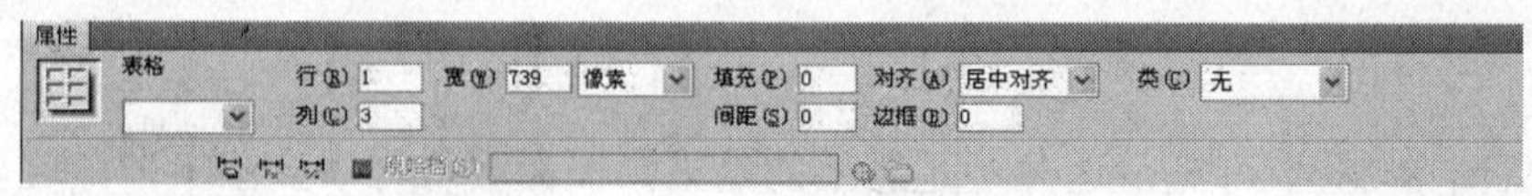

图 8-35　创建表格

2) 制作分隔线

制作分隔线，具体步骤如下：

(1) 设置第一列的单元格宽度为“182px”。

(2) 用第二列的单元格制作分隔线，高度为“2px”，再用事先做好的图片进行填充，如图 8-36 所示。

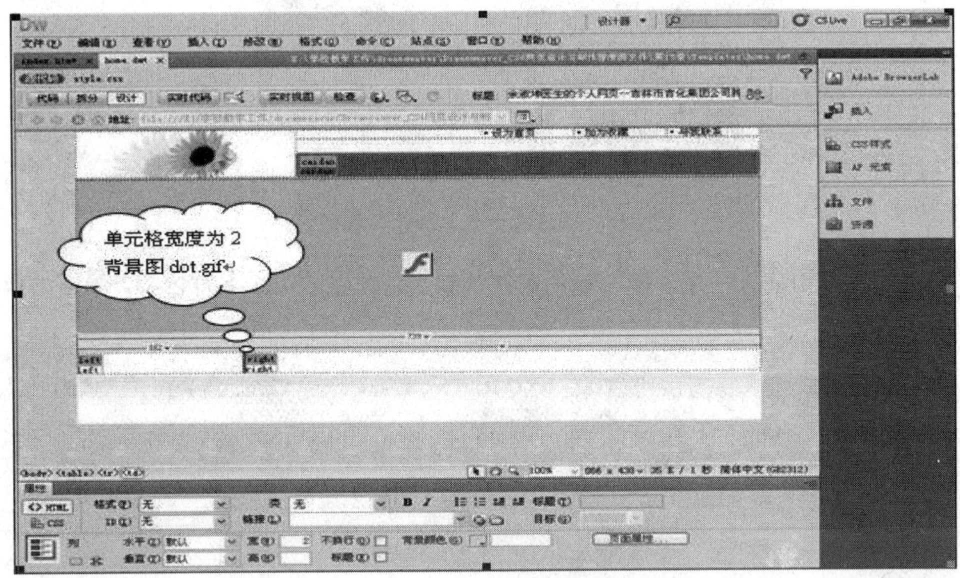

图 8-36 设置分隔线

3) 制作侧栏

接下来继续在上面设置的宽度为“182”的单元格中制作网页侧栏。

(1) 电子名片。首先为余医生设计一个电子名片，具体步骤如下：

① 设置该单元格的垂直对齐方式为顶端。

② 在单元格中嵌套插入一个宽度为100%、3 行 1 列的表格。

③ 将第一行用背景图片填充，并设置单元格与背景图片相同的尺寸，输入文本“电子名片”，并设置 CSS 样式，该单元格的属性如图 8-37 所示。

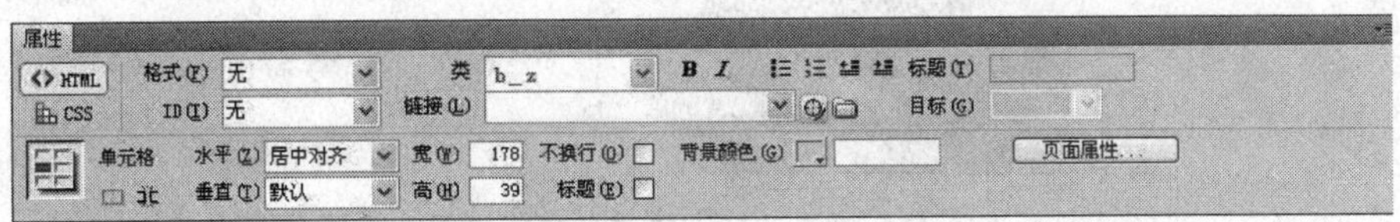

图 8-37 设置第 1 行单元格属性

④ 在第二行也同样用背景图片填充，设置单元格高度为“100px”，如图 8-38 所示。

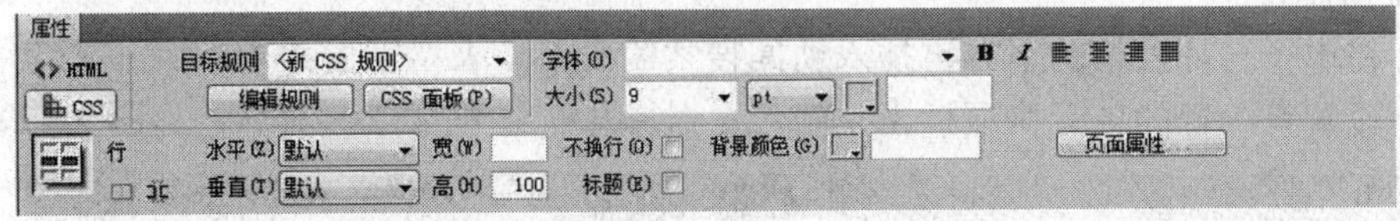

图 8-38 设置第 2 行单元格属性

⑤ 在第三行插入图片，设置单元格高度为图片的高度，此时这个电子名片的表格即绘制完成。如图 8-39 所示。

图 8-39　设置电子名片的外部表格

⑥ 在第二行中插入一个 6 行 1 列的表格，制作余医生的电子名片内容，表格的属性如图 8-40 所示。

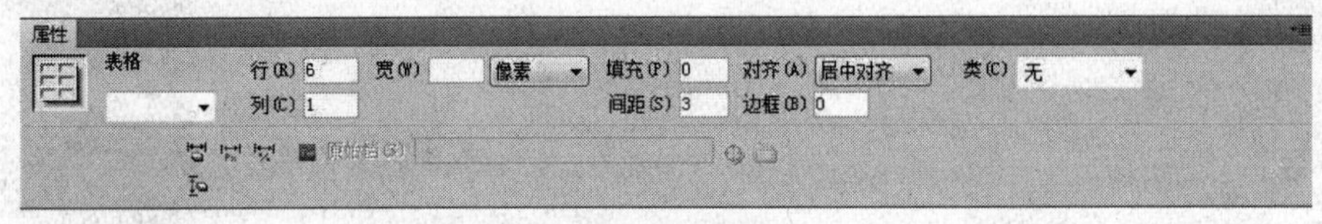

图 8-40　设置表格属性

⑦ 对表格进行内容设置，将照片和个人信息排版，如图 8-41 所示。

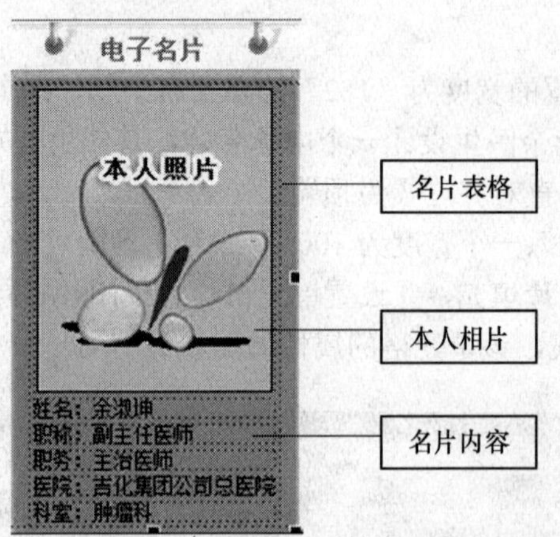

图 8-41　对名片的表格进行内容设置

(2) 新闻搜索。对于一个网站，搜索的功能很重要，特别是当信息量非常大时，逐条查找信息相对困难，通过搜索功能，只需要输入关键字或选择相关类别，即可快速查找到需要的信息。

① 在电子名片表格的下方再插入新闻搜索的表格，表格宽度为 100%，3 行 1 列。

② 设置第一行的单元格属性，并输入文本，设置文本的 CSS 样式，如图 8-42 所示。

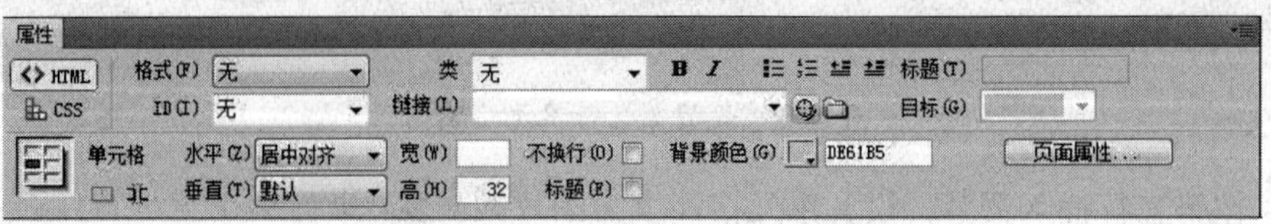

图 8-42　设置单元格属性

③ 将“插入”面板切换到表单类别，单击 文本字段 图标，弹出“是否添加表单标签”提示框，在此单击“是”按钮，在第二行插入文本框。

④ 单击“是”按钮，在单元格中插入带有表单的文本框。

⑤ 选中表单域，在“属性”面板中设置 form 的名称为“form_sea”。

⑥ 将文档切换到代码视图，此时新闻搜索的表格代码如下：

```
<table width="100%" border="0" cellpadding="0" cellspacing="0">
    <tr>
   <td height="32" align="center" bgcolor="DE61B5" class="b">新闻搜索</td>   </tr>
    <tr>
    <td height="30" align="center">
<form name="form_sea" id="form_sea" action="" method="post" >
<input type="text" name="key"/>
</form>
    </td>
  </tr>
<tr>
<td height="30" align="center"> </td>
</tr>
 </table>
```

⑦ 将“<form>”标签移到“<table>”与第一个“<tr>”标签之间，将“</form>”移到“</table>”与最后一个“</tr>”之间，修改后的代码如下：

```
<table width="100%" border="0" cellpadding="0" cellspacing="0">
             <form name="form_sea" id="form_sea" action="" method="post" > <tr>
    <td height="32" align="center" bgcolor="DE61B5" class="b">新闻搜索</td>
  </tr>
  <tr>
    <td height="30" align="center">
<input type="text" name="key"/>
    </td>
  </tr>
<tr>
<td height="30" align="center"> </td>
</tr>
          </form>
       </table>
```

⑧ 设置插入文本框的单元格高度为“30px”，对齐方式为水平居中。

⑨ 选中文本框 ，设置名称等属性，如图 8-43 所示。

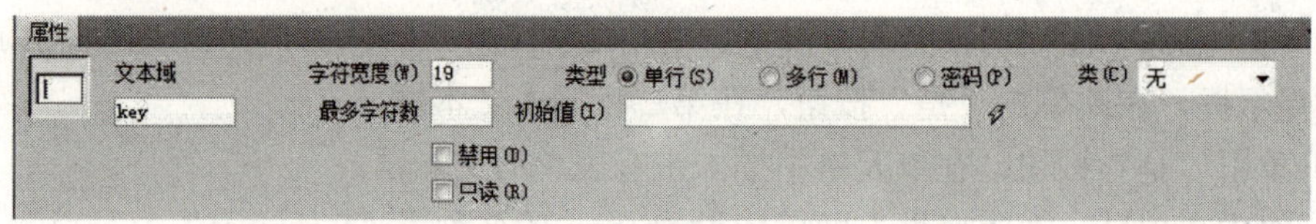

图 8-43　设置文本框属性

⑩ 在“插入”面板中单击“列表”图标，在第二行插入列表，并设置列表名称和其他属性，如图 8-44 所示。

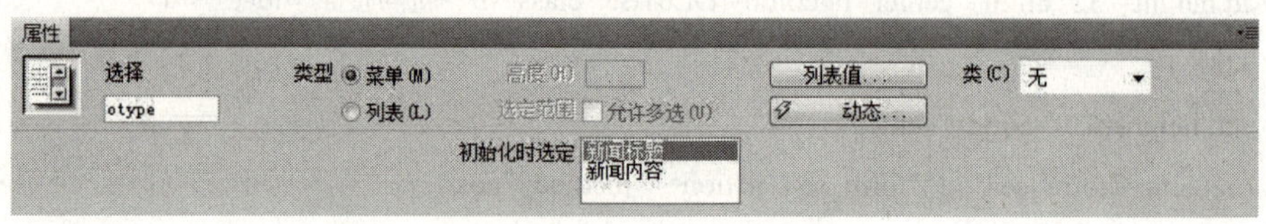

图 8-44　设置列表框属性

⑪ 在“插入”面板中单击“按钮” 按钮图标，在列表后插入搜索按钮，如图 8-45，和图 8-46 所示。

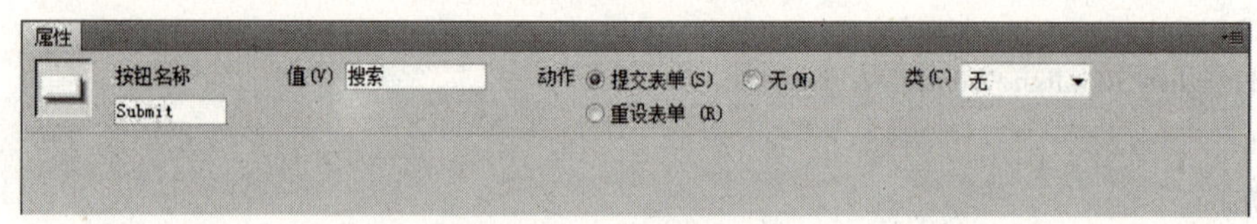

图 8-45　设置按钮属性

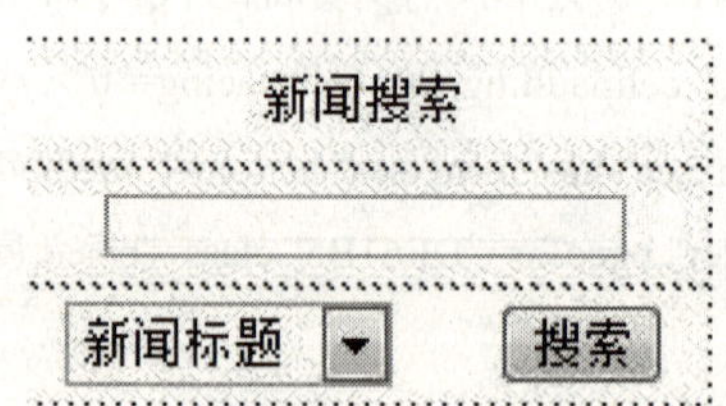

图 8-46　新闻搜索表格

⑫ 切换到代码视图，在按钮和列表之间的输入一个空格代码“ ”，让两个按钮之间隔开一段距离 。

(注意此处最好不要用键盘空格键，以免用户浏览器在预览时出现乱码。)

(3) 信息排行。

信息表格的制作方法与新闻搜索类似，在新闻搜索的表格下方插入一个 11 行 2 列的表格。

① 将第一行的两列单元格合并为一个单元格，输入文本“最新信息”，设置单元格的属性。

② 设置下面 10 行的所有单元格的背景色为“#ff99cc”。

③ 将 10 行中所有第一列按数字顺序输入文本，并设置第一列中的单元格水平居中。

④ 将 10 行中所有第二列输入文本，水平对齐方式选择默认设置，并设置文本的链接。

⑤ 制作最新信息排行的特效，当鼠标经过该条信息时前后颜色的变化，只需在“<tr>”中添加鼠标的响应事件，代码如下：

```
<tr onmouseover="this.bgColor='#FFE2FF'; "onmouseout="this.bgColor='#ff99cc'; "bgColor=#ff99cc>
<td width="18%" height="22" align="center">1</td>
<td width="82%">  <a href="onews.asp?id=69" title="圣安东尼奥乳腺癌研讨会" target="_blank">圣安东尼奥乳腺癌研讨</a></td>
</tr>
```

⑥ 在浏览器中进行浏览，效果如图 8-47 所示。

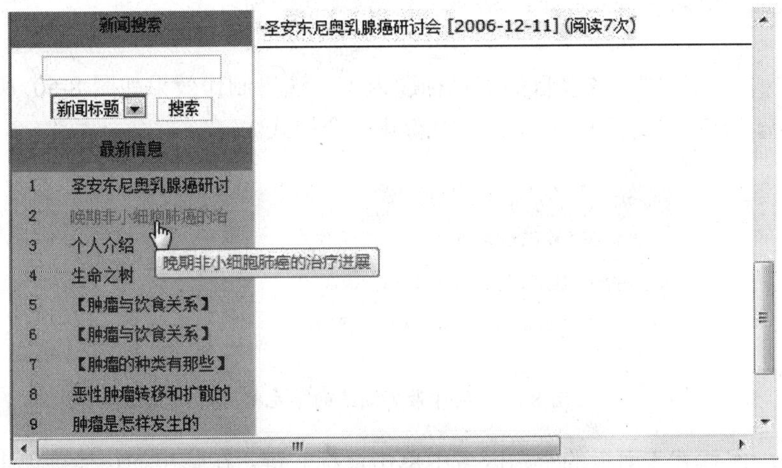

图 8-47 制作鼠标经过的效果

4) 制作右侧分栏

制作完成左侧分栏以后，再制作右侧分栏中的内容，按界面的规划，在右侧设计了三个栏目的内容，分别是“本站最新动态”、“临床实践”、“肿瘤知识”，具体操作步骤如下：

(1) 设置当前的单元格垂直方向为“顶端”。

(2) 创建一个 4 行 1 列的表格，设置表格的属性如图 8-48 所示。

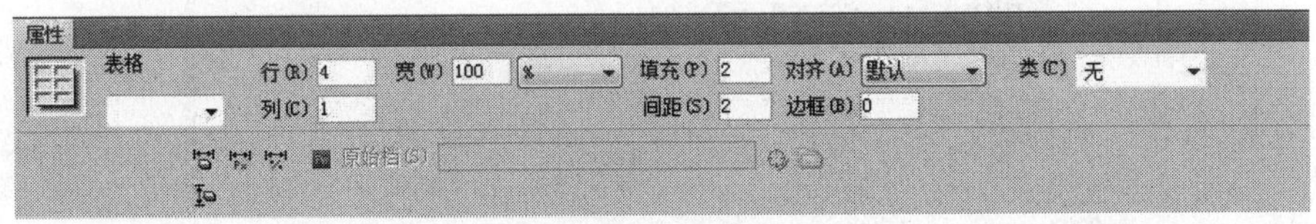

图 8-48 设置表格属性

(3) 设置第一行高度为“26px”，并设置背景图像为 ll_bg.gif。

(4) 在单元格中插入一幅小图，然后输入文本“本站最新动态 ”。切换到代码视图，在图标和文本前后各输入一个“ ”，并设置文本的 CSS 样式，此时该单元格的属性如图 8-49 所示。

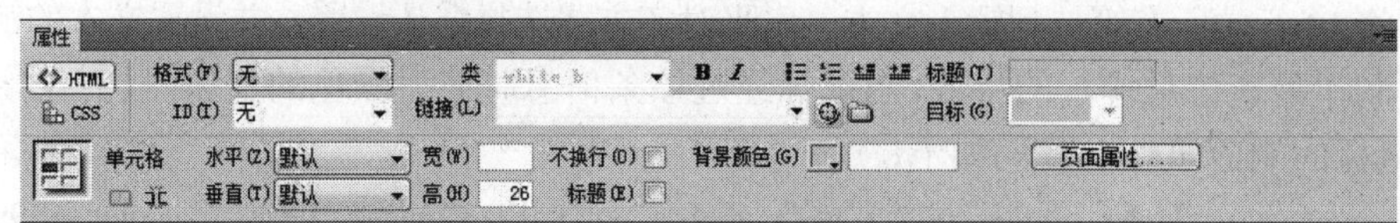

图 8-49 设置单元格内容和属性

该行的代码如下：

```
<tr>
<td height="26" background="images/ll_bg.gif" class="white_b"> <img src="images/today.gif" width="14" height="18" align="absmiddle" /> 本站最新动态</td>
</tr>
```

(5) 在表格第二行制作该栏目的信息标题内容，这里制作效果如图 8-50 所示的带下划线的单元格。此时需要在 CSS 样式表中新建一个样式。

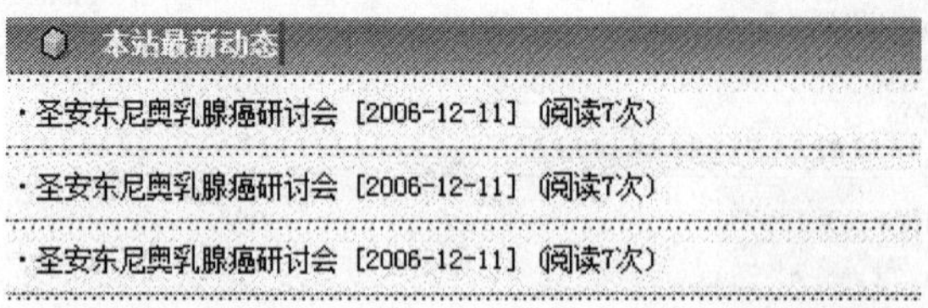

图 8-50 制作带下划线的单元格

(6) 在“CSS 样式”面板的空白区域中单击鼠标右键，在弹出的快捷菜单中选择“新建”命令，创建一个新的样式并将其命名为“.td_line”。如图 8-51 所示。

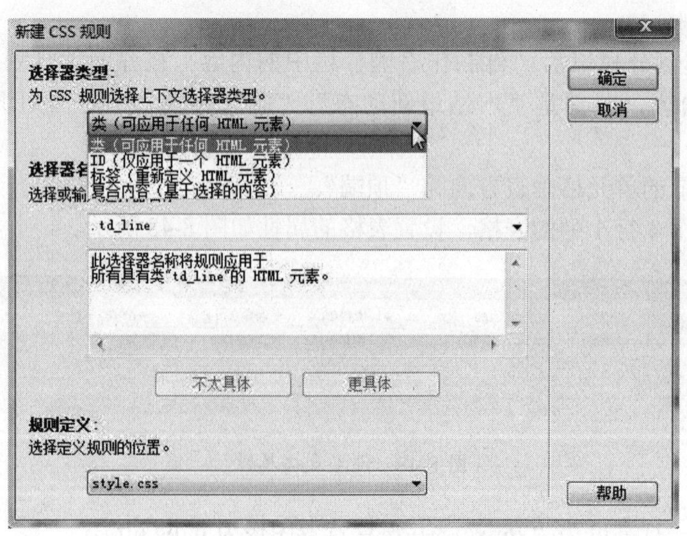

图 8-51 新建 CSS 样式.td_line

(7) 在“CSS 规则定义”对话框中的“类型”分类中设置字体和行高，如图 8-52 所示。

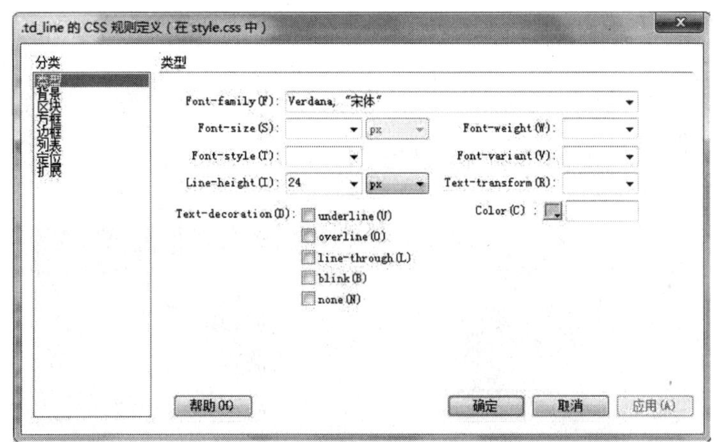

图 8-52　设置字体和行高

(8) 在“边框”分类中设置下边框样式，如图 8-53 所示。

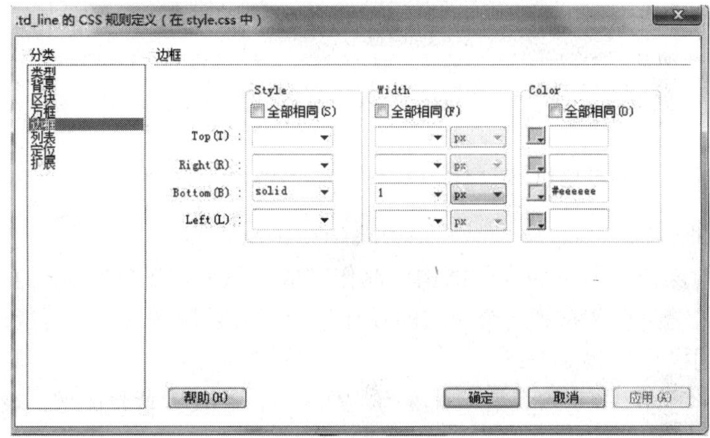

图 8-53　设置下边框样式

(9) 单击“确定”按钮，关闭“CSS 规则定义”的对话框，在 style.css 文件中即增加一个新的 CSS 样式。创建好的 CSS 样式代码如下：

```
.td_dline {
    border-top-width: 1px;
    border-bottom-width: 1px;
    border-top-style: solid;
    border-bottom-style: solid;
    border-top-color: 666666;
    border-bottom-color: 666666;
}
```

(10) 应用新建的 CSS 样式，设置第二行的文本，使用方法如下：

```
<tr>
    <td class="td_line">·<a href="onews.asp?id=69" title="圣安东尼奥乳腺癌研讨会"
```

```
target="_blank">圣安东尼奥乳腺癌研讨会</a> [2006-12-11]     (阅读 7 次)</td>
        </tr>
```

(11) 按同样的方法，再插入新的表格，制作 “临床实践”和“肿瘤知识”两个栏目，制作好的效果如图 8-54 所示。

图 8-54　制作好右侧分栏后的网页显示效果

8. 制作尾部版权

经过上面的操作，网站的大体结构已制作完成，只差尾部的设计。实际上，网页的尾部制作也很关键，它关系到一个网站的设计是否能够首尾呼应，是否能成为一个整体。本例制作尾部的操作步骤如下：

(1) 创建一个 1 行 1 列的表格，宽度为“739px”，并设置背景图像，表格的属性设置如图 8-55 所示。

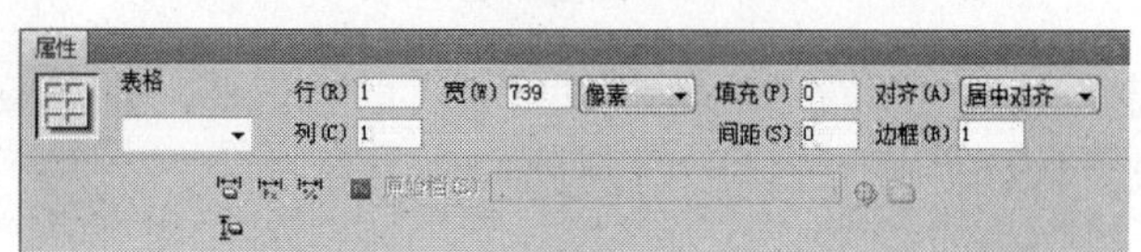

图 8-55　设置尾部表格属性

(2) 设置单元格水平居中，输入版权信息，一共三行，用
换行。

(3) 考虑到背景为深色，因此版权信息文字的颜色采用白色，使用 CSS 样式表中的“White”样式，修饰好的尾部表格，如图 8-56 所示。

图 8-56　尾部表格

这样，整个页面已经制作完毕，在浏览器中的显示效果如图 8-57 所示。

图 8-57　最终页面显示效果

9. 制作网站模板

如果站点只采用相同的页面样式，在进行网页内容更新的时候，一个一个地改就比较麻烦，而采用模板就能很好地解决这个问题。通过这个例子，能让读者对静态页制作模板有一个较深刻的了解。现在按照步骤来完成首页模板制作。

1) 制作首页模板

首先，根据上面完成的首页 HTML 页面制作首页模板。

(1) 打开制作完成的 index.htm 页面。

(2) 在菜单栏中选择“文件”→“另存模板”命令，弹出“另存模板”对话框，如图 8-58 所示。

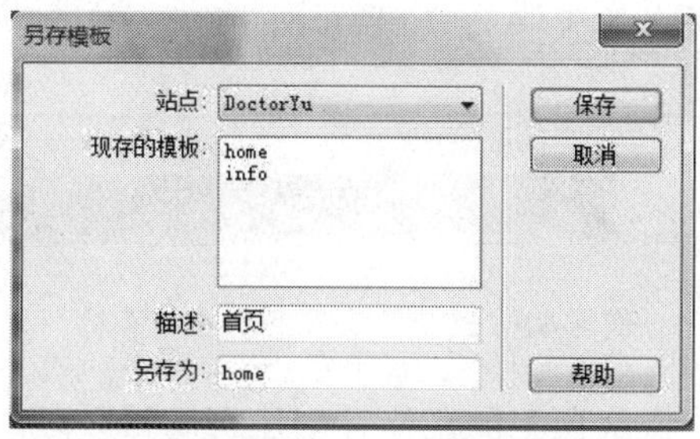

图 8-58　“另存模板”对话框

(3) 在“站点”列表框中输入模板的名称，在“描述”文本框中输入描述的内容，单击“保存”按钮，将当前的网页保存为模板文件。在保存模板时，站点自动在根目录下创建了 Templates 文件夹，创建的模板文件就会保存在该文件夹下，模板扩展名为.dwt。此时，“文件”面板如图 8-59 所示。

图 8-59 “文件”面板

2) 制作模板的可编辑区域

接下来，在模板中创建编辑区域，具体操作步骤如下：

(1) 选中导航条菜单的表格，按键盘中的左方向键，将光标定位于表格前的位置。

(2) 在菜单栏中选择“插入”→“模板对象”→“可编辑区域”命令，或按组合键 Ctrl+Alt+V，弹出“新建可编辑区域”对话框，设置名称为“caidan”，如图 8-60 所示。

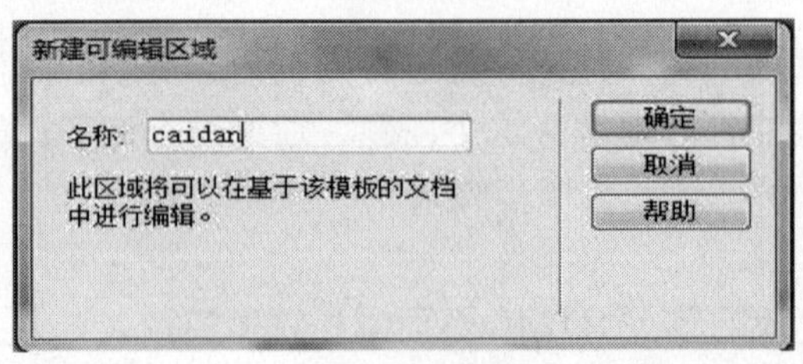

图 8-60 “新建可编辑区域”对话框

(3) 单击“确定”按钮，即在页面中插入一个可编辑区域。

(4) 删除原来导航条所在的表格 ，如图 8-61 所示。

图 8-61 删除原导航条所在的表格

(5) 按照上面的方法，依次在左侧栏位置创建可编辑区域，如图 8-62 所示。

(6) 再创建右侧栏的可编辑区域，如图 8-63 和图 8-64 所示。

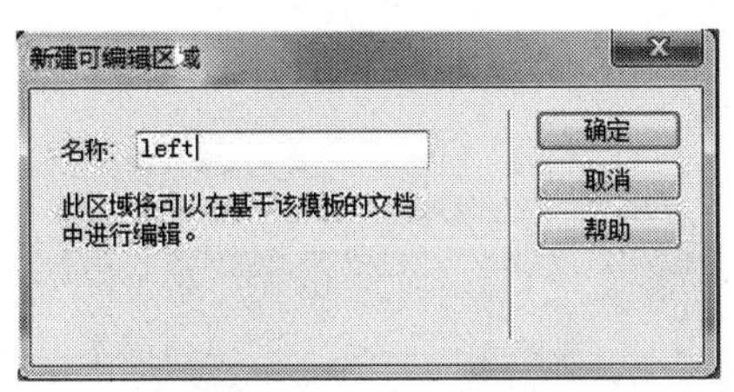

图 8-62　新建左侧栏可编辑区域

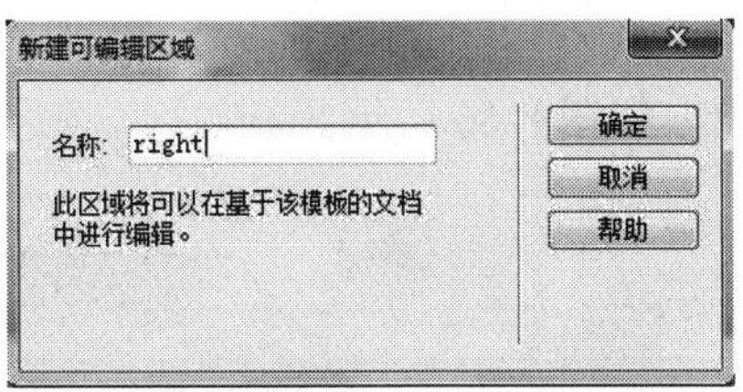

图 8-63　新建右侧栏可编辑区域

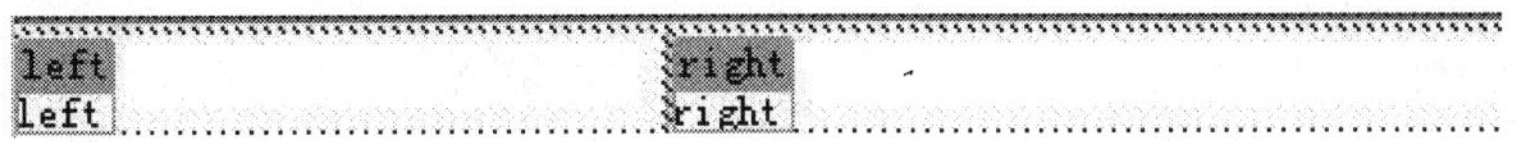

图 8-64　左、右侧栏的可编辑区域

(7) 完成后，保存当前模板即可。

3) 从模板中创建首页

创建好模板以后，可以应用模板来创建新的网页。为了保证首页和子页的同步更新，将原来的 index.htm 另存为 index1.htm.

(1) 在菜单栏中选择“文件”→“新建”命令，弹出“新建文档”窗口，在左侧选择“模板中的页”选项，此时在“站点”列表框中选择站点名，在站点的模板列表框中选择“home”，并选中“当模板改变时更新页面”复选框，如图 8-65 所示。

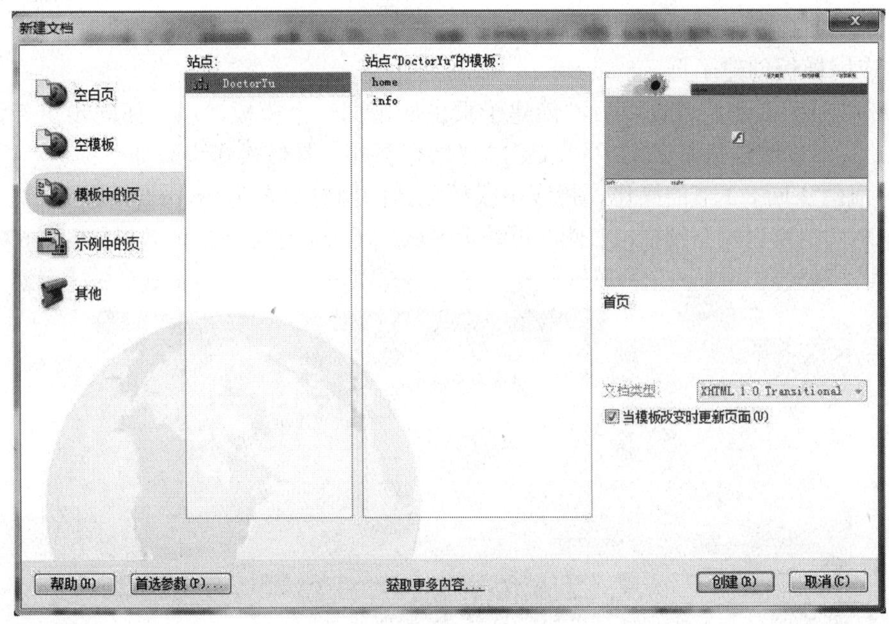

图 8-65　从模板新建网页

(2) 单击“创建”按钮，在文档窗口中出现一个未命名文件 “Untitled-1”，在文档窗口的四周出现黄色的边框，在边框的右上角出现模板的名称“home”。

(3) 保存该文件为 index.htm，此时系统会提示是否覆盖原文件，单击“是”按钮，确定覆盖原来的 index.htm 文件。

(4) 重新打开 index1.htm 文档，根据文档中的排版，在 index.htm 对应的编辑区域进行编辑，如图 8-66 所示。

图 8-66 编辑可编辑区域内容

(5) 保存文档，这样首页就转为应用模板创建页面。此时 index1.htm 已经完成任务，可以将其删除了。

4) 应用模板创建子页

在应用模板创建了首页以后，创建子页也应用同一个模板，以方便同步更新，二者在布局上基本相同，只是在侧栏和右侧内容略有不同，具体操作步骤如下：

(1) 前两步同 8.3 节的操作，将应用模板创建的网页另存为 otype.htm。

(2) 编辑头部以及左侧栏、右侧的可编辑区域，子页创建完成后的效果如图 8-67 所示。

图 8-67 对可编辑区域进行编辑

5) 创建三级页面模板

应用模板创建了子页和栏目页之后，还需要为详细信息的显示页面建立一个模板。具体操作步骤如下：

(1) 打开已创建好的 home.dwt 模板，在菜单栏中选择“文件”→“另存模板”命令，弹出“另存模板”对话框。设置模板名称为“info.dwt”，如图 8-68 所示。

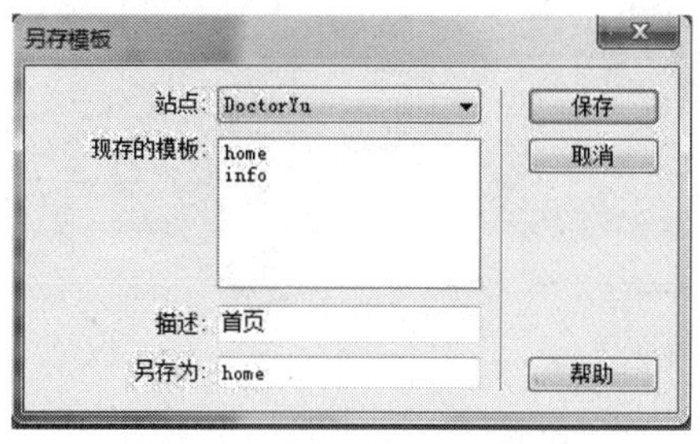

图 8-68　另存模板

(2) 此时在“资源”面板的模板区出现了两个模板，如图 8-69 所示。

图 8-69　“资源”面板

(3) 删除原来模板中的左、右侧栏所在的可编辑区域。

(4) 将中间的表格合并为一个单元格，并在这个单元格中创建一个新的可编辑区域。

(5) 将光标定位于单元格中，在菜单栏中选择“content”，如图 8-70 所示。

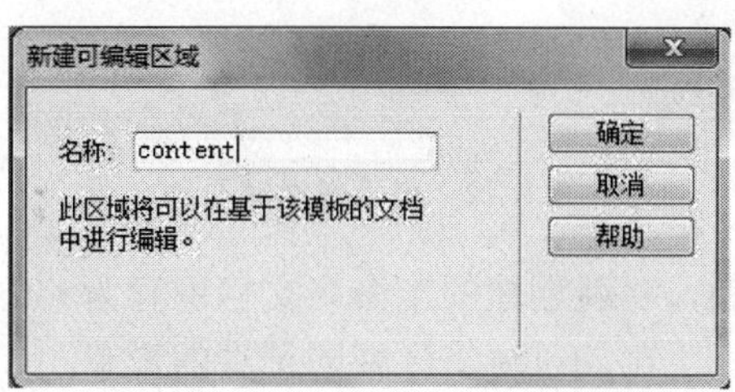

图 8-70　创建新的可编辑区域

(6) 单击“确定”按钮，保存当前文档，即成功创建了一个新的模板，如图 8-71 所示。

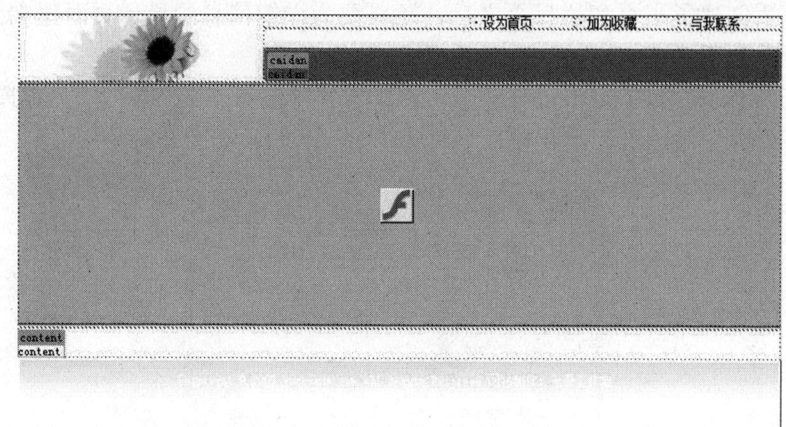

图 8-71　创建三级页面模板

6) 应用三级页面模板创建页面

三级页面为最终的信息显示页面，一般不必做过多的修饰，只要大方得体，符合人们的阅读习惯即可，太花哨了反而不能突出重点。应用三级页面模板创建页面的操作步骤如下：

(1) 在菜单栏中选择“文件”→“新建”命令，弹出“新建文档”对话框，选择“模板中的页”选项，在“站点”列表框中选择当前站点名称，并选择“站点的模板”中的 info 模板作为三级页面的模板，选中“当模板改变时更新页面”复选框，如图 8-72 所示。

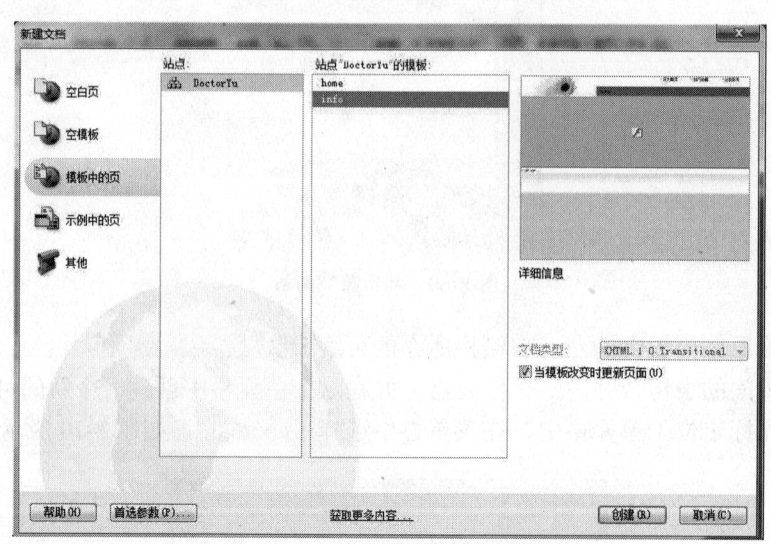

图 8-72　由模板新建页面

(2) 单击“创建”按钮，将新创建的未命名文档保存为 info.htm。

(3) 编辑可编辑区域，上部的可编辑区域同子页的设置。

(4) 编辑下面正文部分的可编辑区域，先插入一个 4 行 1 列的表格，设置宽度为 98%，如图 8-73 所示。

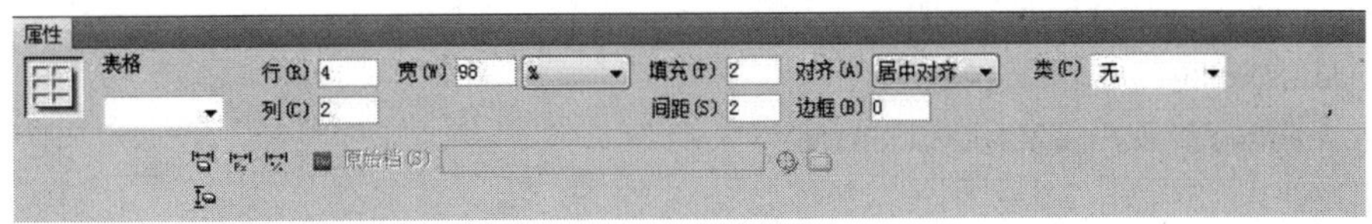

图 8-73　插入表格的属性

(5) 设置表格水平居中。

(6) 在第一行中设置单元格高度为“50px”，在此处设置新闻标题，输入文本“恶性肿瘤转移和扩散的途径有哪些？”，并选择标题的 CSS 样式。

(7) 将第二行拆分为两列，在第二行第一列中输入“双击自动滚屏”，设置单元格高度为 30。

(8) 制作双击滚屏的代码，此效果用一段 Java 脚本即可实现，此页用模板 info.dwt 制作 ，在</head>区域均是不可编辑内容，因此需要将代码加入到模板中。打开“资源”面板，双击模板名，在文档窗口中打开模板 info.dwt 并进行编辑，如图 8-74 所示。

图 8-74　编辑模板

(9) 切换到模板的代码视图，将以下代码插入到“</head>”之前：

```
<SCRIPT language=JavaScript>
var currentpos，timer;
function initialize()
{
timer=setInterval("scrollwindow()"，50);
}
function sc(){
clearInterval(timer);
}
function scrollwindow()
{
```

```
currentpos=document.body.scrollTop;
window.scroll(0, ++currentpos);
if (currentpos != document.body.scrollTop)
sc();
}
document.onmousedown=sc
document.ondblclick=initialize
</SCRIPT>
```

(10) 保存模板，弹出“更新模板文件”对话框。单击“更新”按钮，将应用该模板创建的页面也同步更新。

(11) 单击“关闭”按钮，继续制作 info.htm 页面。

(12) 接着上面第(7)步的操作，在第二列中输入“发布者”、“发布时间”和“阅读次数”，将其中的显示内容设置不同的 CSS 样式加以区分。如图 8-75 所示。

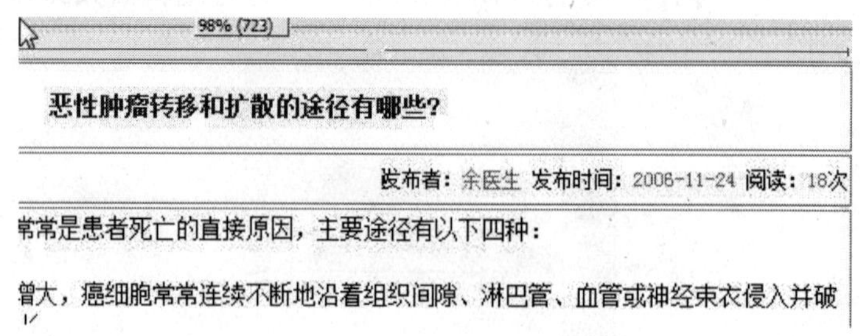

图 8-75 设置“发布者”、“发布时间”和“阅读次数”

(13) 为了让第二行和标题及正文相区分，设计使该行上下有一个灰色细边框，此效果同样可应用 CSS 样式完成。和前面一样，添加一个新的样式“.td_dline”，定义边框的样式，宽度及颜色，如图 8-76 所示。

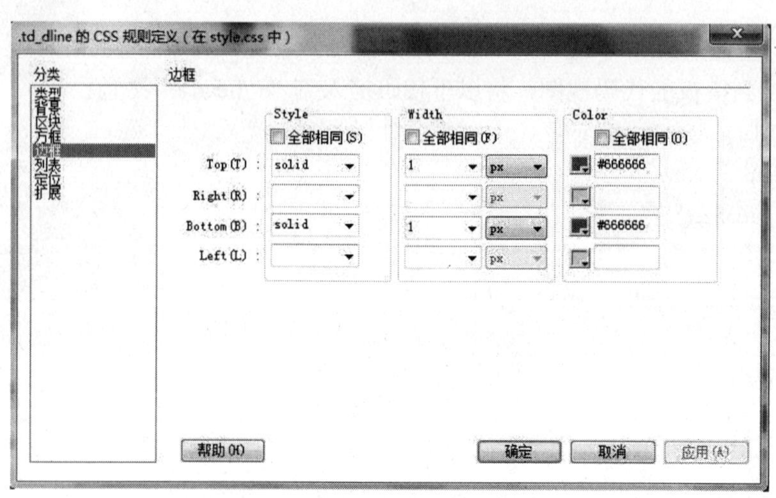

图 8-76 设置边框的样式、宽度及颜色

(14) 单击“确定”按钮，新的样式创建完成，将第二行的两个单元格设置为新创建的 CSS 样式，如图 8-77 所示。

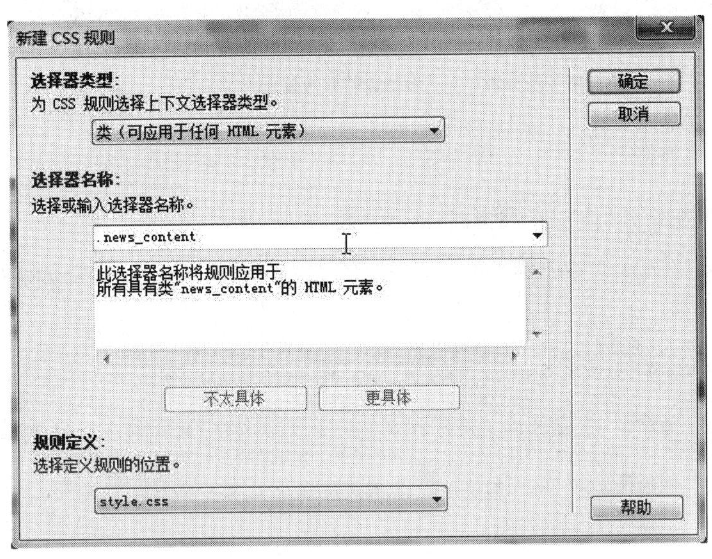

图 8-77　创建新的样式

(15) 在第三行中设置新闻的内容，输入文本，现在的字号感觉有点小，不是很和谐，再新建一个大一点的字号 CSS 样式，用于新闻内容的文本中，注意样子中要考虑到行高和缩进。

(16) 在“CSS 样式”面板中单击鼠标右键，在弹出的快捷菜单中选择“新建”命令。

(17) 单击“确定”按钮，在“CSS 规则定义”对话框中设置样式的详细属性，如图 8-78 所示。

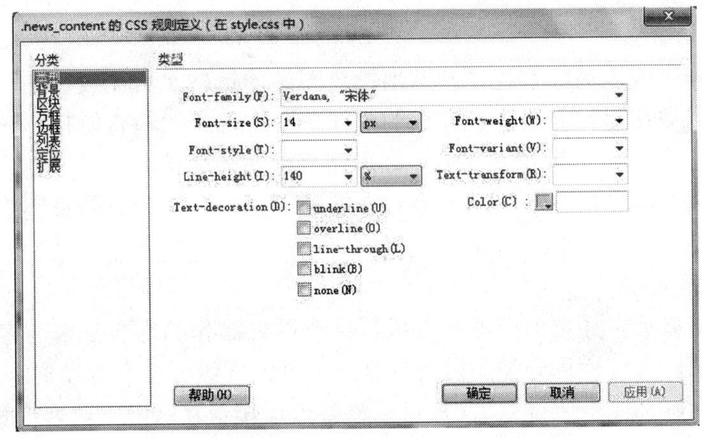

图 8-78　设置字体、大小、行高

(18) 单击“确定”按钮，新的样式建立完成，在文档窗口中将新闻内容中的文本应用新的 CSS 样式，如图 8-79 所示。

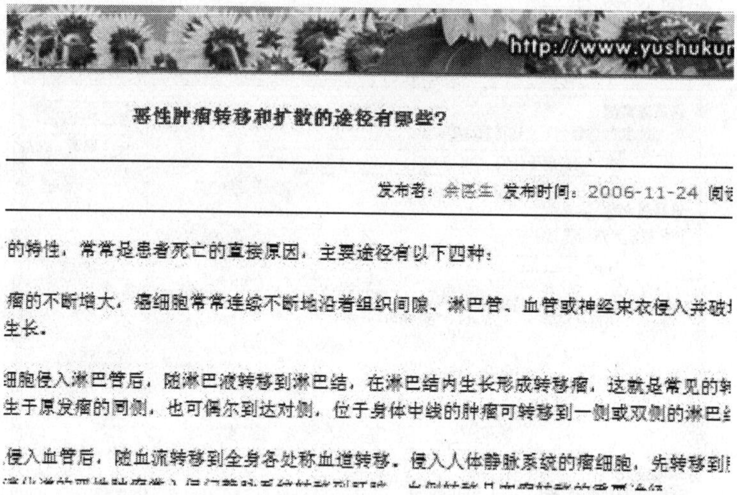

恶性肿瘤转移和扩散的途径有哪些?

发布者：余医生 发布时间：2006-11-24 阅

的特性，常常是患者死亡的直接原因，主要途径有以下四种：

瘤的不断增大，癌细胞常常连续不断地沿着组织间隙、淋巴管、血管或神经束衣侵入并破
生长。

细胞侵入淋巴管后，随淋巴液转移到淋巴结，在淋巴结内生长形成转移瘤，这就是常见的
生于原发瘤的同侧，也可偶尔到达对侧，位于身体中线的肿瘤可转移到一侧或双侧的淋巴

侵入血管后，随血流转移到全身各处称血道转移。侵入人体静脉系统的瘤细胞，先转移到

图 8-79 新闻内容的文本样式

(19) 还要在该页设计文档的窗口关闭和打印功能。在表格的第四行，设置单元格水平居中，并输入“打印”和“关闭”按钮的图标及文字。

实现打印功能的代码如下：

```
<a href="javascript:window.print()">打印本页</a>
```

当鼠标单击该链接时，会弹出“打印”对话框。

关闭窗口的代码如下：

```
<a href="javascript:window.close()">关闭窗口</a>
```

(20) 这样新闻详细页面就全部制作完成，在浏览器中的显示效果如图 8-75 所示。

10. 案例扩展

1) 测试网站链接

在站点制作完成以后，首先要在本地检查网站的链接是否无误。在“文件”面板中选择任一文件并单击鼠标右键，在弹出的快捷菜单中选择“检查链接”→“整个本地站点”命令,检查整个站点的链接无误后，即可结束网站的链接测试。

另外，也要在浏览器中通过单击查看链接是否正确，因为有的页链接是独立的，没有返回点。

2) 检查网站内容

检查完链接以后，还要对照客户需求，检查网站制作的内容是否与客户需求一致，小到文字、动画，大到栏目分类，以及首页、子页、三级页面内容设置。

以上这些内容都检查通过以后，就可以将站点上传至互联网上让客户测试。如图 8-80 所示。

3) 申请域名空间

每个网站都有独立的域名和空间，就像一个个虚拟的房间一样，在网站制作完成后，也要为网站申请域名和空间。由于是个人主页一般以个人名字或喜好为基准选择域名。目前不少门户网站为个人提供免费个人域名空间。

图 8-80　新闻详细页面显示效果

4) 上传站点

上传站点就是将网站中的所有内容(包括网站的图片、网页文件、Flash 动画、视频等)通过 Cutftp 或 FTP 软件上传到 Web 服务器中。

最后，参照相关的资料，添加后台数据的管理功能，引入数据库对用户数据进行管理。

8.5　本章小结

本章详细介绍了多媒体著作工具的定义、分类及多媒体著作工具测评标准及制作指标、选择标准。通过案例展示了多媒体应用系统按软件工程方式开发的全过程。通过案例展示了网络多媒体网站的开发过程及方法。初步认识多媒体网络应用设计、多媒体网站制作、以及多媒体课件制作的过程及方法。

世界很大，但也很小，多媒体技术可以使人们跨越时空了解天文地理、古往今来的历史文化、高新技术、风土人情。上至国家政府，下至平民百姓，每天无不在和多媒体技术打交道。人们的生活水平提高了，从多媒体的发展也可以看出来。通信、数字声像技术、网络电视、3G、MP4、MP5 等，这些都可以体现了人类的的文明进步。

【思考题与习题】

一、思考题

1. 在多媒体应用系统的制作过程中，最重要的工作有哪几项？
2. 人—机界面设计的主要原则有哪些？
3. 多媒体脚本的设计任务是什么？

二、选择题

1. 以下(　　)是多媒体教学软件的特点。

   (1) 能正确生动地表达本学科的知识内容
   (2) 具有友好的人机交互界面
   (3) 能判断问题并进行教学指导
   (4) 能通过计算机屏幕和老师面对面讨论问题

   A. (1)(2)(3)　　B. (1)(2)(4)
   C. (2)(4)　　D. (2)(3)

2. 电子工具书、电子字典属于(　　)模式的多媒体教学软件。

   A. 课堂演示型　　B. 个别化交互型
   C. 操练复习型　　D. 资料工具型

3. 多媒体视频会议系统的结构包括( )。

   (1)多点控制器　　(2)控制管理软件
   (3)数字通信接口　　(4)专用的计算机设备

   A. (1)(2)(3)　　B. (1)(2)(4)
   C. (2)(3)　　D. 全部

4. 下列(　　)说法不正确。

   A. 电子出版物存储容量大，一张光盘可以存储几百部长篇小说
   B. 电子出版物媒体种类多，可以集成文本、图形、图像、动画、视频和音频等多媒体信息
   C. 电子出版物不能长期保存
   D. 电子出版物检索信息迅速

三、填空题

1. 多媒体著作工具就是指能够集成处理、__________多媒体信息，使之能够根据用户的需要生成多媒体应用系统的工具软件。

2. 多媒体著作工具按其集成方式分为__________、__________、__________三类。

3. 界面内容设计主要包括界面的对话设计__________和__________。

4. 开发多媒体应用系统设计的主流采用__________模型。

四、上机实践

1. 利用 Dreamweaver 建立一个个人网站，设计一个网站主题，对网站进行合理的规划，并设计其中主要页面。

2. 使用 PowerPoint 制作一个多媒体演示文档，展示个人风彩。

参 考 文 献

[1] 马华东. 多媒体技术原理及应用（第2版）[M]．北京：清华大学出版社，2008.

[2] 陆芳，梁宇涛. 多媒体技术及应用[M]. 北京：电子工业出版社，2007.

[3] 黄荣怀，陈莉，李松. 多媒体技术基础[M]. 北京：高等教育出版社，2008.

[4] 胡晓峰，吴玲达，老松杨，等. 多媒体技术教程（第3版）[M]. 北京：人民邮电出版社，2009.

[5] 王红梅. 图像处理与动画技术基础教程[M]. 北京：清华大学出版社，2008.

[6] 王明美. 图形图像技术与应用[M]．北京：清华大学出版社，2008.

[7] 詹青龙，卢爱芹. 数字图像处理技术[M]．北京：清华大学出版社，2010.

[8] 陈天华. 数字图像处理[M]．北京：清华大学出版社，2007.

[9] 刘甘娜，翟华伟，等. 多媒体应用技术基础［M]. 北京：中国水利水电出版社，2005.

[10] 赵建保，黄军辉. 实用多媒体技术与开发工具[M]. 北京： 电子工业出版社，2003.

[11] 刘天惠，周强，姜丹. 多媒体技术及应用[M].沈阳：东北大学出版社,2002.

[12] 谭浩强，孙立军，刘佳.计算机动画实用技法[M].北京：人民邮电出版社，2003.

[13] 缪亮，郭刚，李捷.多媒体 CAI 课件制作基础与实例教程[M].北京：电子工业出版社，2006.

[14] 刘甘娜，翟华伟，崔立成. 多媒体应用基础（第4版）[M].北京：高等教育出版社，2006.

[15] 钟玉琢，等.多媒体应用基础[M]. 北京：机械工业出版社，2003.

[16] 刘光然.多媒体技术与应用[M].北京：人民邮电出版社，2005.

[17] 王志强，李延红.多媒体技术及应用[M]. 北京：清华大学出版社，2003.

[18] 鲍嘉，卢坚. Dreamweaver 8 全新网站大制作[M]. 北京：中国青年出版社.2006.

[19] 杨纪梅，肖志强. Dreamweaver CS4 网页设计与制作指南[M]. 北京：清华大学出版社，2011.

[20] 王行恒.大学计算机软件应用（第2版）［M］.北京：清华大学出版社，2011.

[21] 梁嘉强.计算机常用工具软件应用［M］.北京：机械工业出版社，2008.

[22] 胡晓峰，吴玲达.多媒体技术教程（第3版）［M］.北京：人民邮电出版社，2010.

[23] 沈复兴，赵国庆.多媒体技术与网页制作［M］.北京：高等教育出版社，2008.

[24] 刘甘娜，翟华伟.多媒体应用基础（第4版）［M］.北京：高等教育出版社，2008.

[25] 张凌雯，顾兆旭.计算机多媒体技术（第二版）［M］.大连：大连理工大学出版社，2005.

[26] 博由.笔记本常用接口及功能一览［N］.北京：中国消费者报,2010-07-07(C3).

[27] 多媒体技术.http://jpkc.zust.edu.cn/2007/dmt/index.asp［EB/OL］.浙江科技学院,2006.

[28] 多媒体系统的组成.http://www.gbdszjzx.cn/gbdzz/xxyd/ShowClass.asp［EB/OL］.高碑店市职教中心,2011-04-23.

[29] 林福宗.多媒体技术基础及应用. http://202.201.162.132/xx/mmt/course/index.htm［EB/OL］.石河子大学信息工程学院,2004.

[30] 斯德哥尔摩.电脑常用接口大全.http://shequ.enorth.com.cn/html/index.shtml［EB/OL］.天津：北方论坛数码时代（精华区）,2008-03-14.

[31] 贝尔鲍肯.音频技术全书-EAC 篇（转载）http://www.360doc.com/userhome/4409833［EB/OL］.个人图书馆 360doc.com,2011-07-24.